Werner Deppert/Kurt Stoll
Pneumatische Steuerungen

Kamprath-Reihe · Technik

Werner Deppert
Dipl.-Ing. Kurt Stoll

Pneumatische Steuerungen

Einführung und Grundlagen
pneumatischer Steuerungen

8. Auflage

VOGEL Buchverlag Würzburg

WERNER DEPPERT, BDW, Betriebstechniker,
Werbeberater
1935 in Heilbronn geboren. Mitarbeiter an
verschiedenen Instituten der Technischen
Universität Stuttgart. Ab 1962 in der
Industriewerbung tätig. Seit 1970 freiberufliche
Tätigkeit in der Werbung.

Dipl.-Ing. KURT STOLL
1931 in Esslingen a.N. geboren. Studium an der
Technischen Universität Stuttgart mit erster
Diplomarbeit auf dem Gebiet der Pneumatik am
Lehrstuhl für Automatisierung bei Professor
Dolezalek. Mitarbeiter in verschiedenen
Pneumatik-Ausschüssen von nationalen und
europäischen Fachverbänden. Mitinhaber der
Firma FESTO-Maschinenfabrik G. Stoll,
Esslingen-Berkheim.

CIP-Titelaufnahme der Deutschen Bibliothek

Deppert, Werner:
Pneumatische Steuerungen : Einf. u. Grundlagen
pneumat. Steuerungen/Werner Deppert;
Kurt Stoll. – 8. Aufl. – Würzburg: Vogel, 1988.
(Kamprath-Reihe: Technik) (Vogel-Fachbuch)
ISBN 3-8023-0047-5
NE: Stoll, Kurt:

ISBN 3-8023-0047-5
8. Auflage, 1988
Printed in Germany
Copyright 1972 by Vogel Verlag und Druck KG, Würzburg
Herstellung: Echter Würzburg

Vorwort

Ein immer größer werdender Kreis von Facharbeitern, Technikern und Ingenieuren muß sich heute mit den Problemen pneumatischer Steuerungen in den verschiedensten Fertigungsbereichen auseinandersetzen. Eine schulische Unterrichtung ist in den wenigsten Fällen gegeben, dadurch wird mehr oder weniger jeder Interessent gezwungen, sich die einzelnen Daten und Unterlagen aus Fachaufsätzen und Firmenschriften selbst zusammenzutragen oder auch für die einfachsten Dinge eigene Versuche anzustellen.

Das vorliegende Buch soll kurz und bündig die Grundlagen der pneumatischen Steuerungstechnik für den praktischen Einsatz aufzeigen. Es geht dabei nicht so sehr um die letzten Feinheiten und extremen Anwendungen, sondern um die in breiter Front anzutreffenden Anwendungsmöglichkeiten. Ebenso werden theoretische Grundlagen nur da gebracht, wo sie unbedingt für den Praktiker notwendig sind.

Der bereits vor etwa 30 Jahren geprägte Begriff „low cost automation" (Automation mit niedrigen Kosten), der speziell im Hinblick auf den Einsatz der Pneumatik Gültigkeit erlangte, soll auch bei den hier gezeigten Anwendungen vorangestellt sein. Die Pneumatik erst ermöglichte die Niedrigkosten-Automatisierung oder – besser gesagt – die Automatisierung vorhandener Anlagen in Teilschritten und die Automatisierung auch kleiner unbedeutender Vorgänge mit einfachen Mitteln. Das Streben nach Rationalisierung in den Fertigungsstätten des Handwerks und der Industrie setzt die Kenntnis rentabler Maßnahmen voraus, zu denen der zweckmäßige Einsatz pneumatischer Steuerungen zählt.

Ob Auszubildender, Fachschüler oder Student, Facharbeiter, Konstrukteur, Fertigungstechniker oder Betriebsingenieur, fast alle werden früher oder später einmal mit der Pneumatik konfrontiert. Dieses Buch will dabei helfen, die ersten Schritte auf dem Gebiet der Pneumatik zu erleichtern.

Für die verwendeten Begriffe und Darstellungen wurden die entsprechenden DIN-Blätter und VDI-Richtlinien beachtet, maßgebend sind die jeweils neuesten Ausgaben.

Ulm/Esslingen   Die Verfasser

Inhaltsverzeichnis

1. Einleitung

Aus dem altgriechischen Wort Pneuma, das Hauch oder Atem bedeutet, leiten sich die Worte pneumatisch bzw. Pneumatik ab. In seiner ursprünglichen Bedeutung war es die Lehre von den Luftbewegungen und Luftvorgängen. Die Technik hat daraus ihre eigenen Begriffe geprägt, denn von Pneumatik wird nur bei Anwendung des Über- oder Unterdruckes gesprochen.

> **Pneumatische Anlagen** sind Maschinen und Geräte, die mit Druck- oder Saugluft arbeiten. Die **Pneumatik** ist die Gesamtheit der Anwendungen pneumatischer Anlagen.

Das Wort ist international verständlich, auch wenn es teilweise mit kleinen Abweichungen anders geschrieben oder ausgesprochen wird, da es in allen westlichen Sprachen auf das griechische Urwort zurückgeht.

Die Mehrzahl aller pneumatischen Techniken beruht auf der Energieausnützung des zuvor erzeugten Überdruckes, gegenüber dem atmosphärischen Druck. Energieträger ist dabei die Druckluft. Das früher gebräuchliche Wort Preßluft wird heute nur noch vereinzelt im Zusammenhang mit anderen Begriffen angewendet, in der Pneumatik ist ausschließlich das Wort Druckluft normgerecht.

> **Preßluft = Druckluft**
> Bei der Festlegung von Begriffen, Zeichen und Kenngrößen der Pneumatik wurde für verdichtete Luft – Druckluft – gesetzt und in den entsprechenden DIN-Blättern und VDI-Richtlinien verwendet.

Die Pneumatik in der heutigen Form ist ein relativ junges Kind der Technik, in der Grundtendenz aber schon älter als die heutige Zeitrechnung. Bereits vor dem Jahre 0 unserer Zeitrechnung wurde eine Beschreibung pneumatischer und automatischer Einrichtungen verfaßt, an die sich im Laufe der Jahrhunderte weitere anschlossen. Vorwiegend wurden diese Erfindungen für kultische oder kriegerische Zwecke geschaffen. So enthält beispielsweise die Technische Enzyklopädie, 1774 von Diderot herausgegeben, das Schnittbild eines pneumatischen Gewehrs neben anderen pneumatischen Geräten. Vor etwa 100 Jahren wurden nacheinander dann gleich mehrere pneumatische Einrichtungen erfunden, z. B. die pneumatische Rohrpost, die Druckluftbremse, Niethammer, Stoßbohrmaschine und andere Druckluftwerkzeuge. Neben einer pneumatisch betriebenen Straßenbahn gab es mehrere pneumatische Systeme für die Eisenbahn. Einige dieser Erfindungen gelten heute noch, wenn auch in verbesserter Ausführung, andere sind genau so schnell wieder verschwunden wegen technischer oder anderer Schwierigkeiten.

Die moderne Pneumatik mit ihren vielseitigen Einsatzmöglichkeiten begann in Deutschland eigentlich erst nach 1950 die schon bekannten Techniken zu ergänzen. Inzwischen hat sich die Pneumatik zu einem umfang- und erfolgreichen Zweig der Technik entwickelt. Es wird ein vielseitiges und ausgereiftes Programm auf dem Markt angeboten, das sich aber sicherlich auch in Zukunft weiter entwickeln wird. Laufende Neuentwicklungen von Geräten und das Erschließen neuer Anwendungsgebiete zeigen das ständige Wachsen der Pneumatik.

Die zweckmäßige und richtige Anwendung pneumatischer Steuerungen setzt die Kenntnis der einzelnen Elemente und deren Funktion voraus sowie die Möglichkeiten ihrer Verknüpfung. Dabei hat jedes pneumatische Element und jede pneumatische Steuerung, wie alles in der Technik, seine Anwendungsgrenze, die sich in der Pneumatik nicht immer einwandfrei definieren läßt, da sie meist von vielen Faktoren abhängig ist. Dem Erfindungsreichtum des einzelnen Anwenders, seine spezielle Steuerung aufzubauen, kommt die Pneumatik sehr weit entgegen, da das provisorische Aufbauen einer pneumatischen Steuerung mit wenigen Hilfsmitteln möglich ist.

> **Pneumatische Elemente** sind Bausteine, die sich immer wieder in kleinen oder großen Steuerungen einsetzen lassen. Die Funktion des Elements bestimmt den Standort innerhalb der Steuerung, die Nennweite (freier Luftdurchgang) ist das Leistungsmerkmal.

2. Drucklufterzeugung

Pneumatische Steuerungen verbrauchen Druckluft, die in ausreichender Menge und je nach Arbeitsleistung mit einem bestimmten Druck vorhanden sein muß. Der Pneumatiker schließt seine Anlage am Druckluftnetz an, die Drucklufterzeugung gehört normalerweise nicht zu seinem Arbeitsgebiet, und setzt das Vorhandensein von genügend Druckluft voraus. Beim Ersteinsatz von Pneumatik wird aber auch die Frage nach der Druckluft-Erzeugeranlage auftreten.

Hauptaggregat einer Drucklufterzeugeranlage ist der Verdichter (Kompressor), den es in unterschiedlichen Bauarten für die verschiedenen Einsatzmöglichkeiten gibt.

> Verdichter (Kompressor) werden alle Maschinen genannt, die Luft, Gase oder Dämpfe fördern und dabei das Druckverhältnis beeinflussen.

Maßstab jedes Verdichters ist die Liefermenge in l/min (bei Kleinverdichtern) bzw. m³/min und das Verdichtungsverhältnis = der erreichte Druck in bar. Die Liefermengen können je nach Bauart zwischen wenigen l/min und bis zu etwa 50 000 m³/min betragen, die Enddrücke zwischen wenigen Pascal (1 bar = 10^5 Pa) und bis zu über 1000 bar. Für die Pneumatik geeignet ist dabei nur ein Teil der verschiedenen Verdichterbauarten, bedingt durch den benötigten Arbeitsdruck. Pneumatische Steuerungen arbeiten normalerweise mit einem Luftdruck um 6 bar. Die Grenze nach unten liegt bei etwa 3 bar und nach oben bei etwa 15 bar. Über- oder Unterschreitungen sind in Sonderfällen möglich, bei solchen Steuerungen handelt es sich dann um Spezialanwendungen, wie sie in jedem Gebiet der Technik möglich und vereinzelt zu finden sind.

Verdichterbauarten

Nach der Bauart unterscheidet man **Kolbenverdichter** und **Strömungsverdichter,** die sich beide wiederum in viele Untergruppen aufteilen. Strömungsverdichter werden dort eingesetzt, wo große und größte Liefermengen bei geringem Enddruck benötigt werden. Ein wirtschaftlicher Einsatz der Strömungsverdichter ist erst bei Lieferungen über ca. 600 m³/min gegeben. Die für die Pneumatik notwendigen Drücke werden nicht oder nur durch mehrstufige Ausführungen erreicht. Strömungsverdichter werden deshalb in der Praxis für die Pneumatik kaum zu finden sein. Die am häufigsten anzutreffenden und in der Praxis bewährten Druckluft-Erzeugeranlagen für die Zwecke pneumatischer Steuerungen sind Kolbenverdichter und Rotationsverdichter, die sich wiederum in mehrere Untergruppen aufteilen.

Hubkolbenverdichter

Weitaus am häufigsten anzutreffen ist der Hubkolbenverdichter (Bild 1), der als stationäre oder fahrbare Einheit zum Einsatz kommt. Hubkolbenverdichter gibt es von Kleinstanlagen bis zu solchen mit Liefermengen über 500 m³/min. Einstufige Hubkolbenverdichter verdichten die Luft auf Enddrücke bis etwa 6 bar, in Ausnahmefällen auch bis 10 bar, zweistufige Verdichter normalerweise auf 15 bar. Drei- und vierstufige Hochdruck-Hubkolbenverdichter können Enddrücke bis um 250 bar erreichen.
Für die Pneumatik besonders geeignet sind die ein- und zweistufigen Ausführungen. Dabei ist der zweistufig arbeitende Verdichter dem einstufigen vorzuziehen, sobald der Enddruck über 6 bar hinausgeht, weil hier mit geringeren Antriebskosten eine gleichwertige Leistung aufgebracht wird.

Rotationsverdichter

Für Druckluft-Erzeugeranlagen sind hier besonders die Vielzellen-**Rotationsverdichter** oder **Lamellenverdichter** geeignet. Andere Bauarten dieser Gruppe sind für die Pneumatik kaum in der Praxis zu finden. Beim Lamellenverdichter (Bild 2) liegt die Welle exzentrisch in einem Zylinder. Dadurch entsteht ein sichelförmiger Verdichtungsraum, der durch die im Rotor befindlichen, beweglichen Schieber gegen den äußeren Zylinder in mehrere Zellen aufgeteilt, abgedichtet wird. Bei Rechtsdrehung des Rotors (Bild 2) wird durch die sich

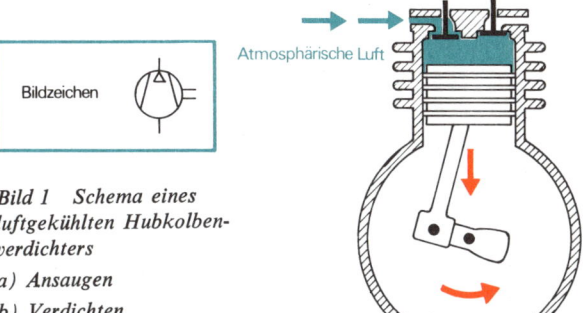

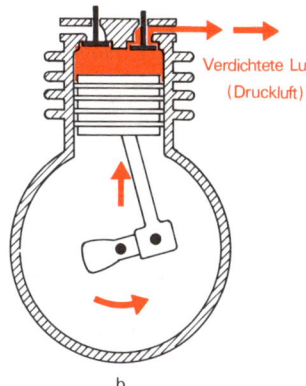

Atmosphärische Luft

Verdichtete Luft (Druckluft)

Bild 1 Schema eines luftgekühlten Hubkolbenverdichters

a) Ansaugen

b) Verdichten

a   b

vergrößernden Zellenräume von links Luft angesaugt und durch die sich auf der rechten Seite verengenden Zellen verdichtet. Die besonderen Vorteile dieser Verdichterbauart liegen in seiner Laufruhe und der fast stoßfreien Luftförderung. Rotationsverdichter verdichten in einer Stufe bis auf etwa 4 bar, in zwei Stufen auf etwa 8 bar. Die Liefermengen können je nach Größe bis 100 m³/min betragen.

> Die Liefermenge eines Verdichters in l/min bzw. m³/min ist seine Leistung. Die Maßeinheit der Liefermenge ist dabei in **Ansaugluft** angegeben (atmosphärische Luft ohne Überdruck bei Normaltemperatur).

Druckluft-Station

Fahrbare Verdichter-Anlagen sind für Betriebe nur dann zweckmäßig, wenn sie als Hilfsaggregate oder für Versuchszwecke bereitstehen. Das stationäre Aggregat wird eindeutig bevorzugt. Die Aufstellung einer Verdichter-Anlage sollte grundsätzlich nach den Herstellervorschriften erfolgen. Üblich ist eine schwingungsarme und möglichst vibrationsfreie Aufstellung über Dämpfungselemente, bei größeren Anlagen auf bauseits vorbereiteten, nicht mit dem übrigen Hallenboden verbundenen Fundamenten.

Abgesehen von kleinen Verdichtern, sollen Druckluft-Erzeugeranlagen in einem gesonderten Raum installiert werden. Besondere Sorgfalt ist darauf zu legen, daß die Verdichter möglichst kühle, besonders aber trockene und weitestgehend staubfreie Luft ansaugen können. Abhilfe bei verschmutzter Luft kann die Verwendung eines zusätzlichen Luftfilters bringen, der über entsprechend groß dimensionierte Zuleitungen die Ansaugluft gereinigt den Verdichtern zufließen läßt. So können auch mehrere Verdichter über eine Ansaugleitung versorgt werden.

> Der Reinheitsgrad der angesaugten Luft ist für die Lebensdauer eines Verdichters mit entscheidend.

> Das Ansaugen warmer und feuchter Luft führt zu erhöhtem Kondensatanfall nach der Verdichtung der Luft.

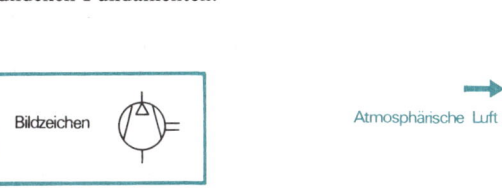

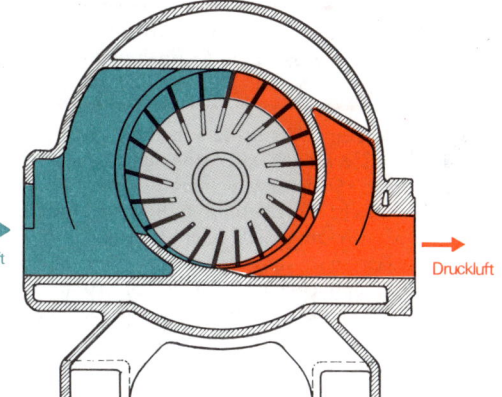

Atmosphärische Luft

Druckluft

Bild 2 Schema eines Vielzellen-Rotationsverdichters (Lamellenverdichter)

Tabelle 1: *Aufnahmefähigkeit der mit Wasserdampf gesättigten Luft in Abhängigkeit der Lufttemperatur*

Temperatur in °C	—10	0	5	10	15	20	30	50	70	90
Wasserdampf in g/m³	2,1	4,9	7	9,5	13	17	30	83	198	424

Der Kondensatanfall bei verdichteter Luft ist abhängig von der relativen Luftfeuchtigkeit der Ansaugluft und der Temperatur. Die relative Luftfeuchtigkeit wird in Prozent angegeben (Quotient aus der absoluten Feuchtigkeit und Sättigungsmenge).

$$\text{rel. Luftfeuchtigkeit} = 100\% \cdot \frac{\text{absolute Feuchtigkeit}}{\text{Sättigungsmenge}}$$

Die absolute Feuchtigkeit ist die Wassermenge, die in einem m³ Luft enthalten ist. Die Sättigungsmenge ist die Wassermenge, die ein m³ Luft bei einer bestimmten Temperatur aufnehmen kann. Aus Tabelle 1 ist der mögliche Wassergehalt der Luft bei entsprechender Temperatur ersichtlich.

Werden 7 m³ atmosphärische Luft mit 30 °C und 100% relativer Luftfeuchtigkeit auf einen Druck von 6 bar verdichtet, so ergibt das 1 m³ Druckluft. Entsprechend den Werten der Tabelle 1 beträgt dann der Wassergehalt der Druckluft 7 × 30 g = 210 g. Kühlt sich die durch die Verdichtungsarbeit erhitzte Druckluft auf 20 °C ab, so werden von diesen 210 g Wasser etwa 193 g als **Kondensat** anfallen. Bei einem Luftverbrauch von 70 m³ Ansaugluft je Stunde fallen demnach etwa 2 l Wasser/h an. Atmosphärische Luft hat je nach Witterung eine relative Luftfeuchtigkeit von 60—90%.

1 m³ verdichtete Luft (Druckluft) kann nur soviel Wasserdampf aufnehmen wie 1 m³ atmosphärische Luft.

Die Größe einer Verdichteranlage richtet sich nach dem Luftverbrauch aller angeschlossenen pneumatischen Steuerungen (nicht, wenn die erste pneumatische Vorrichtung in Betrieb genommen werden soll), zusätzlich einer Reserve für in kurzem Zeitraum hinzukommende pneumatische Anlagen und einem Zuschlag von 10 bis 30% für Leckverluste. Der Druckluftverbrauch und damit die Größenbestimmung einer Erzeuger-Anlage ist eine wichtige Planungsaufgabe und sollte nicht einfach über den Daumen gepeilt werden.

Unwirtschaftliche Druckluft-Erzeugerkosten können durch fach- und sachgerechte Planung vermieden werden.
Der Enddruck des Verdichters soll nicht viel höher liegen, als der betriebsnotwendige Arbeitsdruck für die pneumatischen Steuerungen. Höhere Verdichtung kostet mehr Geld bei der Erzeugung und es geht mehr verloren bei Leckstellen.
Bei großem Druckluftbedarf ist es sinnvoller, zwei oder drei Verdichter aufzustellen, als nur ein Aggregat. Bei Ausfall des einzigen Verdichters stehen sämtliche pneumatische Anlagen innerhalb kürzester Zeit still, denn die Reserve in den Windkesseln reicht meist nur für wenige Minuten Betriebszeit. Bei mehrteiligen Verdichteranlagen dagegen wird bei Ausfall eines Verdichters immer ein, wenn auch beschränkter, Betrieb der pneumatischen Anlage möglich sein.

Kosten der Druckluft

Im Mittel werden etwa DM 0,03/m³ Ansaugluft für Druckluft mit 6 bar gerechnet. Kleinere Anlagen arbeiten teurer, größere billiger. Bei Großanlagen ergeben sich Werte um DM 0,02/m³ Ansaugluft, ebenfalls bei einer Verdichtung auf 6 bar.

Ölfreie Druckluft

In Verarbeitungsbetrieben für Nahrungsmittel, Kosmetika und pharmazeutischen Erzeugnissen wird nicht nur wasserfreie, sondern darüber hinaus auch ölfreie Druckluft gefordert. Die üblichen Verdichter liefern Druckluft, die von der Verdichterschmierung her mit mehr oder weniger feinem Ölnebel verunreinigt ist.
Die Industrie bietet für solche Fälle besonders konstruierte Verdichter an, die ölfreie Druckluft liefern. Dabei gibt es bei den Kolbenverdichtern sogenannte **Trockenläufer,** bei denen das Triebwerk mit Öl geschmiert wird, jedoch das Kurbelgehäuse gegen den Verdichtungsraum mit **Teflon**-Stopfbuchsenpackungen abgedichtet ist. Bei einer anderen Konstruktion werden Kurbelwelle und Pleuel mit Sonderkugellagern und einer Dauerfettfüllung ausgerüstet. Kolbenringe und je nach Konstruktion auch die Führungsmanschette sind aus **Teflon** hergestellt. **Schraubenverdichter** liefern ebenfalls ölfreie Druckluft, da im Verdichtungsraum kein Öl zur Schmierung gebraucht wird.

3. Druckluftverteilung

Die Druckluftverteilung vom Erzeuger bis zum Verbraucher (Bild 1) sollte nie vernachlässigt werden, denn hier lassen sich durch Eindämmen der Leckverluste, durch Auswahl der geeigneten Geräte und Materialien auf die Dauer finanzielle Ersparnisse erzielen. Momentane Mehrkosten bei einer Neuanlage amortisieren sich durch weniger Wartungsaufwand, bessere Dichtheit und damit weniger Leckverluste sowie durch längere Lebensdauer.

3.1. Windkessel, Speicher

Windkessel und Speicher haben verschiedene Aufgaben zu erfüllen, gemeinsam ist ihnen jedoch die Aufgabe, Druckschwankungen im gesamten Verteilersystem auszugleichen und anfallendes Kondensat auszuscheiden.

Der **Windkessel** ist dem Verdichter direkt nachgeschaltet und soll die aus dem Verdichter kommenden Druckstöße ausgleichen. In den meisten Fällen soll er darüber hinaus Speicher für das gesamte Netz sein und dadurch auch zusätzlich zur Abkühlung der Druckluft beitragen, um bereits hier anfallendes Kondensat auszuscheiden. Bei größeren Verdichter-Anlagen ist zwischen Verdichter und Windkessel ein Nachkühler mit Wasserabscheider eingebaut, wo bereits ein Großteil des Kondensats ausgeschieden wird.

Druckluft-Erzeugeranlagen für den Betrieb pneumatischer Steuerungen sollten grundsätzlich mit einem Nachkühler zwischen Verdichter und Windkessel ausgerüstet sein.

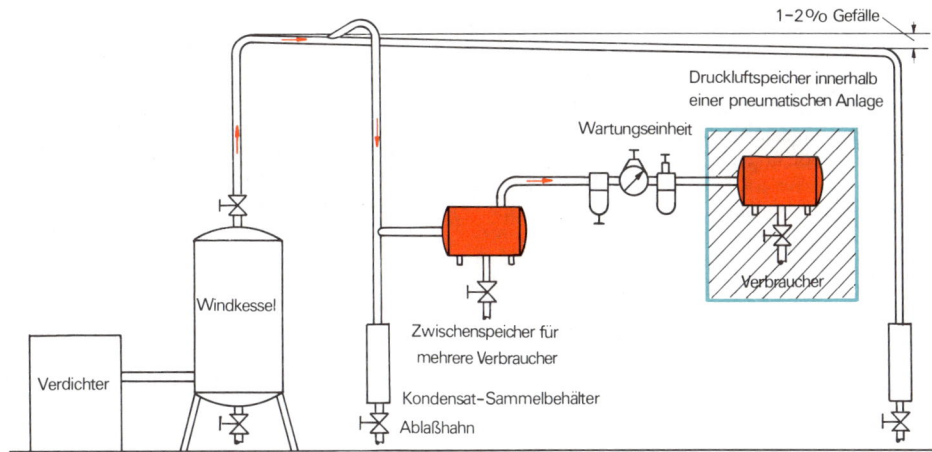

Bild 1 Schema einer Druckluft-Verteileranlage mit Stichleitung. Der Einbau eines Zwischenspeichers oder eines Speichers innerhalb einer pneumatischen Anlage ist von den einzelnen Verbrauchern abhängig und nur bei der Entnahme großer Luftmengen innerhalb kürzester Zeit notwendig (periodische Stoßentnahme)

11

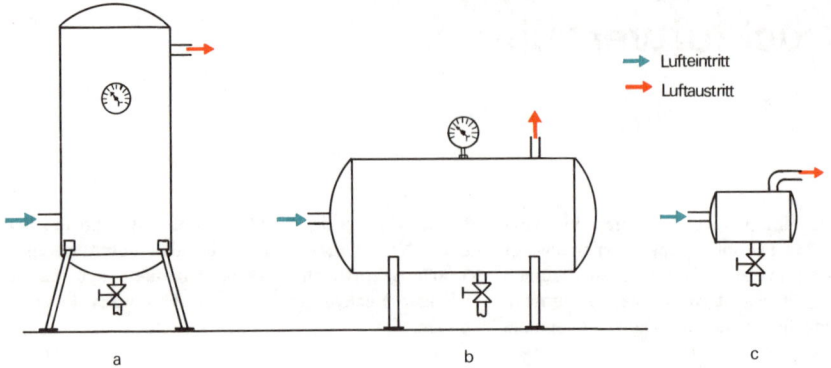

Bild 2 Windkessel und Speicher können stehend oder liegend angeordnet sein, kleinere Speicher manchmal direkt Bestandteil der Druckluftleitung sein

a) stehende Ausführung

b) liegende Ausführung

c) Kleinspeicher freihängend in Druckluftleitung
Der Luftaustritt soll möglichst nach oben bzw. im oberen Drittel erfolgen, damit kein Kondensat mitgerissen wird

Die Größe des Windkessels ist abhängig von der Druckluftentnahme und von der Leistung des Verdichters. Da der Windkessel in Betrieben mit pneumatischen Anlagen grundsätzlich auch eine Speicherfunktion ausüben muß, außerdem fast immer mit einem kontinuierlichen Verbrauch innerhalb geringer Toleranzen gerechnet werden kann, läßt sich der Windkessel verhältnismäßig einfach bestimmen. Natürlich ist die Windkessel-Größe noch von anderen Faktoren abhängig, z.B. von der Regelung des Verdichterbetriebes und der maximalen Schalthäufigkeit, aber die Speicherfunktion und der angenommene, verhältnismäßig kontinuierliche Druckluftverbrauch sind die ausschlaggebenden Faktoren. Die Speicherfunktion ist notwendig, weil auch bei Störungen, z.B. durch Stromausfall, die einzelnen pneumatischen Steuerungen ihre Ausgangs- oder Stillstandsposition erreichen müssen.

Leistung des Verdichters in m³/min = Volumen des Windkessels in m³

Dieser Wert kann natürlich nur Faustformel sein, in bestimmten Fällen müssen sämtliche Faktoren berücksichtigt werden. Eine Hilfe hierzu bieten die Handbücher und Datenblätter der Verdichter-Hersteller.

Es ist billiger, einen zu großen als einen zu kleinen Windkessel (Speicher) einzusetzen.

Über die Herstellung und den Einsatz von Windkesseln und Speichern mit einem Druck-Liter-Produkt über 200 und einem Betriebsdruck über 0,5 bar sind Vorschriften und Prüfungen von den Berufsgenossenschaften festgelegt. Praktisch fallen alle für die Pneumatik eingesetzten Windkessel und Speicher unter diese Vorschriften.

Das Druck-Liter-Produkt errechnet sich aus dem Inhalt des Speichers in Liter mal dem Druck in bar.
Druck-Liter-Produkt $= p$ (bar) $\cdot l$

Windkessel sollen nach Möglichkeit im Freien, (möglichst Schattenseite an einem Gebäude) aufgestellt werden. Die Abkühlung der Druckluft und damit Kondensatausscheidung ist dann besser, die freiwerdende Wärme kann dann nicht einen vielleicht zu kleinen Raum aufheizen. Bei Aufstellung in einem Raum ist für gute Belüftung zu sorgen.

Druckluft-**Speicher** dienen dazu, Druckschwankungen innerhalb eines Netzes auszugleichen um so für alle Verbraucher einen möglichst gleichhohen Betriebsdruck zu gewährleisten. Bei zentraler Druckluftversorgung für mehrere Hallen oder Stockwerken sollte jede Halle und jedes Stockwerk mit einem solchen Zwischenspeicher ausgestattet sein. Damit kann der Druckabfall in langen Leitungen kompensiert und die Strömungsgeschwindigkeit in den Rohrleitungen besser auf dem Optimalwert gehalten werden.

Darüber hinaus werden Speicher auch innerhalb pneumatischer Steuerungen bzw. einer Anlage dann notwendig werden, wenn pneumatische Arbeitselementen mit periodischem, stoßartig einsetzendem großem Luftverbrauch eingebaut sind. Ohne solche Speicher würde der stoßartige Verbrauch bei jedem Einschalten eines entsprechend großen Luftverbrauchers den Netzdruck jeweils kurzzeitig zusammenbrechen lassen. Übernormal hohe Strömungsgeschwindigkeiten im Rohrnetz, verstärkte Abkühlung der Rohre und der Druckluft und damit erhöhter Kondensatausfall an diesen Stellen wären die Folgen. Windkessel und Speicher können liegend oder stehend, kleinere Speicher auch freihängend in einer Leitung angeordnet sein (Bild 2).

3.2. Leitungen

Druckluftleitungen können wenige mm lichte Weite oder auch Ofenrohrgröße haben, sie können aus Gummi, Kunststoff oder Metall sein, eines sollte aber immer tabu bleiben, die Verwendung des alten Gasrohres.

3.2.1. Druckluftnetz

Unter dem Druckluftnetz versteht man alle Leitungen, die vom Windkessel ausgehend, fest verlegt und miteinander verbunden sind und die Druckluft zur Entnahmestelle für den einzelnen Verbraucher (Anlage) zuführen. Hauptkriterien dabei sind die Strömungsgeschwindigkeiten und der Druckabfall in den Leitungen sowie die Dichtheit des ganzen Netzes.

Neuplanung eines Netzes

Der Druckluftverbrauch, zusätzlich einer Reserve, da meist nach kurzer Zeit weitere pneumatische Anlagen hinzukommen, ist die ausschlaggebende Größe bei der Festlegung des inneren Rohrdurchmessers. Darüber hinaus gibt es Werte aus der Praxis, wie hoch die Strömungsgeschwindigkeit und der Druckabfall in Leitungen sein dürfen, um ein Optimum an Wirtschaftlichkeit zu erzielen.

> Die Auswahl des Rohrdurchmessers (lichte Weite) ist abhängig von:
> zulässiger Strömungsgeschwindigkeit
> zulässigem Druckabfall
> Betriebsdruck
> Anzahl der in der Leitung eingebauten Drosselstellen
> Leitungslänge

Die **Durchflußmenge** = **Druckluftverbrauch** ist eine vorher planerisch festzulegende Größe. Strömungsgeschwindigkeit und Druckabfall stehen in einem engen Verhältnis zueinander. Für den Druckabfall sind aber auch die Rauheit der Rohrinnenwandung und die Anzahl der eingebauten Armaturen verantwortlich.

> Je höher die Strömungsgeschwindigkeit, um so höher ist der Druckabfall bis zur Entnahmestelle einer Leitung.

Die **Strömungsgeschwindigkeit** der Druckluft in Leitungen soll zwischen 6 und 10 m/s liegen. Dabei ist eher ein Wert unter 10 m/s anzustreben, durch eingebaute Krümer, Ventile, Reduzierstücke oder Anschlußkupplungen erhöht sich an vielen Stellen die Strömungsgeschwindigkeit über die zulässigen Werte, außerdem bringt das Einschalten größerer Verbraucher kurzzeitig eine Erhöhung der Strömungsgeschwindigkeit. Der **Druckabfall** soll den Wert von 0,1 bar möglichst nicht überschreiten, und zwar bis zu den angeschlossenen Verbrauchern. In der Praxis wird auch noch mit dem Wert 5% des Betriebsdruckes gerechnet. Bei einem Betriebsdruck von 6 bar wäre demnach ein Druckverlust von 0,3 bar noch akzeptabel.

Drosselstellen im Druckluftnetz entstehen durch den Einbau von Armaturen, Biegungen und Abzweigungen. Für die Berechnung des Rohrinnendurchmessers sind deshalb solche Drosselstellen in m Rohrlänge umzuwandeln und müssen der gegebenen Rohrlänge des Netzes hinzu gezählt werden. Tabelle 1 gibt für die einzelnen Drosselstellen eine gleichwertige Länge in m an.
Die Verdichter-Hersteller haben für die Berechnung der Rohrleitungen bereits Vorarbeit geleistet und Nomogramme zur einfacheren Findung der gesuchten Größe ausgearbeitet. Aus dem Nomogramm (Bild 3) können die einzelnen bekannten Werte herausgesucht und der dazu notwendige Rohrdurchmesser festgelegt werden. Es wird auf der rechten Seite des Nomogramms, am Schnittpunkt von Durchflußmenge (Druckluftverbrauch) und Betriebsdruck begonnen, ein weiterer

Tabelle 1: *Strömungswiderstand von Armaturen und Rohrbiegungen umgewandelt in gleichwertige Rohrlängen.*

Armatur	Gleichwertige Rohrlänge in m						
	Rohr-Innendurchmesser in mm						
	25	40	50	80	100	125	150
Sitzventil	6	10	15	25	30	50	60
Stromlinienventil	3	5	7	10	15	20	25
Schleusenventil	0,3	0,5	0,7	1	1,5	2	2,5
Rohrkrümmer, Winkel	1,5	2,5	3,5	5	7	10	15
Rohrkrümmer, Bogen	1	2	2,5	4	6	7,5	10
Rohrkrümmer $r = d$	0,3	0,5	0,6	1	1,5	2	2,5
Rohrkrümmer $r = 2\,d$	0,15	0,25	0,3	0,5	0,8	1	1,5
Schlauchkuppl., T-Rohr	2	3	4	7	10	15	20
Reduzierstück	0,5	0,7	1	2	2,5	3,5	4

Schnittpunkt ergibt sich aus der gegebenen Gesamtrohrlänge und anschließend aus dem zulässigen Druckabfall.

> Der Druckluftverbrauch ist in m^3/min (l/min) (Ansaugluft) anzugeben (siehe auch Luftverbrauchstabelle für Zylinder: Tabelle 3., Abschnitt 4.1.4).

Verlegen des Rohrnetzes

Die fest verlegte Druckluftleitung sollte möglichst von allen Seiten zugänglich sein. Damit scheidet die Verlegung im Mauerwerk oder in zu engen Leitungsschächten aus. Dies ist notwendig, damit die Überwachung auf Dichtheit des Rohrnetzes nicht unnötig erschwert oder gar unmöglich wird. Horizontal führende Druckluftleitungen sollen mit einem Gefälle von 1–2 % in Strömungsrichtung verlegt werden (siehe Bild 1, Abschnitt 3.0). Hauptleitungen nach unten sollen nicht direkt im Anschluß für den Verbraucher enden, sondern etwas weiter geführt werden, damit das im Rohrnetz anfallende Kondensat nicht zum Verbraucher gelangt, sondern am tiefsten Punkt der Stichleitung gesammelt und ausgeschieden werden kann (Bild 4).

> An den tiefsten Stellen des Rohrnetzes sind Geräte zum Sammeln und Ausscheiden des im Rohrnetz anfallenden Kondensats vorzusehen.

Die von der Hauptleitung abgehenden **Stichleitungen** sind immer nach oben abzuzweigen. Dabei sollte der Innenbogen mindestens $r = 2\,D$ (2 mal Außendurchmesser des Rohres) sein. Eine Abzweigung für mehrere Verbraucher mit großem Druckluftverbrauch sollte nach dem Beispiel, wie Bild 5 zeigt, vorgenommen werden.

Druckluftnetze, die eine ganze Halle mit Druckluft versorgen müssen, sind zweckmäßig als **Ringleitung** anzulegen (Bild 6). Im Idealfall wird sogar noch ein Zwischenspeicher eingebaut. Bei einer Ringleitung kann der freie Rohrquerschnitt um etwa $1/3$ gegenüber der normalen Stichleitung kleiner sein. Die Druckluftversorgung ist damit ausgeglichener, die Druckschwankungen verringern sich bedeutend.

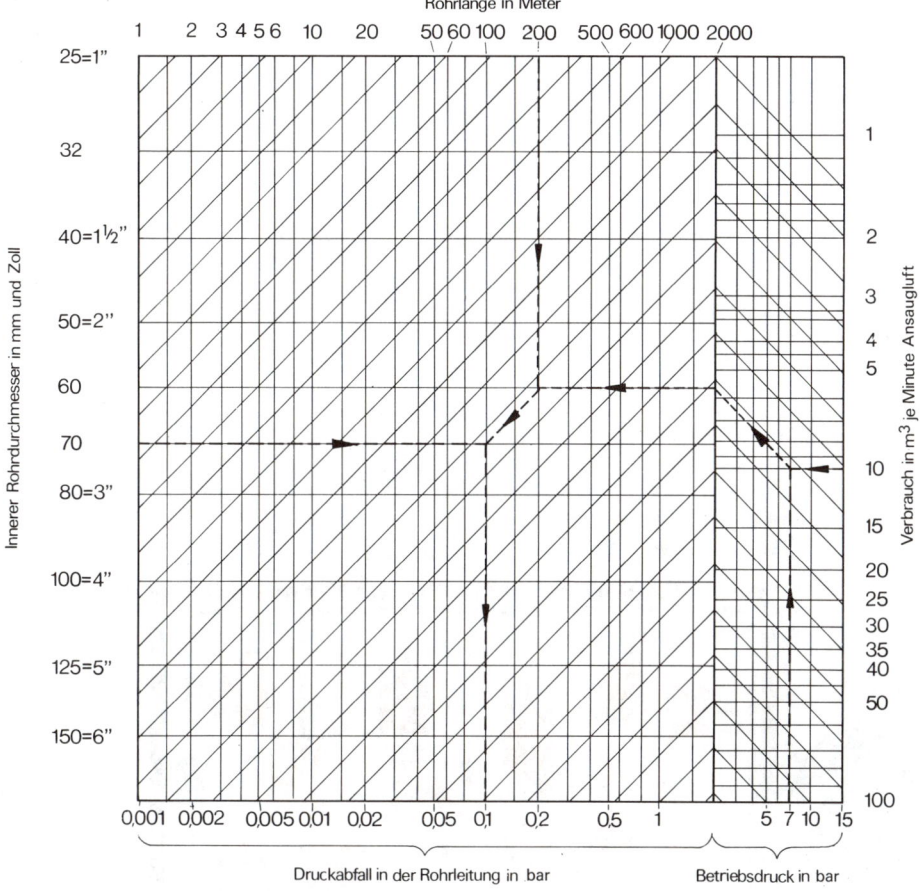

Rohrlänge in Meter

Innerer Rohrdurchmesser in mm und Zoll

Verbrauch in m³ je Minute Ansaugluft

Druckabfall in der Rohrleitung in bar

Betriebsdruck in bar

Bild 3   Nomogramm für die Berechnung von Druck-luftleitungen. Im eingezeichneten Beispiel sind gege-ben: Betriebsdruck 7 bar, Durchflußmenge 10 m³, Rohrlänge 200 m, Druckabfall 0,1 bar (Tabelle 1 und Nomogramm nach „Atlas-Copco-Druckluft-Handbuch")

Schematische Darstellung

Sinnbildliche Darstellung

Strömungsrichtung

Anschluß für Verbraucher

Kondensat–Sammelbehälter

Bild 4   Abzweigung einer Stichleitung. Die Stich-leitung soll nicht am Anschluß des Verbrauchers enden, sondern etwas weitergeführt und mit einem Kondensat-Sammelbehälter enden

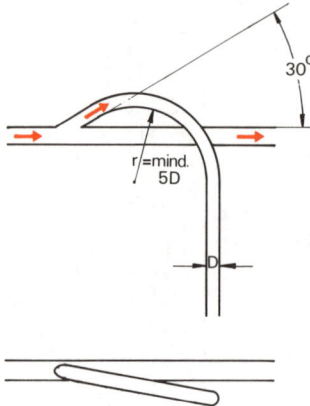

Bild 5 Abzweigung einer Druckluftleitung vom Hauptrohr

Bild 6 Druckluftnetz mit Ringleitung und Zwischenspeicher

a) mit Stichleitungen von der Ringleitung abgehend,

b) mit Stichleitungen von den Querleitungen abgehend

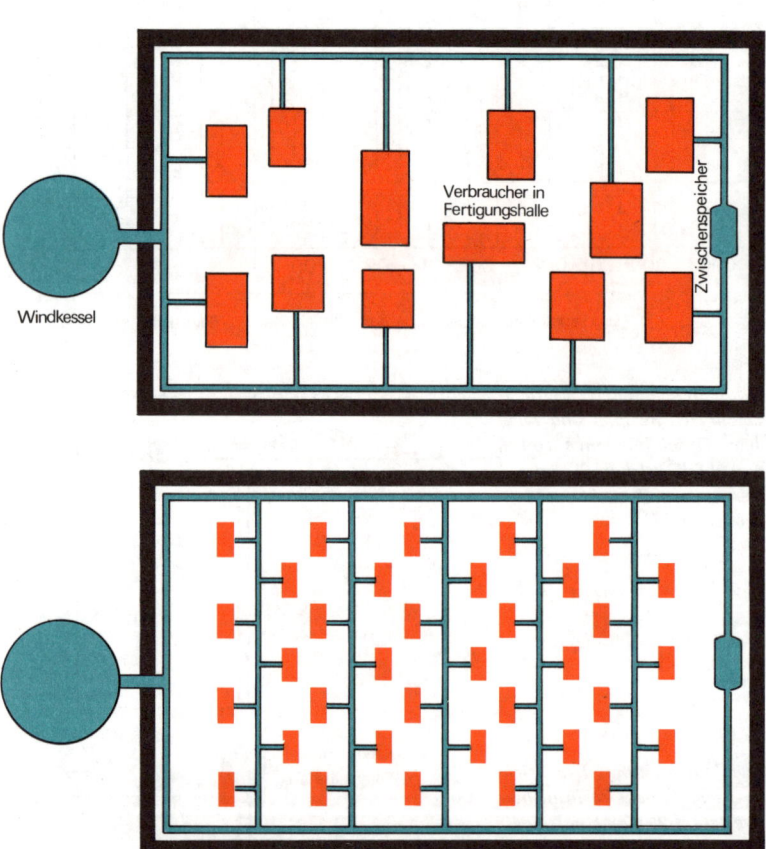

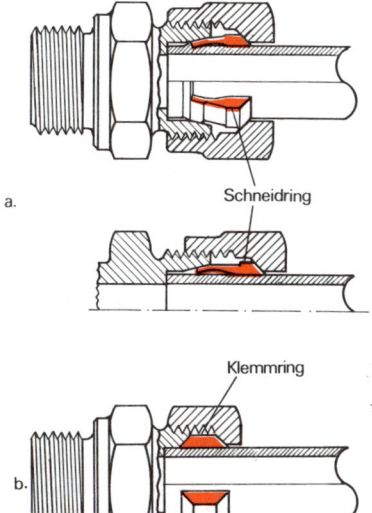

a. Schneidring

Klemmring

b.

Bild 7

a) Schneidringverschraubung nach DIN 2335

b) Klemmringverschraubung nach DIN 2367

Stichleitungen zu den Verbrauchern sollen genügend Anschlußmöglichkeiten haben. Bewährt hat sich der Einbau von Schnellkupplungen (siehe auch Abschnitt 3.2.2 Bild 13).

Das Rohrnetz wird vorzugsweise mit Stahlrohren und geschweißten Verbindungen ausgeführt. Die Schweißnaht ist auf die Dauer dichter, als jede Verschraubung. Einwandfreie Schweißung ist natürlich selbstverständlich. Der Nachteil der Schweißverbindung liegt darin, daß beim Schweißen Zunder entsteht und die Schweißnaht am ehesten zur Rostbildung neigt. Beim Einbau einer Wartungseinheit vor die Verbraucher werden jedoch die im Luftstrom mitgerissenen Teilchen ausgeschieden und in den Kondensat-Sammelbehältern angeschwemmt. Der Vorteil der geschweißten Rohrverbindung liegt in der guten Abdichtung und im Preis. Bevorzugt werden Rohre der Handelsklasse nach DIN 2448 und DIN 2458. Eine weitere Möglichkeit der Rohrverbindung besteht mit Schneidring- oder Klemmringverschraubungen (Bild 7). Dafür kommen dann dünnwandige, nahtlos gezogene Stahlrohre nach DIN

2385 und 2391 zur Verwendung. Es ist damit einfacher, Teilstücke des gesamten Rohrnetzes in ihrer Verlegung zu ändern. Bei Verschraubungen ist unbedingt auf guten Sitz und Dichtheit zu achten.

In Einzelfällen werden heute auch schon Kunststoffrohre für Druckluftnetze verwendet. Auch hier ist die Verbindung durch Schweißen oder Verschraubung möglich. Der finanzielle Aufwand ist größer als bei Stahlrohren. Neue Verschraubungen, die jetzt auf dem Markt angeboten werden, sind ebenfalls voll aus Kunststoff (Bild 8). Dabei wird kurz vor dem Rohrende mit einem einfachen Werkzeug ein Wulst kalt angestaucht. Der Wulst wird zwischen Verschraubungsstutzen und Mutter gepreßt und dichtet damit ab.

Das Druckluftnetz ist durch Absperrschieber in Abschnitte zu unterteilen, damit bei Wartung und Reparaturen nicht das ganze Netz entlüftet und damit stillgelegt werden muß. Die Größe der Abschnitte richtet sich nach den angeschlossenen Verbrauchern. Jeder Fabrikationsraum, der an das Druckluftnetz angeschlossen ist, sollte für sich abgetrennt werden können.

3.2.2. Leitungen innerhalb von Anlagen

Das Angebot für Druckluftleitungen innerhalb von Anlagen ist wesentlich größer als für das Druckluftnetz. Zur Verwendung kommen dünnwandige Stahlrohre, Kupferrohre, Kunststoffrohre, Gummischläuche und Kunststoffschläuche. Je größer eine pneumatische Anlage ist, um so mehr werden für die Leitungen starre Verbindungen, also Rohre eingesetzt. Die Auswahl des

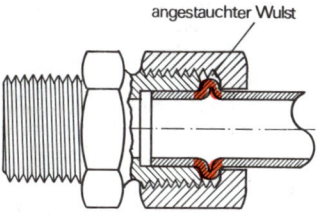

angestauchter Wulst

Bild 8 Verschraubung aus Polyamid für Kunststoffrohre (Deutsche Tecalemit GmbH)

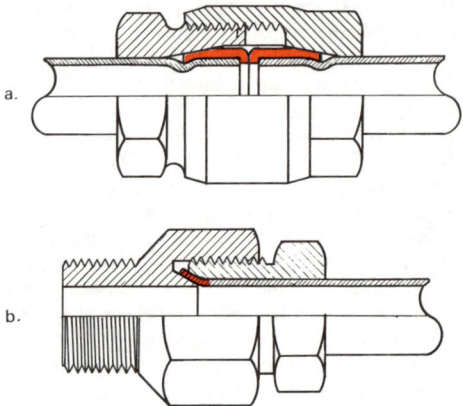

a.

b.

Arbeitselementen zu verwenden. Eine Auswahl gebräuchlicher Schnellverschraubungen zeigt Bild 10. Für die saubere und übersichtliche Verlegung von Kunststoffschläuchen gibt es weitere Hilfsmittel. Die Anwendung einer sogenannten Schlauch-Klemmleiste ist in Bild 11 dargestellt. Auch die Luftzuführung für rotierende Teile ist möglich (Bild 12).

> Die Querschnitte der Leitungen innerhalb von Anlagen müssen auf die Durchgangsquerschnitte der angeschlossenen pneumatischen Steuer- und Arbeitselemente abgestimmt sein. Zu klein dimensionierte Leitungen führen zu Leistungsminderung der angeschlossenen Elemente.

Bild 9 a) Klemmringverschraubung für den Ein- und Ausbau von Rohrleitungen ohne axiales Verschieben

b) Bördelverschraubung (wird heute nur noch vereinzelt angewendet)

Rohrmaterials richtet sich dabei nach den Umwelteinflüssen (z.B. Wasser, Staub, Temperatur. aggressive Dämpfe), der mechanischen Belastung und der Häufigkeit der Druckluftpulsation durch Belüften und Entlüften der Leitung innerhalb kürzester Zeit. Ein weiterer Punkt dürfte sein, ob die pneumatisierte Maschine verkauft oder im eigenen Betrieb eingesetzt wird.

> Leitungen innerhalb von Anlagen werden durch Verschraubungen miteinander verbunden.

Neben der Verwendung von Schneid- und Klemmringverschraubungen nach DIN 2353 bzw. 2367 stehen hierfür weitere Verschraubungssysteme zur Auswahl, die speziell für Kupferrohre geeignet sind (Bild 9). Die Klemmringverschraubung nach Bild 9a hat den Vorteil, daß die Rohrleitungen ohne axiale Verschiebung ein- und ausgebaut werden können.
Verschraubungsteile für Kunststoffschläuche, die in immer größerer Zahl zum Einsatz kommen, werden in einer großen Auswahl angeboten. Die Schlauchverbindung mit den neuen Schnellverschraubungen ist einfach, meist ohne Werkzeug, billig und schnell durchzuführen. Schnellverschraubungen sind dabei auch für die Verbindung der Leitung mit den einzelnen Steuer- und

Tabelle 2: *Durchflußmenge von Schnellkupplungen in Abhängigkeit der Anschlußgröße und der eingesetzten Kupplungsstecker. Die Bezeichnungen der Stecker a, b, c entsprechen Bild 13 (FESTO)*

Kombination		NW	Durchflußmenge Q_n bei Druckabf. $\Delta p = 1$ bar	
Kupplungsdose	Kupplungsstecker	mm	l/min	m³/h
Anschlußgröße 1/8″	a	3	350	21
	a	5	630	38
Anschlußgröße 1/4″	a	3	380	23
	a	4,5	670	40
	b	5	670	40
	b	7	1120	67
	c	5	870	52
	c	5,5	1080	65
	c	5,5	1080	65
Anschlußgröße 3/8″	a	3	380	23
	a	4,5	670	40
	b	5	670	40
	b	7	1220	73
	c	5	870	52
	c	5,5	1080	65
	c	5,5	1120	67

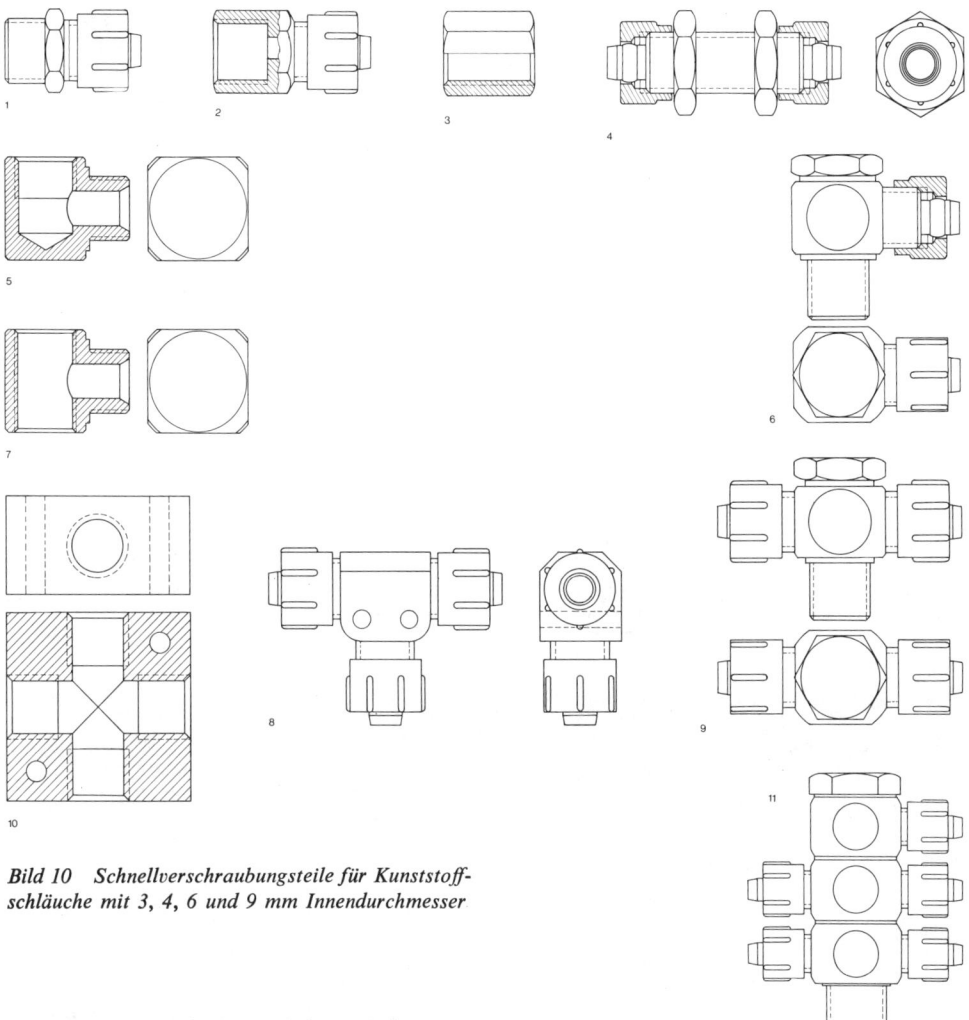

Bild 10   Schnellverschraubungsteile für Kunststoff-schläuche mit 3, 4, 6 und 9 mm Innendurchmesser

1 gerade Verschraubung mit Außengewinde

2 gerade Verschraubung mit Innengewinde

3 Muffe für die Verbindung von zwei Verschrau-bungen 1

4 Schottverschraubung für die durchgehende Ver-bindung von zwei Schläuchen

5 Starres L-Winkelstück mit 1 Zuleitung und 1 Weiterführung

6 Schwenkbare L-Winkelverschraubung 1 Zulei-tung und 1 Weiterführung

7 Starres T-Stück mit 1 Zuleitung und 2 Weiter-führungen

8 Starre T-Verschraubung mit 1 Zuleitung und 2 Weiterführungen

9 Schwenkbare T-Verschraubung mit 1 Zuleitung und 2 Weiterführungen

10 Starres Verteilerstück mit 1 Zuleitung und 3 Weiterführungen

11 Schwenkbare Mehrfachverschraubung mit 1 Zu-leitung und bis zu 6 Weiterführungen. Drei L-oder T-Verschraubungsteile, wahlweise Teil 6 oder 9, sind auf einem Verteilerrohr zusammen-gefaßt (FESTO)

Der Anschluß von Druckluftverbrauchern (pneumatisierte Geräte und Maschinen) an das Netz kann mit starren Leitungen oder auch mit beweglichen Leitungen erfolgen. Kleinere Geräte, die vielleicht sogar nicht jeden Tag benützt werden, schließt man am besten über eine Schlauchleitung an das Netz an. Am besten haben sich hierbei Schnellkupplungen bewährt, die aus der am Netz befestigten, selbstabsperrenden Kupplungsdose und aus dem am Anschlußschlauch befestigten Kupplungsstecker bestehen (Bild 13). Tabelle 2 zeigt die Durchflußmengen der Schnellkupplungen in Abhängigkeit der Anschlußgröße und des verwendeten Kupplungssteckers.

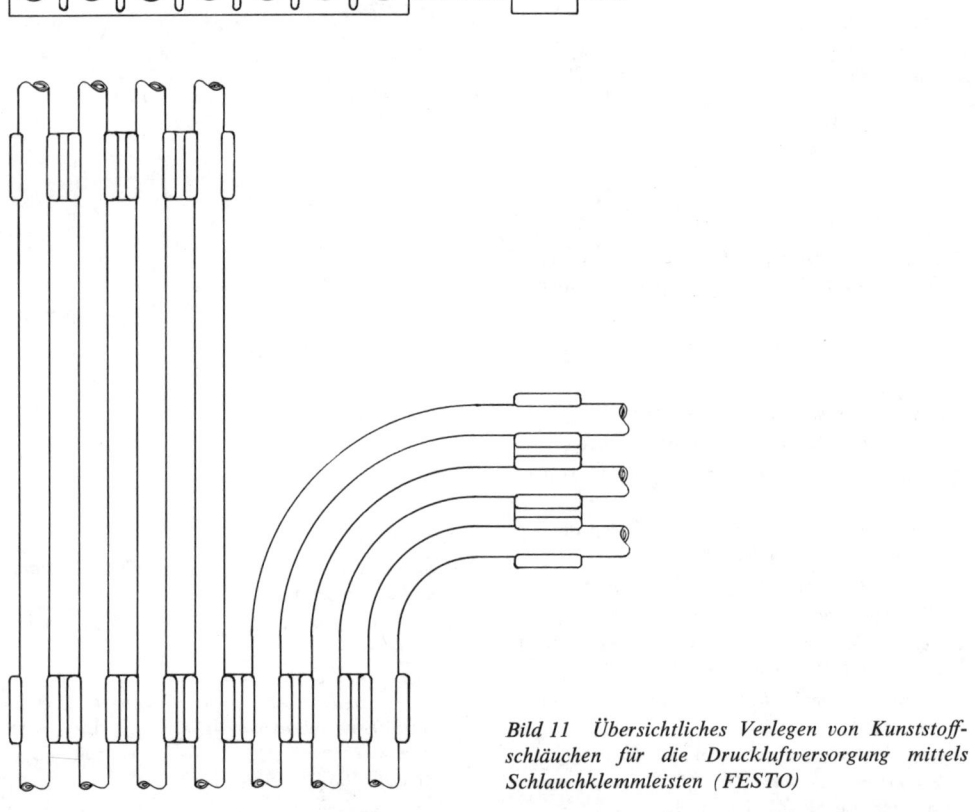

Bild 11   Übersichtliches Verlegen von Kunststoffschläuchen für die Druckluftversorgung mittels Schlauchklemmleisten (FESTO)

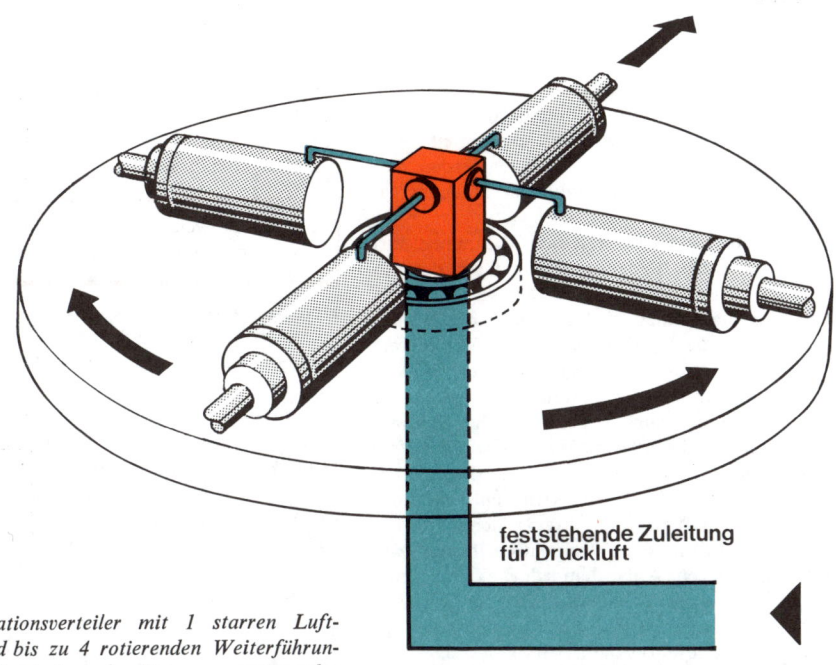

feststehende Zuleitung für Druckluft

Bild 12 Rotationsverteiler mit 1 starren Luftzuführung und bis zu 4 rotierenden Weiterführungen für die Verbindung des Netzes zu rotierenden pneumatischen Elementen, z.B. Spannzeuge auf einem Drehteller

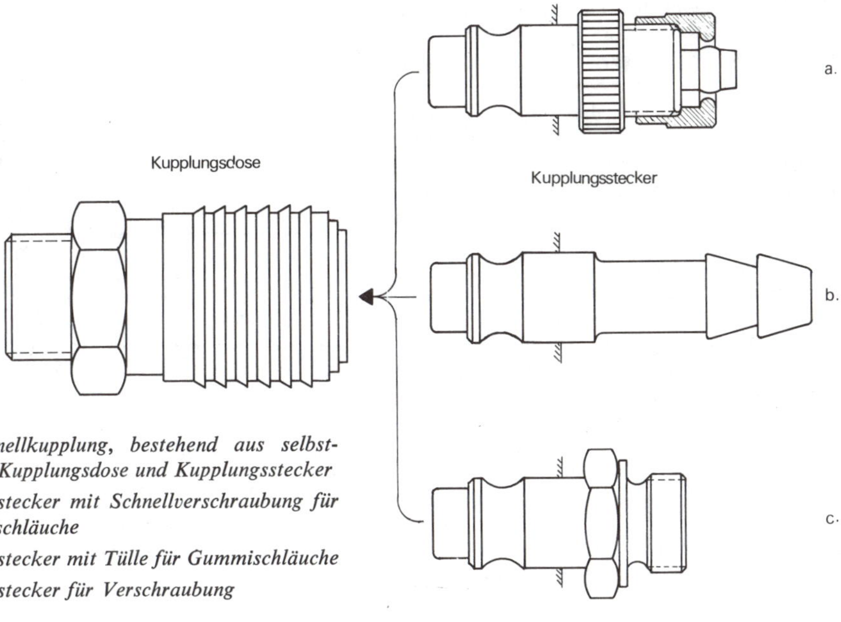

Kupplungsdose

Kupplungsstecker

a.

b.

c.

Bild 13 Schnellkupplung, bestehend aus selbstabsperrender Kupplungsdose und Kupplungsstecker

a) Kupplungsstecker mit Schnellverschraubung für Kunststoffschläuche

b) Kupplungsstecker mit Tülle für Gummischläuche

c) Kupplungsstecker für Verschraubung

21

3.3. Aufbereiten der Druckluft

In den Betriebsanweisungen für pneumatische Elemente findet sich fast überall der Hinweis: „die Vorschaltung einer Wartungseinheit wird empfohlen". Damit soll gewährleistet werden, daß nur aufbereitete Druckluft zum Verbraucher gelangt.

Eine **Wartungseinheit** setzt sich zusammen aus dem Filter, dem Regler und dem Öler, deshalb auch kurz FRO genannt. Die Druckluft, die aus dem Netz entnommen wird, hat neben den Verunreinigungen, die beim Ansaugen des Verdichters mit in die Druckluft gelangen können, weitere Verunreinigungen aus dem Rohrnetz hinzubekommen, z. B. Staub, Zunder, Rostteile. Bei richtiger Verlegung des Netzes wird ein Großteil der Verunreinigungen in den Kondensat-Sammelbehältern angeschwemmt. Die kleinsten Teile aber schweben im Luftstrom mit und würden in den beweglichen Teilen der Pneumatikelemente wie Schmirgel wirken. Außerdem schwankt der Luftstrom im Netz, schon allein durch den am Verdichter bestimmten Ein- und Ausschaltpunkt in Abhängigkeit des Drucks im Windkessel. Die Verbraucher sollen aber immer mit dem gleichen Luftdruck arbeiten können. Hinzu kommt, daß die beweglichen Teile der Pneumatikelemente auch eine Schmierung benötigen.

> Nicht aufbereitete Druckluft kann die Funktion der Pneumatikelemente beeinträchtigen oder sogar unmöglich machen.

Der Filter (Bild 14) hat die Aufgabe, die durchströmende Druckluft von sämtlichen Verunreinigungen sowie von Kondenswasser zu befreien. Die Druckluft wird beim Eintritt in die Filterschale (2) durch Leitschlitze (1) in Rotation versetzt unter Erhöhung der Strömungsgeschwindigkeit. Durch die Abkühlung und Zentrifugalwirkung werden die noch vorhandenen Wassernebel herausgeschleudert. Das Kondensat, verunreinigt mit Schmutzteilchen, sammelt sich im unteren Teil der Filterschale und muß spätestens bei Erreichen der maximalen Kondensatmarke entleert werden, da es sonst vom Luftstrom wieder mitgerissen wird und damit doch zu den Verbrauchern gelangt. Die festen Bestandteile, die größer als die Porenweite des Filtereinsatzes (3) sind, werden von diesem zurückgehalten. Der Filtereinsatz setzt sich durch diese festen Bestandteile im Laufe der Zeit zu. Die Filterpatrone sollte deshalb regelmäßig gereinigt oder ausgetauscht

werden. Fällt eine größere Kondensatmenge an, empfiehlt es sich, anstelle der manuell bedienten Ablaßschraube (4) einen automatischen Kondensatablaß anzubauen (siehe auch Abschnitt 7.2).

> Die Porenweite des Filtereinsatzes sollte zwischen 0,02 und 0,05 mm liegen.

Der Regler, ein Druckventil, hat die Aufgabe, den Arbeitsdruck (Sekundärdruck) unabhängig vom schwankenden Netzdruck (Primärdruck) und Luftverbrauch weitgehend konstant zu halten. Der Eingangsdruck (primär) muß immer höher als der Ausgangsdruck (sekundär) sein. Das Druckventil regelt mit einer Membran (1) den Sekundärdruck (Bild 15). Eine Seite der Membran ist mit dem Ausgangsdruck beaufschlagt, auf der anderen Seite ist eine Feder (2) angebracht, deren Druckkraft durch eine Einstellschraube (3) verstellbar ist. Damit läßt sich der Sekundärdruck

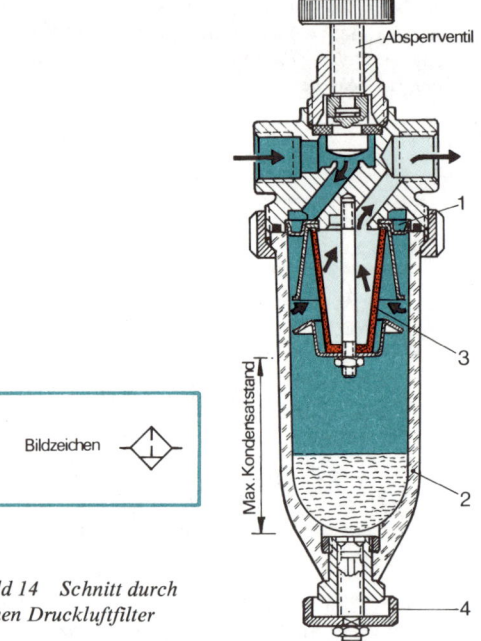

Bildzeichen

Bild 14   Schnitt durch einen Druckluftfilter

1 *Leitschlitze*
2 *Filterschale, durchsichtiges Kunststoffmaterial oder bei hohen Drücken (über 10 bar) Messing*
3 *Filtereinsatz*
4 *Kondensatablaß*

einstellen. Beim Ansteigen des Ausgangsdruckes bewegt sich die Membrane entgegen der Federkraft. Dabei wird der Durchgangsquerschnitt am Ventilsitz (4) laufend verändert oder ganz geschlossen. Der Ausgangsdruck wird über die durchfließende Menge geregelt. Bei Luftentnahme sinkt dieser nun und die Federkraft öffnet das Ventil. Das Regulieren des eingestellten Ausgangsdrucks ist somit ein ständiges Öffnen und Schließen des Ventilsitzes. Damit keine Flattererscheinungen auftreten, ist über dem Ventilteller (6) eine Luft- oder Federdämpfung (5) eingebaut. Der Ausgangsdruck = Arbeitsdruck wird über ein Manometer angezeigt.

Man unterscheidet zwei Bauarten, mit und ohne Entlüftung. Wird der Sekundärdruck gesenkt, durch Verstellen der Einstellschraube, so muß beim Regler ohne Entlüftung ein sekundärseitiger Verbrauch auftreten, damit der zuvor höhere Druck abgebaut wird. Beim Regler mit Entlüftung wird der zuvor höhere Druck über die Entlüftungsbohrungen ins Freie abgeblasen, bis der neu eingestellte, niedrigere Sekundärdruck erreicht ist. Dabei ist kein sekundärseitiger Verbrauch notwendig. Bild 15 zeigt einen Regler mit automatischer Entlüftung.

Der Öler hat die Aufgabe, die Pneumatik-Geräte ausreichend mit Schmiermittel zu versorgen. Der Ölnebel soll dabei genügend fein sein, damit er in ausgedehnten Anlagen nicht schon an den ersten Schmierstellen oder Querschnittsverengungen ausfällt. Die durch den Öler strömende Luft erzeugt, bedingt durch die verschiedenen Leitungsquerschnitte, eine Druckdifferenz (Venturi-Prinzip). Dadurch wird Öl aus dem Vorratsbehälter angesaugt und durch Berührung mit der strömenden Luft zerstäubt. Der Öler beginnt erst dann zu arbeiten, wenn eine genügend große Strömung vorhanden ist. Bei zu kleiner Luftentnahme reicht die Strömungsgeschwindigkeit an der Düse nicht mehr aus, um Öl anzusaugen.

Es ist besonders darauf zu achten, daß die vom Hersteller angegebenen Mindest-Durchflußwerte für Öler eingehalten und nur die empfohlenen Öle verwendet werden.

Die Durchflußbereiche für Öler verschiedener Anschlußgrößen sind in Tabelle 3 angegeben. Dabei gelten diese Werte für ein bestimmtes Fabrikat, sie können aber als Faustwerte angesehen werden. Bild 16 zeigt einen Öler im Schnitt. Die Luft strömt von P_1 nach P_2. Ein Regulierventil H bewirkt, daß ein Teil der Luft über die Düse C

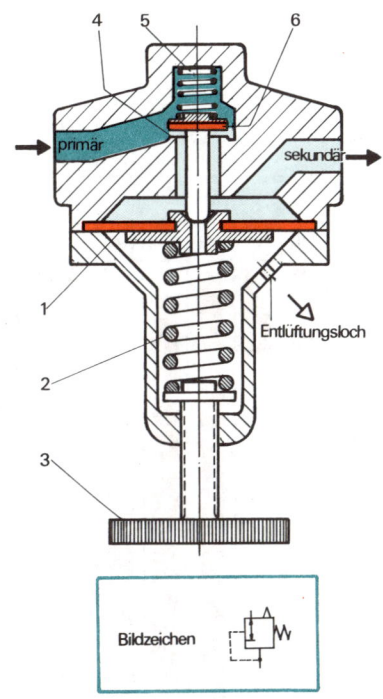

Bildzeichen

Bild 15   Schnitt durch einen Regler (Druckminderventil)

1 Membrane

2 Feder (Gegendruck)

3 Einstellschraube für den Sekundärdruck

4 Ventilsitz

5 Feder zur Dämpfung (Flattererscheinungen durch ständiges Öffnen und Schließen)

6 Ventilteller

nach E in den Ölbehälterraum strömt. Dabei reichert sie sich mit Öl an, welches durch den Überdruck im Behälterraum E und die Saugwirkung (Unterdruck) bei C aus dem Behälterraum E durch den Kunststoffschlauch L fließt und im Raum D sichtbar abtropft. Mit der Einstellschraube K ist die Möglichkeit gegeben, die Öltropfen pro Zeiteinheit einzustellen. Durch die Büchse F wird eine Umlenkung der mit Öl angereicherten Luft erreicht, wobei die großen Öltropfen in den Behälterraum E abtropfen und nur der Ölnebel über G in den Luftstrom nach P_2 gelangt. Dort vermischt er sich mit der durchströmenden Luft in einem Verhältnis, der abhängig

23

Tabelle 3: Ölerfunktion in Abhängigkeit der Durchflußmenge; gilt nur für die bestimmte Bauart (Richtwerte) (FESTO)

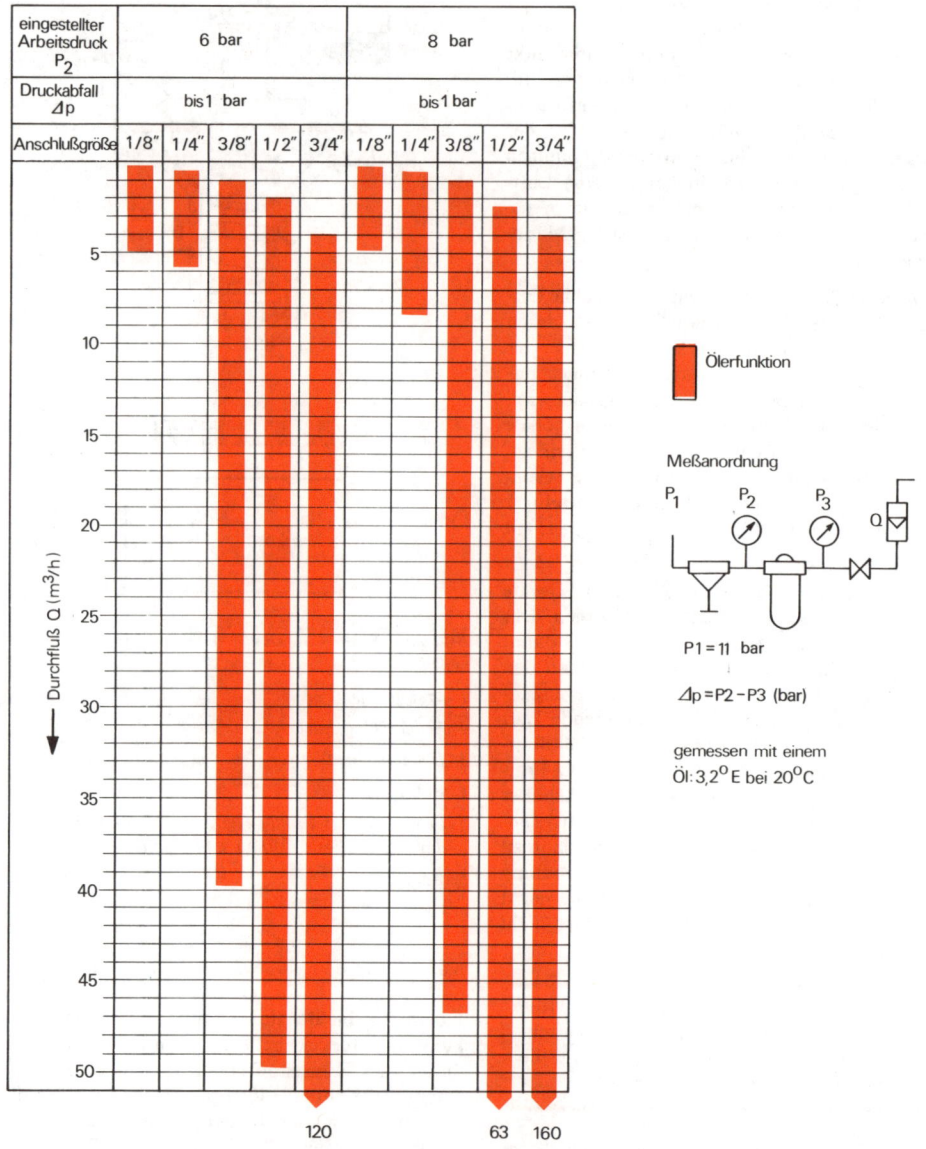

von der Federkraft des Regulierventils und dem Druckabfall von P_1 nach P_2, proportional ist. Je nach Bauart des Ölers kann Öl nur bei abgeschalteter Druckluft nachgefüllt werden, bei neueren Typen aber auch bei durchströmender Luft.

Für Öler dürfen nur dünnflüssige Mineralöle verwendet werden. Richtwerte:
$10^{-5} - 5 \cdot 10^{-5}$ m^2 s^{-1}
($2 - 5$ °E bei 20 °C bzw. $10 - 50$ cSt bzw. SAE 10)

Bild 16   Schnitt durch einen
Öler (Zerstäuber-Prinzip).
Die Buchstaben-Bezeichnun-
gen sind im Text erläutert

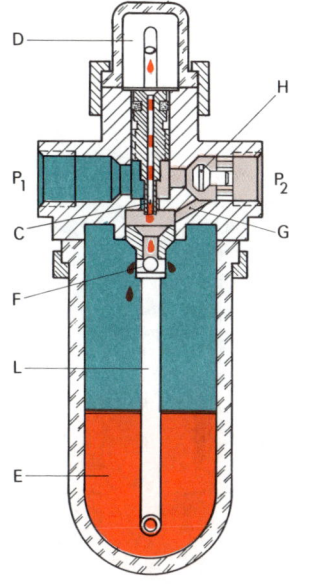
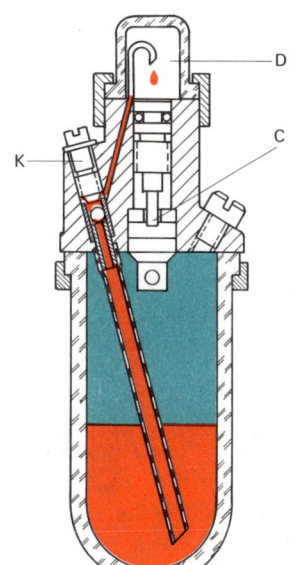

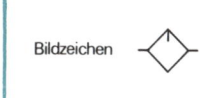

Um eine vollständige Wartungseinheit zu erhalten, werden Filter, Regler und Öler mittels zweier Doppelnippel miteinander verschraubt. Bei neueren Entwicklungen sind Filter und Regler in einem Gehäuse kombiniert und nur der Öler wird hinzugefügt. Außerdem kann die ganze FRO in einem kombinierten Gehäuse zusammengefaßt sein (Bild 17).

> Für die gesamte FRO gilt: die Durchfluß- und Druckbereiche, die jeweils vom Hersteller angegeben werden, sind einzuhalten bzw. eine FRO ist nach diesen Werten auszuwählen.

Tabelle 4 gibt Anhaltswerte, in welchen Druck- und Durchflußbereichen (Richtwerte) die einzelnen Wartungseinheiten eingesetzt werden können. Daneben werden andere Typenreihen für Druckbereiche bis 2,5 bar, 4 bar oder auch für bis 20 bar angeboten. Im Normalfall reichen für die Pneumatik die Druckbereiche bis 10 bar aus.
Die für Filter und Öler verwendeten durchsichtigen Kunststoffschalen können nur bis zu einem Druck um 10 bar und einer Umgebungstemperatur von

Tabelle 4: Einsatzbereiche für kombinierte Wartungseinheiten in Abhängigkeit der Anschlußgrößen. Für die Pneumatik sind diese Größen normalerweise ausreichend (FESTO)

Anschluß R″	Durchflußmengenbereich l/min	Ölbehälter Inhalt cm³	Druckbereich bar
1/8	50−80	16	0−7
1/4	50−400	42	0−10
3/8	100−1000	137	0−10
1/2	150−2000	137	0−10

etwa 50 °C eingesetzt werden. Bei höheren Werten sind Metallschalen einzusetzen.

> Die Wartungseinheit soll nicht mehr als max. 5 m vom letzten Verbraucher montiert sein; weniger ist besser, da sich bei langen Leitungen der Ölnebel bereits vor den eigentlichen Druckluftverbrauchern niederschlagen kann. Abzweigungen und Bogen in den Leitungen beschleunigen diesen Vorgang.

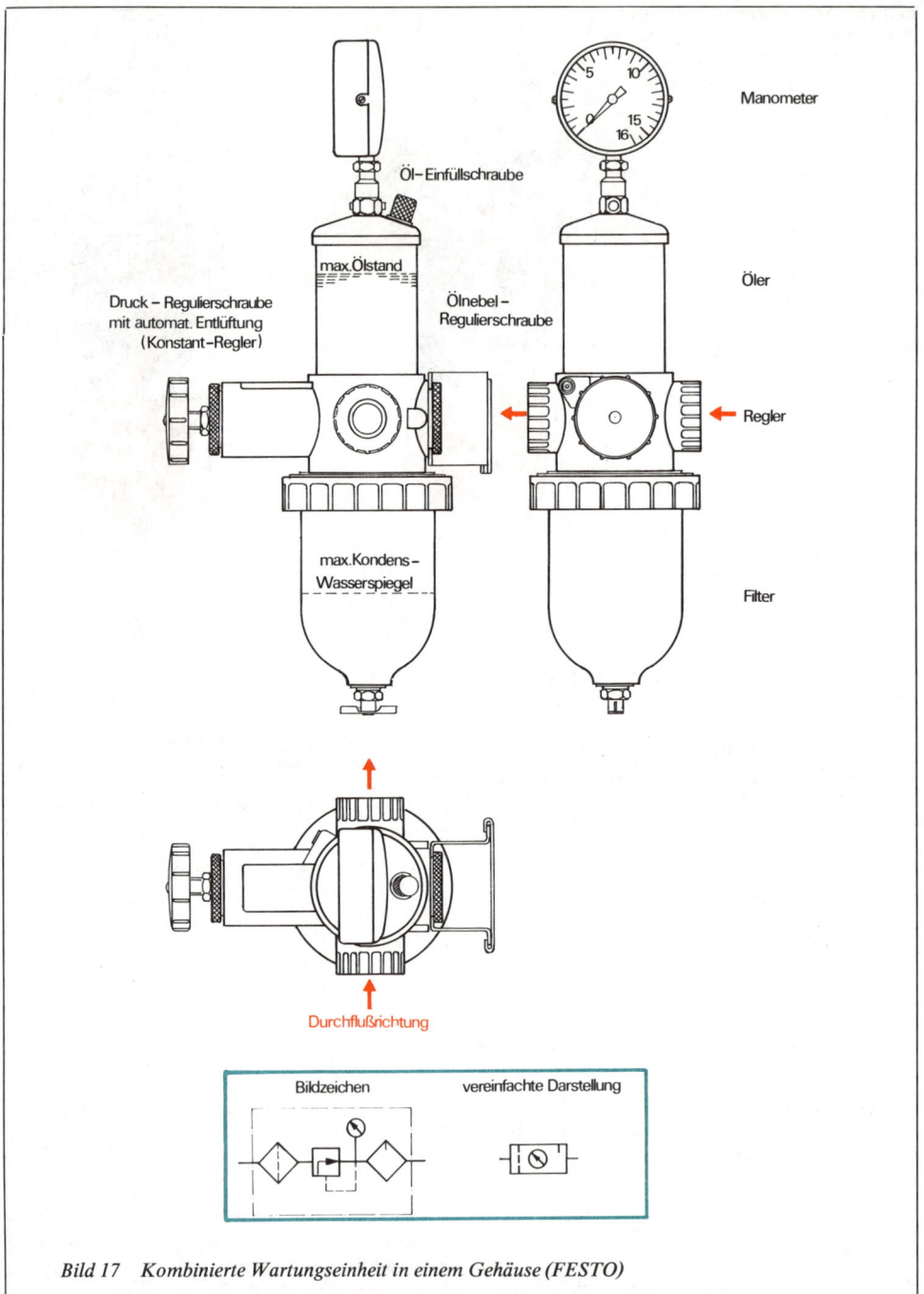

Bild 17 Kombinierte Wartungseinheit in einem Gehäuse (FESTO)

3.3.1. Trockene Druckluft

Luft enthält Feuchtigkeit, die innerhalb einer Druckluftanlage im Normalfall im Nachkühler, im Windkessel, an den Sammelstellen der Leitungen und im Filter der Wartungseinheit vor den Verbrauchern als Kondensat anfällt bzw. anfallen kann. Dabei sind zwei Fragen zu klären:
1. Was ist ein Normalfall?
2. Wieviel Feuchtigkeit ist auch nach der Wartungseinheit noch in der Druckluft enthalten?

Als Normalfall muß vorausgesetzt werden, daß alle Aggregate, Geräte und Leitungen für die Drucklufterzeugung und -weiterleitung vorschriftsmäßig aufgestellt und verlegt sind, z.B. Ansaugen möglichst kühler Luft durch den Verdichter, Nachkühler und evtl. Zwischenkühler eingebaut, möglichst kühler Standort des Windkessels, Rohrverlegung mit Gefälle in Strömungsrichtung und natürlich einwandfreie Funktion und Wartung der Kondensatableiter und Wartungseinheiten (siehe Kapitel 2, 3.1 und 3.2.1).

Die zweite Frage ist einfacher und präziser zu beantworten. Die Druckluft enthält immer noch so viel Feuchtigkeit, wie sie entsprechend Tabelle 1, Kapitel 2, bei der niedersten Temperatur aufnehmen kann, welche die Druckluft auf dem Weg vom Verdichter zum Verbraucher erreicht, z.B. bei 20 °C sind noch 17 g Wasser je m³ Druckluft enthalten. Dieses Wasser, als Wasserdampf in der Druckluft enthalten, wird auch nicht im Filter der Wartungseinheit ausgeschieden, sondern gelangt mit der Druckluft in alle nachgeschalteten Steuer- und Arbeitselemente. Infolge der Zentrifugalwirkung im Filter und einer damit verbundenen Erhöhung der Strömungsgeschwindigkeit wird die durchströmende Druckluft gegenüber der Umgebungstemperatur abgekühlt. Dadurch scheidet der Filter noch einen kleinen Teil des Kondensats aus.

Da die Steuer- und Arbeitselemente normalerweise Umgebungstemperatur (ca. 20 °C) haben, fällt hier also auch kein Kondensat mehr an. Der in der Druckluft noch enthaltene Wasserdampf strömt mit der Abluft wieder in die Atmosphäre.

Bei der üblichen Pneumatikanwendung im Sinne der „low cost automation", wenn also nur normale Arbeitsglieder, Zylinder oder Druckluftwerkzeuge sowie eine pneumatische Steuerung mit normalen Ventilen der Anschlußgrößen R$\frac{1}{8}$" und aufwärts eingesetzt sind, dann genügt die durch fachgerechte Installation der Erzeugeranlage und Leitungen und mit Wartungseinheiten aufbereitete Druckluft zum Betreiben der pneumatischen Elemente.

Bei normalen pneumatischen Steuer- und Arbeitselementen, wie zuvor genannt, wird durch die geringe Restfeuchtigkeit in der Druckluft kaum ein Schaden verursacht werden. Neue Entwicklungstendenzen zielen darauf ab, die Restfeuchtigkeit der Druckluft für Schmierzwecke in den Geräten auszunützen.

Anders sieht es dagegen bei speziellen Anwendungen und spezieller Verwendung der Druckluft aus, z.B. beim Farbspritzen, bei komplexen Niederdrucksteuerungen, in der chemischen und pharmazeutischen Industrie, in der Nahrungsmittelindustrie, bei pneumatischen Meßverfahren oder bei pneumatischer Förderung. Überall da, wo die Druckluft direkt mit dem Prozeßgut in Berührung kommt, reicht die einfache Aufbereitung der Druckluft meist nicht aus. Hier müssen zusätzliche Aggregate zum Trocknen und Filtern der Druckluft vorgesehen werden.

Maßstab für die Lufttrocknung ist die **Taupunkttemperatur**. Darunter versteht man die Temperatur, bei der die Luft mit Wasserdampf gesättigt ist (100% Luftfeuchtigkeit). Weitere Abkühlung führt zur Kondensatbildung des Wasserdampfes.

Je niederer die Taupunkttemperatur, um so weniger Wasser kann die Luft binden (Tabelle 1, Kapitel 2.); z.B. bei 20 °C und 100% Luftfeuchtigkeit sind 17 g Wasser in 1 m³ Luft enthalten, bei −10 °C sind es nur noch 2,1 g Wasser. Die Aufnahmefähigkeit der Luft für Wasserdampf ist nur vom Volumen und der

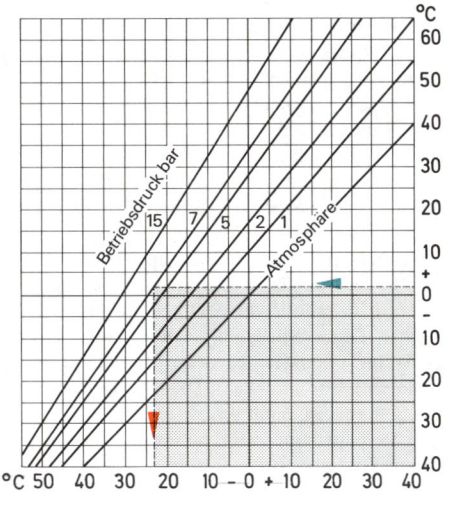

Bild 18

27

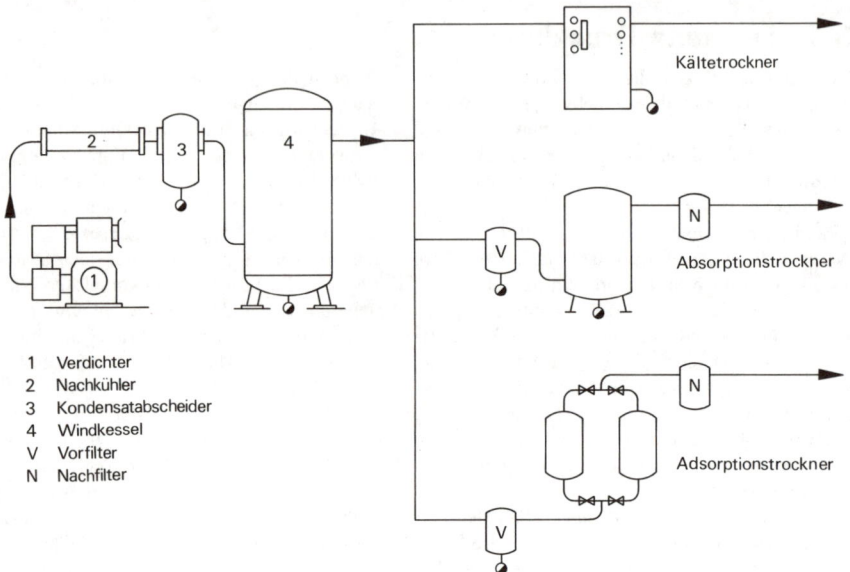

Kältetrockner

Absorptionstrockner

Adsorptionstrockner

1 Verdichter
2 Nachkühler
3 Kondensatabscheider
4 Windkessel
V Vorfilter
N Nachfilter

Bild 19 Installation einer Verdichteranlage mit nachgeschaltetem Drucklufttrockner

Temperatur abhängig, nicht jedoch vom Druck. Um nun aber einen Vergleich verschiedener Trockneranlagen durchführen zu können, muß der gefahrene Betriebsdruck mit einbezogen werden. Dies geschieht mit der Angabe des **Drucktaupunktes**. Darunter versteht man die Taupunkttemperatur bei dem jeweiligen Betriebsdruck. Bei Kältetrocknern wird mit dem Begriff **„Drucktaupunkt"** die tiefste, erreichbare Lufttemperatur bezeichnet, die im Trockner bei Betriebsdruck erreicht werden kann.

Ein weiterer Begriff bei der Lufttrocknung ist der **„Atmosphärische Taupunkt"**. Dabei geht man davon aus, daß z.B. Druckluft mit einem bestimmten Volumen und bestimmten Drucktaupunkt eine entsprechend der Taupunkttemperatur große Menge Wasser enthält. Würde diese Druckluft auf atmosphärischen Druck entspannt, so wäre nicht mehr Wasserdampf vorhanden als vorher in der Druckluft war (relative Luftfeuchtigkeit). Da sich bei der Entspannung aber das Volumen ändert, ändert sich auch die Taupunkttemperatur, die entsprechend dem vorherigen Druck und der entsprechenden proportionalen Volumenänderung absinkt. Dieser rechnerisch zu ermittelnde Taupunkt wird als **Atmosphärischer Taupunkt** bezeichnet.

Taupunkttemperatur =
    Temperatur, bei der die Luft mit Wasserdampf gesättigt ist = 100% Luftfeuchtigkeit.

Drucktaupunkt =
    Taupunkttemperatur bei Betriebsdruck.

Atmosphärischer Taupunkt =
    absolute Feuchtigkeit der Druckluft, bezogen auf Taupunkttemperatur (relative Luftfeuchtigkeit).

Für die **Drucklufttrocknung** kommen drei Verfahren zur Anwendung: **Absorptionstrocknung, Adsorptionstrocknung** und **Kältetrocknung**. Jedes der drei Verfahren hat seine spezifischen Eigenschaften, die nur bei richtigem Einsatz optimale Ergebnisse zulassen.

Absorptionstrocknung

Bei diesem Trocknungsverfahren werden chemische Mittel benützt, die sich mit der Feuchtigkeit (Wasser) verbinden und dabei in Lösung gehen. Das chemische Mittel, meist auf NaCl-Basis, wird als **„Salz"** bezeichnet. Beim Trocknen muß die feuchte Druckluft durch die Schüttung des Salzes hindurchströmen und gibt dabei seine Feuchtigkeit an das sorbierende Mittel ab, das nun als Lösung im Boden

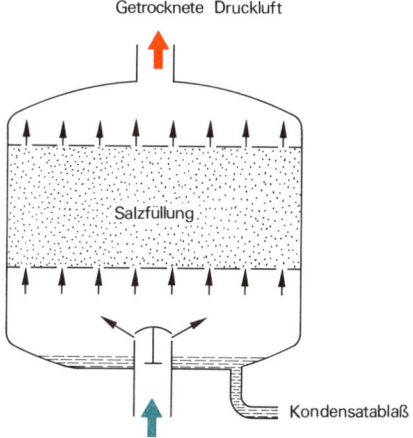

Getrocknete Druckluft

Salzfüllung

Kondensatablaß

Luft vom Verdichter

Bild 20   Schema einer Absorptionstrocknung. Die Druckluft durchströmt die Salzfüllung, der Wasserdampf verbindet sich mit dem Salz, das in Lösung geht und als Kondensat abgeleitet wird

des Trockners anfällt und als Kondensat abgeführt werden muß. Dabei wird die Salzfüllung entsprechend der Wasserbindung verbraucht, z.B. bei einem bestimmten Absorptionstrockner kann 1 kg Salz etwa 13 kg Wasserkondensat binden. Das bedingt, daß beim Betreiben regelmäßig Salz nachgefüllt werden muß. Außerdem steigt der Drucktaupunkt in Abhängigkeit des Salzverbrauches während des Betriebes. Die Eingangstemperatur der zu trocknenden Druckluft darf max. 30 °C nicht überschreiten. Nach dem Trockner muß ein Staubfilter vorgesehen werden, um den mitgerissenen Salzstaub, der dann im Verbraucher wie Schmirgel wirken könnte oder zu Ablagerungen führt, sicher abzufangen.

Bei der Absorptionstrocknung kann ein Drucktaupunkt unter 0 °C erreicht werden.

Adsorptionstrocknung

Die Adsorptionstrocknung ist auch außerhalb des technischen Bereiches weitgehend bekannt, z.B. Trocknerpäckchen in Transistorradios oder in Transportverpackungen für Kameras und andere feuchtigkeitsempfindliche Geräte. Meist verfärben sich die Trocknerpäckchen bei Feuchtigkeitsaufnahme (z.B. blau) und nehmen ihre alte Farbe (z.B. rosa) wieder an, sobald die Feuchtigkeit durch Hit-

zeeinwirkung wieder aus den Trocknerpäckchen entweicht (regenerieren). Dasselbe Prinzip wird bei der Adsorptionstrocknung von Druckluft angewendet, wobei die Regenerierung des Adsorptionsmittels, meist als „Gel" bezeichnet (z.B. Silicagel), mit Warmluft oder mit Kaltluft durchgeführt werden kann.

Adsorptionstrockner bestehen in der Regel aus zwei gleichen Aggregaten, die miteinander verschaltet sind, da im ersten Aggregat die Trocknung durchgeführt und gleichzeitig im zweiten Aggregat regeneriert wird. Bei kontinuierlichem Betrieb wird dann abwechselnd auf Trocknen und Regenerieren geschaltet.

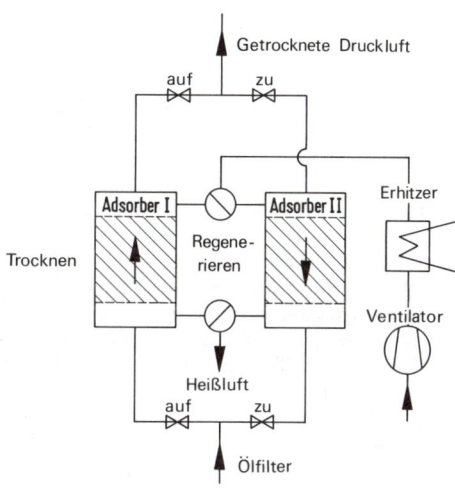

Getrocknete Druckluft

auf   zu

Adsorber I   Adsorber II   Erhitzer

Trocknen   Regenerieren

Ventilator

Heißluft

auf   zu

Ölfilter

Luft vom Verdichter

Bild 21   Fließschema einer Adsorptionstrocknung mit Heißluftregenerierung. Die beiden Adsorber I und II werden abwechselnd auf Trocken und Regenerieren geschaltet (nach VIA GmbH)

Durch die Luftströmung entsteht ein Abrieb des Adsorptionsmittels, dem Trockner muß deshalb ein Feinfilter nachgeschaltet werden. Durch den Abrieb und durch Verschmutzung des Adsorptionsmittels mit Öl und anderen Verunreinigungen in der Druckluft bedingt, muß das Adsorptionsmittel nach 1 bis 2 Jahren gewechselt werden.

Mit Adsorptionstrocknern ist ein extrem niedriger Drucktaupunkt bis zu −90 °C erreichbar.

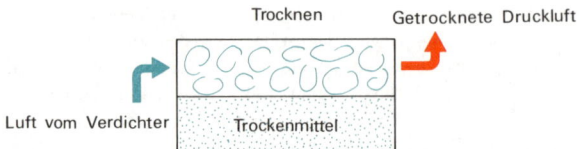

Trocknen   Getrocknete Druckluft

Luft vom Verdichter   Trockenmittel

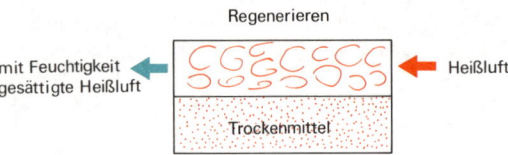

Regenerieren

mit Feuchtigkeit gesättigte Heißluft   Heißluft

Trockenmittel

Bild 22 Schema einer Adsorptionstrocknung. Das Trockenmittel (Gel) ist je nach Fabrikat in einem Bett gefaßt und kann auch rotieren

Kältetrocknung

Durch Herabsetzen der Taupunkttemperatur kann die Luft weniger Wasser aufnehmen. Nach diesem Prinzip wird bei der Kältetrocknung gearbeitet. Die Druckluft wird auf Temperaturen von etwa 1,7 bis 5 °C abgekühlt. Das Trockneraggregat umfaßt eine Kältemaschine und einen Wärmetauscher.

Die eintretende, warme Luft wird auf den gewünschten Drucktaupunkt abgekühlt, dadurch wird das überschüssige Wasser entsprechend der Differenz zwischen Eintritts- und eingestellter Taupunkttemperatur als Kondensat ausgeschieden. Die kalte Luft wird gefiltert, um bereits hier mitschwebende feste Teilchen und einen Teil des in der Druckluft befindlichen Ölnebels auszuscheiden. Bei der Kältetrocknung werden etwa 80 bis 90% des in der Druckluft enthaltenen Öles (von der Verdichterschmierung) ausgeschieden. Anschließend wird die kalte Druckluft durch den Wärmetauscher geführt. Die einströmende, feuchte Druckluft wird im Wärmetauscher bereits vorgekühlt, die getrocknete Luft wieder angewärmt. Infolge der Wärmetauschung müssen von der Kältemaschine nur etwa 40% der Gesamtwärmemenge aufgebracht werden.

> Die Kältetrocknung eignet sich nur für Drucktaupunkte über 0 °C.

Dabei sorgt ein Regelsystem im Kühlkreislauf für einen weitgehend konstanten Drucktaupunkt im gesamten Leistungsbereich der Trockneranlage. Der niederste, erreichbare Drucktaupunkt bei der Kältetrocknung liegt bei +1,7 °C. Die Druckluft-Eintrittstemperatur kann bis 60 °C betragen, aus wirtschaftlichen Gründen sollte aber eine niedere Eintrittstemperatur durch geeignete Vorkühlung angestrebt werden.

Für den Bereich konventioneller Druckluftanwendungen dürfte die Kältetrocknung das wirtschaftlichste Verfahren darstellen.

Bei geschlossenen Räumen bietet ein Drucktaupunkt von +1,7 °C auch im Winter mit niedrigsten Außentemperaturen und unter Berücksichtigung von Kältebrücken, z.B. an Fenstern, genügend Sicherheit.

Kosten der Drucklufttrocknung

Allgemeinverbindliche Werte für die Drucklufttrocknung können nicht gegeben werden, da die Kosten von vielen Faktoren abhängen, wobei das gewählte oder notwendige Trocknungsverfahren einen entscheidenden Anteil an der Kostenbildung hat.

Unabhängig von den Investitionskosten der einzelnen Anlagen ist für die Trocknung von 1000 m³/h Druckluft mit 7 bar bei einer Eintrittstemperatur von ca. 30 °C und einem Drucktaupunkt von ca. 2 °C mit folgenden Betriebskosten zu rechnen:

Absorptionstrocknung:
    von 2,85 DM/h bei Drucktaupunkt von 2 °C, bei gleitendem Drucktaupunkt auf 17 °C nur noch 0,77 DM/h.

Adsorptionstrocknung:
    0,78 DM/h (heißluftregeneriert).
    2,95 DM/h (kaltluftregeneriert).

Kältetrocknung:
    0,38 DM/h.

> Kosten für Drucklufttrocknung:
> ca. 10 bis 20% der Druckluft-Erzeugerkosten.

3.3.2. Ölfreie Druckluft

Wird ölfreie Druckluft gefordert, so können je nach gefordertem Reinheitsgrad der Luft drei Verfahren herangezogen werden:

1. Verdichter für ölfreie Druckluft,
2. Kältetrocknung mit Ölausscheidung bis ca. 80%,
3. Ölabscheidefilter.

Bei höchstem Reinheitsgrad wird eines dieser Verfahren allein nicht genügen, sondern es muß eine Kombination von 1 + 3 oder 2 + 3 vorgesehen werden. Grundsätzlich ist also ein **Ölabscheidefilter** vor den Verbrauchern zu installieren.

Neuere Bauarten von **Feinstfiltern** scheiden Öl- und Wasseraerosole bis herunter zu einer Größe von 0,00001 mm (0,01 μm) ab. Das Filterelement besteht meist aus einem Mikrofasergewebe, das besonders abgestützt sein muß, um ein Wandern der Fasern oder ein Zusammenfallen auszuschließen. Die Funktion dieser Feinstfilter entspricht in etwa dem Filter einer Wartungseinheit. Öl, Wasser oder Schmutzteilchen werden als Kondensat ausgeschieden. Feinstfilter dieser Art scheiden Fremdstoffe bis etwa 99,9% ab, wobei hier noch darauf hingewiesen werden soll, daß diese Angaben oft nur schwer bzw. nur unter Laborbedingungen nachprüfbar sind.

Durch Reihenschaltung von zwei Feinstfiltern, der zweite Filter enthält **Aktivkohle** und wirkt als Adsorptionsfilter, soll ein Luftreinheitsgrad mit einem Restölgehalt von nur $1 \cdot 10^{-8}$ g/l erreicht werden. Dabei werden dann auch bereits Gerüche von Öl oder anderen Fremdstoffen zurückgehalten.

Die Filterelemente setzen sich im Laufe der Betriebszeit zu, ein entsprechender Druckabfall ist die Folge. Deshalb müssen diese Feinstfilter regelmäßig gewartet und das Filterelement nach den Vorschriften gewechselt werden.

Um eine weitestgehende ölfreie Druckluft für pneumatische Anwendungen zu erhalten, ist die Kombination von Kältetrocknung und Feinstfilter oder ölfreie Verdichtung und Feinstfilter notwendig. Dabei ist die Kombination der Kältetrocknung und Filtern die aufwendigste Methode, bringt aber ein besseres Endresultat, da das Feinstfilter dann nur noch für die letzten Prozente der Abscheidung herangezogen wird und deshalb auch größere Standzeiten erreicht.

Bild 23 Schematische Darstellung der Kältetrocknung

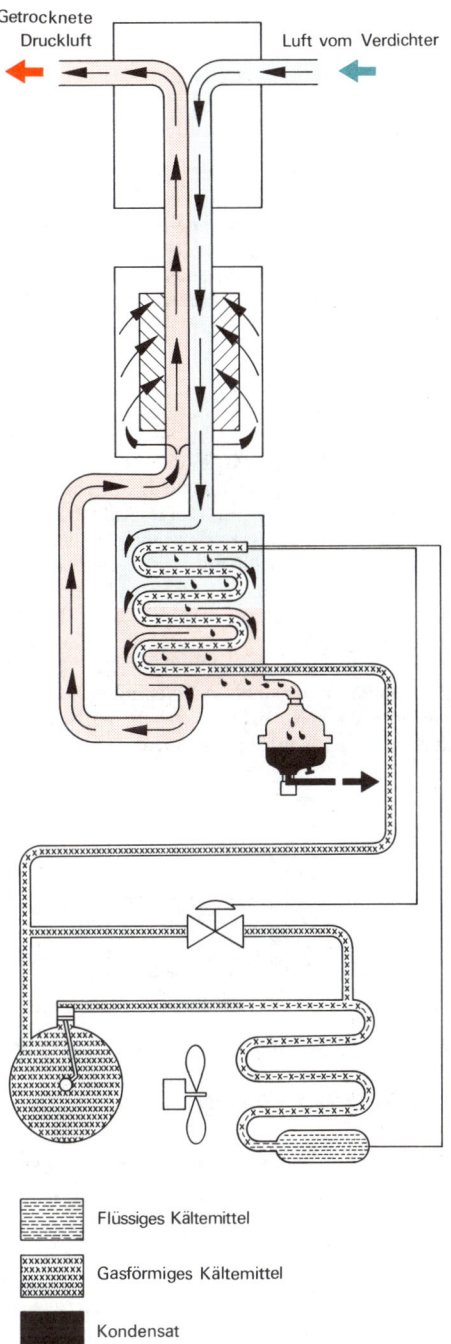

Getrocknete Druckluft

Luft vom Verdichter

Flüssiges Kältemittel

Gasförmiges Kältemittel

Kondensat

4. Teile pneumatischer Steuerungen

Der Aufbau einer pneumatischen Steuerung setzt die Kenntnis über Aufbau und Funktion der für eine Steuerung möglichen Bausteine voraus. Für den Pneumatiker liegt der Schwerpunkt in der Funktion eines Elementes, der Aufbau des Elementes ist konstruktionsbedingt und deshalb je nach Fabrikat in Details verschieden. Die Baugröße (Anschlußgröße) ist dabei meist ein Wert für die Arbeits- oder Steuerleistung, die durch konstruktionsbedingte Bauformen in kleinen Grenzen variieren kann.

4.1. Zylinder

Der Druckluftzylinder ist in der Regel das Arbeit leistende Element (Antriebsglied) innerhalb einer pneumatischen Steuerung. Seine Aufgabe ist die Erzeugung geradliniger Bewegungen, unterteilt in den Vor- und Rückhub (im Gegensatz zum Druckluftmotor, der eine rotierende Bewegung erzeugt, siehe Abschnitt 4.3) und dabei die statische Energie in mechanische Arbeit umwandelt (Bewegungs- und Druckkräfte). Der Zylinder kann innerhalb seiner Arbeitsfunktionen auch Steuerfunktionen ausüben, die je nach Einsatz auch gleichzeitig erfolgen können.

> Druckluftzylinder = Gerät („Motor"), in dem die statische Energie = pneumatische Energie Druckluft, durch Abbau des Überdruckes auf den Druck der Außenatmosphäre, in mechanische Arbeit umgewandelt wird.

Die Begriffsbestimmungen eines Druckluftzylinders, seiner Einzelteile und sonstigen Bezeichnungen sind festgelegt. In Bild 1 sind diese Begriffe und Benennungen aufgezeichnet, wobei natürlich nur die grundsätzlichen Begriffe festgehalten sind, hinzukommende Begriffe sind bei den einzelnen Bauarten aufgeführt.

4.1.1. Einfachwirkende Zylinder

> Der einfachwirkende Druckluftzylinder kann eine Arbeit nur in einer Bewegungsrichtung leisten.

Einfachwirkende Zylinder gibt es in mehreren grundsätzlich verschiedenen Bauformen. Eine der einfachsten ist der **Membranzylinder** (Bild 2) manchmal auch „Druckluftdose" genannt. Hierbei ist eine Hartgummi-, Kunststoff- oder Metallmembran zwischen zwei bauchig ausgedrückten Metallschalen fest eingespannt. Die Kolbenstange ist zentrisch in der Membran befestigt. Die „Kolbenstange" eines Membranzylinders kann auch flächig ausgebildet sein (Bild 3) um so beispielsweise direkt eine Spannfläche zu bilden. Mit Membranzylindern können nur kurze Hübe ausgeführt werden, von wenigen mm bis maximal etwa 50 mm.

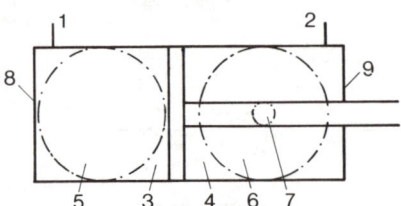

Bild 1 Begriffsbestimmungen eines Druckluftzylinders

1 *Bodenanschluß (Druckluftanschluß auf Bodenseite)*

2 *Deckelanschluß (Druckluftanschluß auf Deckelseite)*

3 *Bodenseite*

4 *Deckelseite*

5 *Kolbenfläche*

6 *Ringfläche*   8 *Boden*

7 *Kolbenstangenfläche*   9 *Deckel*

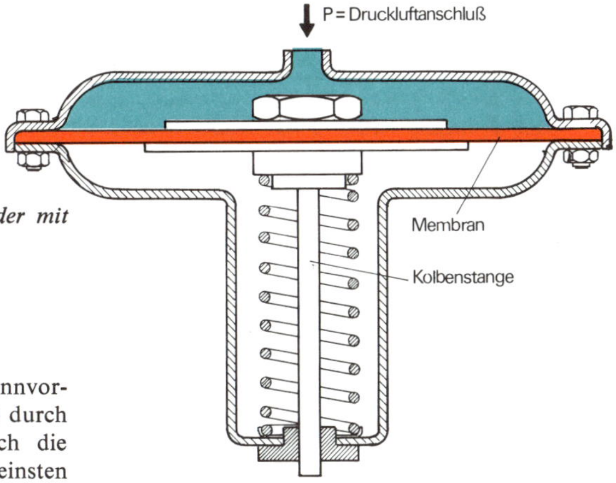

P = Druckluftanschluß

Bild 2 *Schnitt durch einen Membranzylinder mit Rückholfeder*

Membran

Kolbenstange

Diese Bauart ist deshalb besonders für Spannvorgänge zu verwenden. Der Rückhub erfolgt durch eine eingebaute Rückholfeder oder durch die Spannung der Membrane selbst, bei kleinsten Hubwegen.

Einen ähnlichen Aufbau zeigen die **Rollmembranzylinder** (Bild 4). Wie schon der Name sagt, wird auch hier eine Membran verwendet, die bei Druckluftzufuhr an der Innenwand des Zylinders abrollt und dabei die Kolbenstange nach außen bewegt. Gegenüber dem normalen Membranzylinder können wesentlich größere Hübe (durchschnittlich etwa 50 bis 80 mm) ausgeführt werden. Eine besondere Kolbenstangenführung ist hier normalerweise nicht vorgesehen, da meist das anzutreibende Element innerhalb fester Grenzen nicht ausweichen kann. Die Rollmembran gleicht diese Abweichungen von der Mitte ohne Kraftverlust aus. Die heute verwendeten Werkstoffe für die Rollmembran sichern unter normalen Betriebsbedingungen eine lange Haltbarkeit. Allerdings führen kleinste Riß- oder auch Schnittverletzungen der Membran meist zum schnellen Ausfall, da durch das Abrollen bei jedem Hub sehr große Belastungen auf das elastische Material einwirken. Deshalb besonders auf Grate und scharfe Kanten achten, wenn aus irgendeinem Grund einmal eine Demontage notwendig sein sollte. Auch in das Gehäuse eindringende Späne können gefährlich werden.

Der **Kolbenzylinder,** in Unterscheidung zu den Membranzylindern, ist in der Pneumatik-Anwendung am stärksten vertreten. Jeder Zylinder ist aus folgenden Grundteilen aufgebaut: Zylinderrohr, vorderer und hinterer Abschlußdeckel,

Bild 3 *Membranzylinder, die Kolbenstange ist gleich als Spannfläche ausgebildet. Rückhub durch Spannung der Membrane (FESTO)*

2 mm Hub

Membran

P = Druckluftanschluß

Kolbenstange = Spannfläche

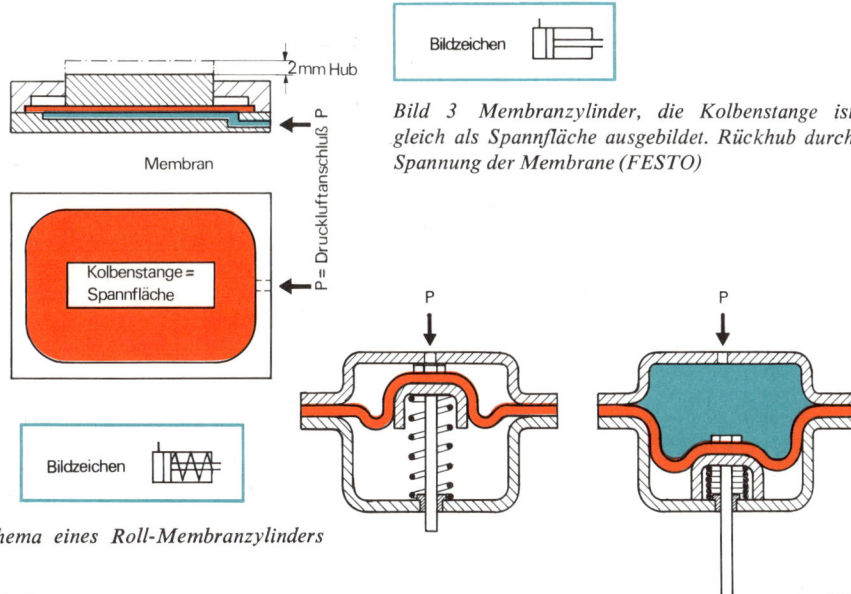

P

P

Bild 4 *Schema eines Roll-Membranzylinders*

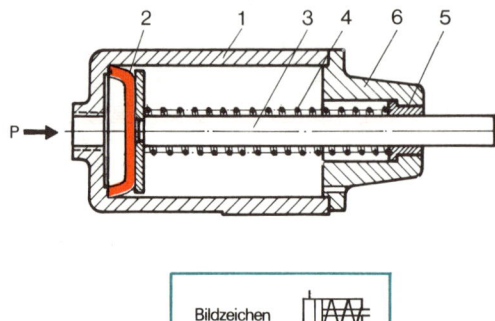

Bildzeichen

Bild 5   Einfachwirkender Zylinder in Gußausführung

1 Zylinderkörper

2 Kolben, bestehend aus Topfmanschette

3 Kolbenstange

4 Rückholfeder

5 Kolbenstangenführung

6 Vorderer Abschlußdeckel

P Druckluftanschluß

Kolben und Kolbenstange. Dazu gehören selbstverständlich noch Verbindungteile und Dichtungen sowie eine Kolbenstangenführungsbüchse. Das Zylinderrohr wird meistens aus nahtlos gezogenen Stahlrohren hergestellt, die inneren Laufflächen feinbearbeitet oder gehont. Für die Abschlußdeckel kommt vorwiegend Gußmaterial (Aluminium- oder Temperguß) zur Verwendung. Die einzelnen Teile sind in ihrem Aufbau wohl ähnlich, weisen aber je nach Fabrikat doch einige Unterschiede auf. Am stärksten tritt dies beim Kolben auf, doch kann behauptet werden, daß in der Mehrzahl der Kolben aus einer Topfmanschette besteht.

Ein einfachwirkender Zylinder kann auch als Gußausführung (Leichtmetall) hergestellt sein, wobei der hintere Abschlußdeckel mit dem Zylinderrohr eine Einheit bildet (Bild 5).

Einfachwirkende Zylinder werden nur auf einer Kolbenseite mit Druckluft beaufschlagt, dadurch können diese nur in einer Richtung eine Arbeit leisten. Je nach Einbau innerhalb einer pneumatischen Steuerung kann der einfachwirkende Zylinder ziehend (Ausgangsstellung ausgefahrene Kolbenstange, Arbeitsleistung beim Einfahren der Kolbenstange) oder drückend (Ausgangstellung eingefahrene Kolbenstange, Arbeitsleistung beim Aus-

fahren der Kolbenstange) eingesetzt sein. Der Rückhub, in diesem Fall immer der Weg ohne Arbeitsleistung, erfolgt durch die eingebaute Rückholfeder oder durch äußere Kräfte, die auf die Kolbenstange wirken. Die Federkraft einer eingebauten Rückholfeder ist so bemessen, daß der Kolben mit genügend großer Geschwindigkeit in seine Ausgangslage gedrückt wird. Die Federkraft beträgt normalerweise etwa 10—15% der möglichen Kolbenkraft bei einer Druckluftbeaufschlagung mit 6 bar, entscheidend ist dabei auch die Reibung zwischen Kolben und Zylinderrohr.

> Einfachwirkende Druckluftzylinder leisten nur in einer Richtung Arbeit, deshalb keine schweren Vorrichtungteile anbauen, die im Rückhub des Kolbens bewegt werden müssen. Ausnahmen: z. B. einfache, leichte Spannplatten ohne Führung.

Durch die eingebaute Rückholfeder ist die Baulänge einfachwirkender Druckluftzylinder begrenzt, in der Regel nicht über 100 mm Hublänge. Da aber der einfachwirkende Zylinder, vom Luftverbrauch her sehr wirtschaftlich, eingesetzt werden kann, ist auch bei größeren Hüben eine Möglichkeit der Einfachwirkung gegeben. Ein doppeltwirkender Zylinder wird innerhalb einer Steuerung so eingesetzt, daß die volle pneumatische Energie nur an dem für die Arbeitsrichtung notwendigen Anschluß zur Verfügung steht. Der Gegenanschluß erhält einen wesentlich reduzierten Druck, z.B. Arbeitsrichtung 6 bar, Gegenrichtung 1 bar. Eine andere Möglichkeit sieht vor, daß der Zylinderkolben gegen ein ständig anstehendes Luftpolster geringen Drucks anfährt. Dabei ist aber zu beachten, daß der Druck des Luftpolsters mit zunehmendem Hub ansteigt und die Kraftwirkungen in der Arbeitsrichtung aufhebt. Für Spannzwecke ist diese Möglichkeit nicht geeignet. Bild 6 zeigt in sinnbildlicher Darstellung diese Möglichkeiten.

> Einfachwirkende Zylinder benötigen für ein Arbeitsspiel nur etwa die halbe Luftmenge eines doppeltwirkenden Zylinders.

4.1.2. Doppeltwirkende Zylinder

Der doppeltwirkende Druckluftzylinder ist immer als Kolbenzylinder ausgeführt und besitzt zwei Druckluftanschlüsse, je einen auf den beiden Kolbenseiten.

Bild 6 Sinnbildliche Darstellung einfachwirkender Zylinder für verschiedene Einsatzzwecke.

P = Druckluftanschluß.

1 *Kraftwirkung bei ausfahrender Kolbenstange, Rückhub durch äußere Kräfte.*

2 *Kraftwirkung bei ausfahrender Kolbenstange, drückende Arbeitsweise. Rückhub durch eingebaute Rückholfeder.*

3 *Kraftwirkung bei einfahrender Kolbenstange, ziehende Arbeitsweise. Rückhub durch eingebaute Rückholfeder.*

2. Möglichkeit

Kraftwirkung durch eingebaute Feder, Rückhub durch Luftdruck z.B. Bremszylinder einer Luftdruckbremse für Lastkraftwagen (Sicherheit).

4 *Volle pneumatische Energie, z.B. 6 bar Druck, am Anschluß P. Gegenanschluß über ein separates Druckminderventil (Regler) mit automatischer Entlüftung bei einem Druck von 0,5 bis 1,0 bar. Der durch das Ausfahren der Kolbenstange entstehende höhere Druck wird über die Entlüftung am Regler abgebaut.*

5 *Ausfahren der Kolbenstange gegen einen ständig anstehenden geringen Luftdruck, z.B. 0,5 bar. Damit sich der Gegendruck nicht zu stark aufbauen kann, ist ein geschlossenes Speichervolumen entsprechend einem Mehrfachen des Zylindervolumens notwendig, Leckverluste müssen ausgeglichen werden.*

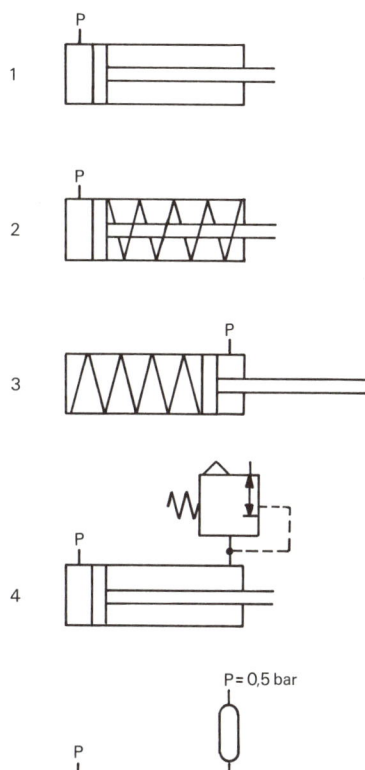

Der doppeltwirkende Druckluftzylinder kann in beiden Bewegungsrichtungen Arbeit leisten.

Bild 7 zeigt im Schnitt einen doppeltwirkenden Zylinder in zwei verschiedenen Ausführungen. Anhand des Schnittbildes läßt sich der Aufbau eines Zylinders leicht ersehen. Bereits unter 4.1.1 wurden einige Teile eines Kolbenzylinders genannt, der doppeltwirkende Zylinder hat darüber hinaus einige zusätzliche Besonderheiten. Das Zylinderrohr (1) wird meist aus nahtlos gezogenem Stahlrohr hergestellt, für besondere Fälle kann es aus Aluminium, Messing oder einer Sonderbronze sein. Um einen starken Abrieb des elastischen Kolbens zu vermeiden, ist die Lauffläche des Zylinderrohres feinbearbeitet oder gehont, für Sonderzwecke zusätzlich hartverchromt. Boden (2)

und Deckel (3) sind vorwiegend Gußteile (Leichtmetall- oder Temperguß). Die Befestigung von Boden und Deckel mit dem Zylinderrohr kann durch Zugstangen, Gewinde oder durch Flansche (wie in Bild 7) erfolgen. Wann eine dieser Möglichkeiten zum Einsatz kommt, ist von der Größe des Zylinders abhängig und daneben auch eine durch das Fabrikat bedingte Gegebenheit. Im Deckel ist zur Abdichtung der Kolbenstange (4) ein Nutring (5) eingesetzt. Die Lagerbüchse (6) dient zur Führung der Kolbenstange. Damit von außen kein Schmutz in den Zylinderraum gelangen kann, auch nicht durch Anhaften an der Kolbenstange, ist ein Schmutzabstreifring (7) eingebaut. Bei anderen Fabrikaten ist anstelle des Abstreifringes oder bei besonderem Schmutzanfall auch zusätzlich ein Faltenbalg vorgesehen, der die ausfahrende Kolbenstange auf der gesamten Ausfahrlänge schützt. Der Kolben (8) besteht in

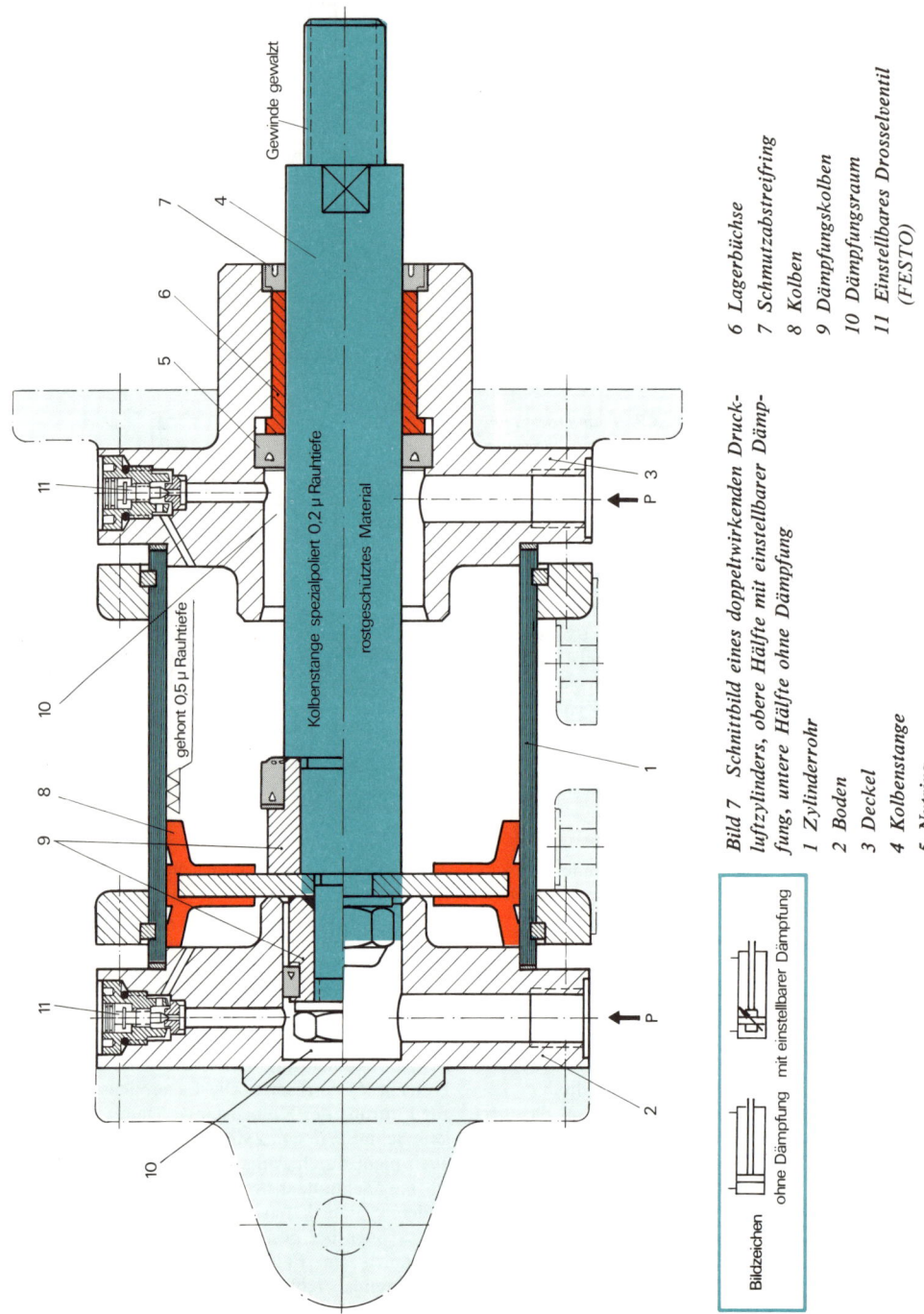

Gewinde gewalzt

Kolbenstange spezialpoliert 0,2 μ Rauhtiefe

rostgeschütztes Material

gehont 0,5 μ Rauhtiefe

Bild 7   Schnittbild eines doppeltwirkenden Druck-luftzylinders, obere Hälfte mit einstellbarer Dämp-fung, untere Hälfte ohne Dämpfung

1 *Zylinderrohr*
2 *Boden*
3 *Deckel*
4 *Kolbenstange*
5 *Nutring*

6 *Lagerbüchse*
7 *Schmutzabstreifring*
8 *Kolben*
9 *Dämpfungskolben*
10 *Dämpfungsraum*
11 *Einstellbares Drosselventil (FESTO)*

Bildzeichen   ohne Dämpfung   mit einstellbarer Dämpfung

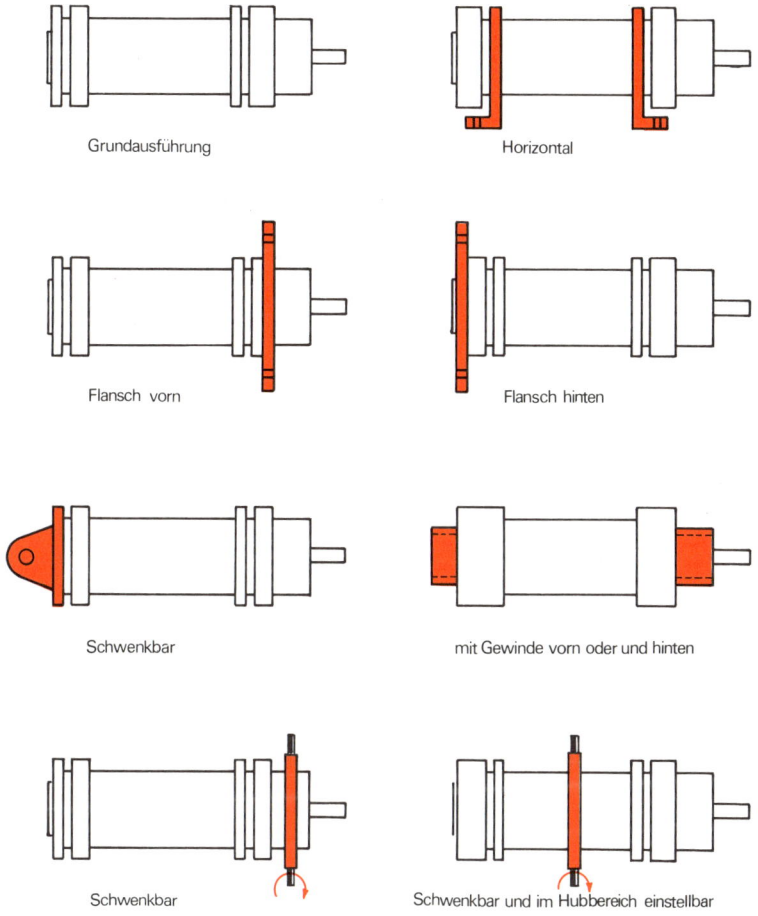

*Bild 8 Befestigungs-
möglichkeiten von
Druckluftzylindern,
diese variieren je nach
Größe und Fabrikat*

Grundausführung

Horizontal

Flansch vorn

Flansch hinten

Schwenkbar

mit Gewinde vorn oder und hinten

Schwenkbar

Schwenkbar und im Hubbereich einstellbar

dem gezeigten Beispiel aus einer Doppeltopf-
manschette.

Die untere Hälfte des Schnittbildes zeigt einen
normalen doppeltwirkenden Zylinder, die obere
Hälfte einen mit einstellbarer Dämpfung. Eine
solche Dämpfung ist notwendig, wenn durch den
Zylinder selbst große Massen abgebremst werden
müssen. Dies kann jedoch nur in den Endlagen
des Kolbens erfolgen. In allen Zwischenstellungen
muß dies durch eine zusätzliche, außen angebrachte Vorrichtung erfolgen. Bei der Dämpfung
sperrt vor dem Hubende ein „Dämpfungskolben"
(9) den normalen Luftaustritt ab. Dadurch wird
die Luft im Dämpfungsraum (10) wieder verdichtet,
da sie nur langsam, je nach Einstellung der Drossel
(11) abfließen kann. Beim Umsteuern des Kolbens
tritt die Luft ungedrosselt in den Zylinderraum,

der Kolben fährt mit voller Kraft und Geschwindigkeit vor bzw. zurück. Die blau gerasterten
Teile in Bild 7 sind wahlweise möglich und be-
treffen die Befestigungsmöglichkeiten eines Zylinders, die je nach Fabrikat natürlich geringfügig
anders sein können. Bild 8 zeigt einige solcher
Befestigungsmöglichkeiten, die abhängig von
Fabrikat und Zylindergröße nicht grundsätzlich
für alle doppelt- oder einfachwirkenden Zylinder
gelten.

Da es erst seit neuerer Zeit Richtlinien über einige
Zylinderabmessungen gibt, haben die Hersteller
jeweils selbst ein Standardprogramm entwickelt.
Die standardisierten Durchmesser der Zylinder
(in Wirklichkeit ist damit immer der Kolbendurchmesser gemeint) liegen innerhalb der Fabrikate sehr dicht beieinander. In der ersten Spalte

der Tabelle ist die Durchmessser-Reihe eines eingeführten Fabrikates aufgeführt. Die Durchmesser sind bis auf wenige Ausnahmen so aufeinander abgestimmt, daß sich die abgegebene Kolbenkraft dabei jeweils verdoppelt bzw. auf die Hälfte reduziert gegenüber dem nächsten darüber oder darunter liegenden Durchmesser (siehe Spalte 2, Tabelle 1), bei einem Luftdruck von 6 bar.

Auch die Hublängen sind innerhalb eines Fabrikates meist standardisiert (siehe Spalte 3, Tabelle 1), das heißt, bestimmte Zylinderdurchmesser können in verschiedenen Hublängen als Serienelemente bezogen werden. Darüber hinaus werden selbstverständlich alle Zwischenlängen auf Einzelbestellungen gefertigt bis zu den maximal möglichen bzw. von einem Hersteller maximal gefertigten Hublängen (siehe Spalte 4, Tabelle 1). Den maximalen Hublängen von doppeltwirkenden Zylindern werden dadurch Grenzen gesetzt, daß bei großen Zylinderdurchmessern und langem Hub ein unwirtschaftlich hoher Luftverbrauch die Folge ist und bei kleinerem Durchmesser mit langem Hub die mechanische Belastungen der Kolbenstangen und der Führungslager zu groß werden. Insbesondere ist die Knick-

gefahr der Kolbenstangen zu beachten (siehe Abschnitt 4.1.4).

4.1.3. Sonderzylinder

Die Industrie kennt Sonderausführungen von Normal-Zylindern und spezielle Sonderzylinder, die entsprechend ihrer Funktion einen eigenen Namen haben.

Zuerst einmal Sonderausführungen. Diese sind ebenfalls nach Fabrikat verschieden, bei einem Hersteller ist das Sonderausführung, was bei einem anderen Standardausführung ist. Abgestimmt auf die zuvor herausgestellten, doppeltwirkenden Zylinder, können Sonderausführungen, wie in Bild 9 dargestellt, aussehen. Vielerlei Varianten sind verständlicherweise möglich. Bei Sonderausführungen wird auf das Standardprogramm zurückgegriffen und nur einzelne Teile des Zylinders ausgewechselt.

Anders ist es bei ausgesprochenen Sonderzylindern. Beim **Tandemzylinder** (Bild 10) sind zwei getrennte, doppeltwirkende Druckluftzylinder in einem Zylinderrohr vereint, und zwar hintereinander, so daß sich die beiden entstehenden Kräfte addieren. Durch diese Anordnung verdoppelt sich

Tabelle 1: *Normalisierte Zylindergrößen und Hublängen, Fertigungsbereich der Mindesthublängen bis Größthublängen*

Kolben-durchmesser [mm]	Druckkraft bei 6 bar [N]	Normalisierte Hublängen [mm]	minimale/maximale Hublängen [mm]
6	12	10, 25, 40, 80	10 – 80
12	60	10, 25, 40, 80, 140, 200	10 – 200
16	120	10, 25, 40, 80, 140, 200, 300	10 – 400
25	240	25, 40, 80, 140, 200, 300	10 – 500
35	520	70, 140, 200, 300	10 – 2000
40	720	40, 80, 140, 200, 300	10 – 2000
50	1060	70, 140, 200, 200	10 – 2000
70	2080	70, 140, 200, 300	10 – 2000
100	4240	70, 140, 200, 300	10 – 2000
140	8320	70, 140, 200, 300	10 – 2000
200	17000	70, 140, 200, 300	10 – 1100
250	26000	70, 140, 200, 300	10 – 1100

(FESTO)

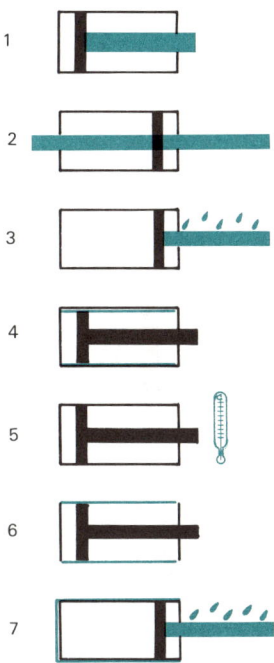

Theoretisch ist es jederzeit möglich, mehrere Zylinder miteinander zu kombinieren, um damit einen Sechs- oder Achtstellungszylinder zu schaffen. Vierstellungszylinder sind als standardisierte Baueinheit erhältlich. Ausführungen von Mehrstellungszylindern bis 12 Stellungen wurden in der Praxis bereits eingesetzt.

Zu den Sonderzylindern zählt auch der pneumatische **Drehzylinder** (Bild 12), besser als Schwenkzylinder bezeichnet. Die hin- und hergehende, geradlinige Bewegung des Kolbens wird über die Kolbenstange – Zahnstange auf ein Zahnrad übertragen und kann als „drehende" Bewegung abgenommen werden. Die Drehbewegung kann maximal 360° betragen, in der Regel sind es weniger, z.B. 180° oder 290°. Für jeden Drehzylinder ist neben den pneumatischen Daten auch der Drehwinkel angegeben.

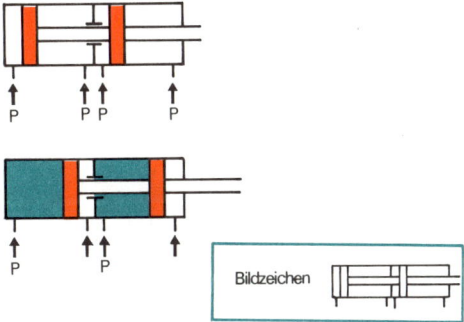

Bild 9   Sonderausführungen von doppeltwirkenden Zylindern.

1 mit verstärkter Kolbenstange

2 mit durchgehender Kolbenstange

3 mit säurefester Kolbenstange

4 mit hartverchromter Zylinderrohr-Lauffläche

5 mit warmfesten Dichtungen z.B. bis 200 °C

6 mit Messing Zylinderrohr

7 mit äußerem Kunststoffüberzug und säurefester Kolbenstange.

Die einzelnen Sonderausführungen können auch kombiniert in einem Zylinder vereint sein

Bild 10   Tandemzylinder, beide hintereinander liegende Kolben wirken auf eine Kolbenstange

in etwa die Kolbenkraft, da sich das Produkt aus Luftdruck mal Kolbenfläche aus beiden Kolben auf die ausfahrende Kolbenstange überträgt. Tandemzylinder werden dort eingesetzt, wo geringe Einbaudurchmesser notwendig sind.

Der **Mehrstellungszylinder** ist ebenfalls eine Kombination von wenigstens zwei doppeltwirkenden Druckluftzylindern, die jeweils Boden gegen Boden zueinander stehen (Bild 11). Dabei entsteht ein Vierstellungszylinder. Der Mehrstellungszylinder ist dadurch gekennzeichnet, daß mehr als zwei definierte feste Schaltstellungen möglich sind.

Der **Schlagzylinder** (Bild 13), so genannt wegen seiner hohen, schlagartigen Ausfahrgeschwindigkeit, die sich dadurch ergibt, daß im Zylinder eine Vorkammer eingebaut ist, in der sich der Luftdruck bis zu einer bestimmten Höhe aufbaut. Erst nach Erreichen der bestimmten Druckhöhe öffnet ein Dichtsitz und der aufgebaute Druck wirkt schlagartig auf den Kolben. Die Schlagwirkung ist nur in einer Richtung wirksam, der Rückhub erfolgt wie beim normalen Zylinder. Besondere Einsatzmöglichkeiten des Schlagzylinders ergeben sich in der Umformtechnik, z.B. zum Lochen, Nieten, Bördeln, Prägen, Stanzen. Die erreichbaren Kolbengeschwindigkeiten können je nach Luftdruck um 6 m/sec (360 m/min) liegen, die erreichbare kinetische Energie um 500 Joule ($\approx$ 50 kpm)

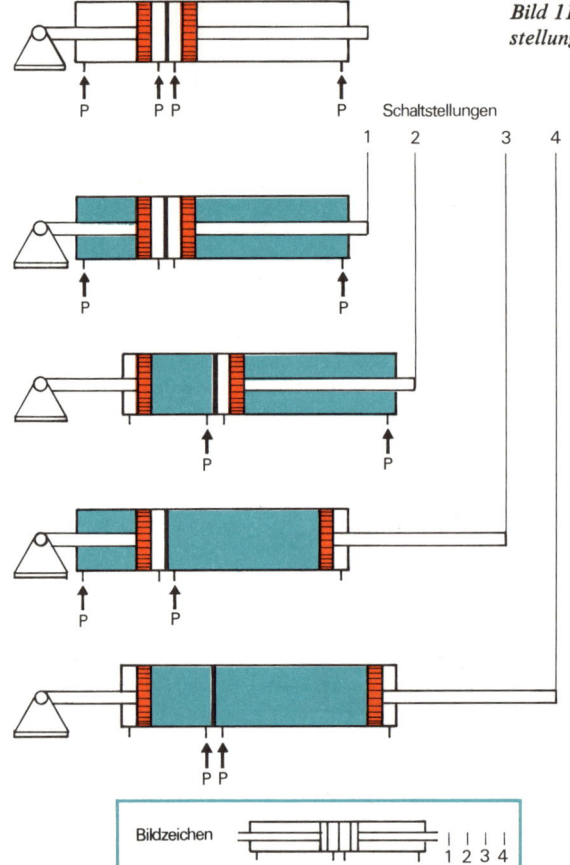

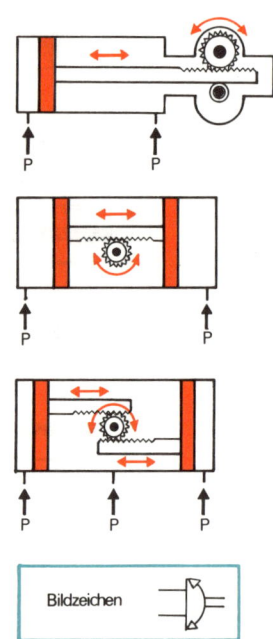

Bild 11   Mehrstellungszylinder, im Bild ein Vier-stellungszylinder und seine Schaltstellungen

Bild 12   Drehzylinder, die gerad-linige Bewegung des Kolbens wird über Zahnstange und Ritzel in eine Drehbewegung umgewandelt

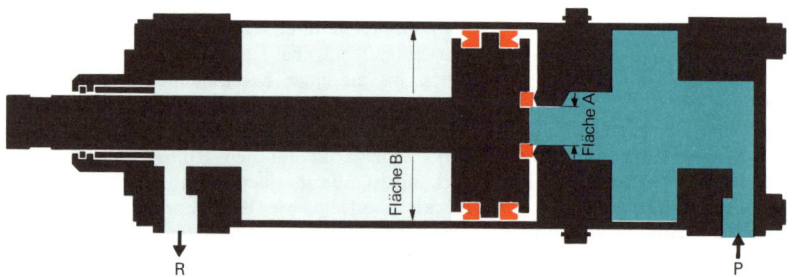

Bild 13   Schnittbild eines Schlagzylinders. Der Kolben bleibt solange in seiner hinteren Endstellung (Dichtsitz wo Vorkammer geschlossen), bis das Produkt aus P mal Fläche A größer ist als das Produkt aus dem sich abbauenden Druck R mal Fläche B. Die Entlüftungsgeschwindigkeit wird durch ein nachgeschaltetes Drosselventil beeinflußt (Martonair Druckluftsteuerungen GmbH)

Weitere Sonderzylinder können dadurch entstehen, daß beispielsweise Zylinder und Ventile zu einer Einheit zusammengefaßt sind, die normalerweise aber auch einzeln einsetzbar sind. Beispiele dieser Art sind unter Abschnitt 4.5, Kombinierte Geräte, zu finden.

4.1.4. Technische Daten für Druckluftzylinder

Die angegebenen Werte in den Tabellen beziehen sich jeweils auf das gleiche Fabrikat. Geringe Abweichungen nach oben und unten sind bei einigen Werten möglich, durch die konstruktionsbedingte Ausführung anderer Fabrikate. Im einzelnen gilt das für die Reibung im Zylinder, dadurch bedingt die erreichbare Kolbengeschwindigkeit sowie für den „toten Füllraum" in den Zylinder. Die jeweils angegebenen Werte können als mittlere Richtwerte gelten.

Zylinderdruckkraft

Die im Zylinder erzeugte Kraft, manchmal auch Kolbenkraft genannt, ist abhängig vom Kolbendurchmesser, dem Luftdruck = Arbeitsdruck und dem Reibungswiderstand. Da die Druckkraft im statischen Zustand gemessen wird, entspricht der Reibungswiderstand dem Losreißmoment des Kolbens. Im günstigsten Bewegungsfall bis zur statischen Ruhe ist der Reibungswiderstand gleich Null.
Die Zylinderdruckkraft kann nach folgenden Formeln berechnet werden:

Druckkraft = Kolbenfläche mal Luftdruck
$$F = A \cdot p_{\ddot{u}} \ (cm^2 \cdot bar)$$

für den **einfachwirkenden** Zylinder:

$$F = D^2 \cdot \frac{\pi}{4} \cdot p_{\ddot{u}} - f$$

für den **doppeltwirkenden** Zylinder:

Ausfahrhub $\quad F = D^2 \cdot \dfrac{\pi}{4} \cdot p_{\ddot{u}}$

Einfahrhub $\quad F = (D^2 - d^2) \cdot \dfrac{\pi}{4} \cdot p_{\ddot{u}}$

Beim einfachwirkenden Zylinder ist die Federkraft der Rückholfeder abzuziehen, im Einfahrhub des doppeltwirkenden Zylinders ist die Kolbenstangenfläche von der Kolbenfläche abzuziehen. Für den Reibungswiderstand bzw. Losreißmoment werden etwa 3–10 % der errechneten Druckkraft abgezogen. Aus Tabelle 2 können die Druckkräfte der verschiedenen Größen bei Arbeitsdrücken zwischen 1 und 15 bar abgelesen werden.

Verwendete Formelzeichen:
D = Durchmesser des Kolbens (cm)
d = Durchmesser der Kolbenstange (cm)
A = Kolbenfläche (cm²)
f = Federkraft (daN = 10 N)
F = Druckkraft (daN = 10 N)
$p_{\ddot{u}}$ = Arbeitsdruck (bar)

Druckluftzylinder sind überlastungssicher: Ein Druckluftzylinder kann bis zur Grenze seiner Leistung (Druckkraft) belastet werden, bei größerer Belastung erfolgt Stillstand.

Luftverbrauch

Die dem Druckluftzylinder zugeführte Druckluft wird unter Umwandlung ihrer Energie in Arbeit verbraucht. Die verbrauchte Druckluft strömt beim Umschalten des Zylinders in den Vor- oder Rückhub über die Entlüftung ins Freie. Der Luftverbrauch bei einem bestimmten Arbeitsdruck, einem bestimmten Kolbendurchmesser und einem bestimmten Hub wird wie folgt berechnet:

Verdichtungsverhältnis · Kolbenfläche · Hub

Das Verdichtungsverhältnis (bezogen auf Meereshöhe) errechnet man aus:

$$\frac{1{,}013 + \text{Arbeitsdruck (bar)}}{1{,}013}$$

Zur einfacheren und schnelleren Ermittlung des Luftverbrauches sind in Tabelle 3 die Werte für den Luftverbrauch pro cm Hub, für die in der Pneumatik üblichen Drücke und Zylinderdurchmesser zusammengestellt. Der Luftverbrauch wird dabei immer in Ansaugliter angegeben, um einheitliche Werte, bezogen auf die Verdichterleistung, zu bekommen. Er errechnet sich damit wie folgt:

einfachwirkender Zylinder:
Luftverbrauch $Q = s \cdot n \cdot q$ in l/min

Tabelle 2: *Druckkraft bei gegebenem Kolbendurchmesser und Arbeitsdruck, ohne Berücksichtigung von Federkraft (einfachwirkender Zylinder) und Kolben-stangenfläche (Einfahrhub doppeltwirkender Zylinder), der Reibungswert ist berücksichtigt*

Zylinder-größe Kolben-⌀ mm	Betriebsdruck in bar														
	1	2	3	4	5	6*	7	8	9	10	11	12	13	14	15
	Druckkraft in daN (1 daN = 10 N)														
6	0,2	0,4	0,6	0,8	1,0	1,2	1,4	1,6	1,8	2,0	2,2	2,4	2,6	2,8	3
12	1	2	3	4	5	6	7	8	9	10	11	12	13	14	15
16	2	4	6	8	10	12	14	16	18	20	22	24	26	28	30
25	4	9	13	17	21	24	30	34	38	42	46	50	55	60	63
35	8	17	26	35	43	52	61	70	78	86	95	104	113	122	129
40	12	24	36	48	60	72	84	96	108	120	132	144	156	168	180
50	17	35	53	71	88	106	124	142	159	176	194	212	230	248	264
70	34	69	104	139	173	208	243	278	312	346	381	416	451	486	519
100	70	141	212	283	353	424	495	566	636	706	777	848	919	990	1059
140	138	277	416	555	693	832	971	1110	1248	1386	1525	1664	1803	1942	2079
200	283	566	850	1133	1416	1700	1983	2266	2550	2832	3116	3400	3683	3966	4248
250	433	866	1300	1733	2166	2600	3033	3466	3800	4332	4766	5200	5633	6066	6498

* Normaler Arbeitsdruck in der Pneumatik

Tabelle 3: *Luftverbrauch von Druckluftzylindern je cm Hub in Abhängigkeit des Kolbendurchmessers und des Arbeitsdruckes*

Luftverbrauch-Tabelle für Pneumatik-Zylinder

Kolben-⌀ mm	Betriebsdruck in bar														
	1	2	3	4	5	6	7	8	9	10	11	12	13	14	15
	Luftverbrauch in l/cm Hub des Zylinders														
6	0,0005	0,0008	0,0011	0,0014	0,0016	0,0019	0,0022	0,0025	0,0027	0,0030	0,0033	0,0036	0,0038	0,0041	0,0044
12	0,002	0,003	0,004	0,006	0,007	0,008	0,009	0,010	0,011	0,012	0,013	0,014	0,015	0,016	0,018
16	0,004	0,006	0,008	0,010	0,011	0,014	0,016	0,018	0,020	0,022	0,024	0,026	0,028	0,029	0,032
25	0,010	0,014	0,019	0,024	0,029	0,033	0,038	0,043	0,048	0,052	0,057	0,062	0,067	0,071	0,076
35	0,019	0,028	0,038	0,047	0,056	0,066	0,075	0,084	0,093	0,103	0,112	0,121	0,131	0,140	0,149
40	0,025	0,037	0,049	0,061	0,073	0,085	0,097	0,110	0,122	0,135	0,146	0,157	0,171	0,183	0,195
50	0,039	0,058	0,077	0,096	0,115	0,134	0,153	0,172	0,191	0,210	0,229	0,248	0,267	0,286	0,305
70	0,076	0,113	0,150	0,187	0,225	0,262	0,299	0,335	0,374	0,411	0,448	0,485	0,523	0,560	0,597
100	0,155	0,231	0,307	0,383	0,459	0,535	0,611	0,687	0,763	0,839	0,915	0,991	1,067	1,143	1,219
140	0,303	0,452	0,601	0,750	0,899	1,048	1,197	1,346	1,495	1,644	1,793	1,942	2,091	2,240	2,389
200	0,618	0,923	1,227	1,531	1,835	2,139	2,443	2,747	3,052	3,356	3,660	3,964	4,268	4,572	4,876
250	0,966	1,441	1,916	2,392	2,867	3,342	3,817	4,292	4,768	5,243	5,718	6,193	6,668	7,144	7,619

Verwendete Formelzeichen:

Q = Luftverbrauch in l/min
q = Luftverbrauch je cm Hub
s = Hub in cm
n = Schaltspiele je Minute

Beim doppeltwirkenden Zylinder ist das Volumen der Kolbenstange nicht berücksichtigt, es kann auf Grund anderer Ungenauigkeiten in Leitungen und Ventilen vernachlässigt werden. Der Luftverbrauch eines Zylinders wird in l/min eingesetzt, da die Schaltspielzahl in der Zeiteinheit bekannt sein muß.

Schaltspiel = Arbeitstakt von der Ausgangsstellung eines Gerätes bis wieder zur Ausgangsstellung.

Beim Druckluftzylinder ist 1 Schaltspiel = 2 Hübe (Vor- und Rückhub)

Zum Gesamtluftverbrauch eines Zylinders zählt auch das Füllen der „Toträume" mit Druckluft, da diese bis zu 20% des eigentlichen Arbeitsluftverbrauches betragen können. Die toten Räume eines Zylinders sind beispielsweise die Druckluftzuleitung im Zylinder selbst sowie die nicht für den Hub ausnützbaren Räume in den Endstellungen des Kolbens (siehe auch Bild 7, Abschnitt 4.1.2). In Tabelle 4 ist der tote Füllraum für doppeltwirkende Zylinder eines bestimmten Fabrikates zusammengestellt.

Kolbengeschwindigkeit

Die normale Kolbengeschwindigkeit von standardmäßigen Zylindern liegt etwa zwischen 0,1 und 1,5 m/sek (6,0 bis 90 m/min). Mit Sonderzylindern kann die Zylindergeschwindigkeit auch weiter gesteigert werden. Die Kolbengeschwindigkeit ist vom Luftdruck, von der Gegenkraft, von den Leitungsquerschnitten und Leitungslängen zwischen Steuerventil und Zylinder sowie der Nennweite des Steuerventils abhängig. Darüber hinaus kann die Kolbengeschwindigkeit durch Drosselventile oder Schnellentlüftungsventile beeinflußt werden. In Tabelle 5 sind die Werte der mittleren Kolbengeschwindigkeit, abhängig von der äußeren Krafteinwirkung auf den Kolben und der

Tabelle 4: *Toter Füllraum von doppeltwirkenden Zylindern eines bestimmten Fabrikates. Hier können gegenüber anderen Fabrikaten größere Unterschiede auftreten (FESTO)*

Kolbendurchmesser mm	Deckelseite in cm³	Bodenseite in cm³
12	1	0,5
16	1	1,2
25	5	6
35	10	13
50	16	19
70	27	31
100	80	88
140	128	150
200	425	448
250	2005	2337

1000 cm³ = 1 Liter

Tabelle 5: *Mittlere Kolbengeschwindigkeit von Druckluftzylindern bei Teilbelastung und einem Arbeitsdruck von 6 bar*

Kolben- ∅ mm	NW ∅ mm	Belastung in %				
		0	20	40	60	80
		Kolbengeschwindigkeit in mm/sek				
25	4	580	530	450	380	300
35	7	980	885	785	690	600
50	7	480	440	400	360	320
70	7	230	215	200	180	150
70	9	530	470	425	380	310
100	7	120	110	90	80	60
100	9	260	230	205	180	130
140	9	130	120	110	90	70
140	12	300	260	230	200	170
200	9	65	60	55	50	40
200	12	145	130	120	105	85
200	19	330	300	280	250	215
250	19	240	220	185	165	115

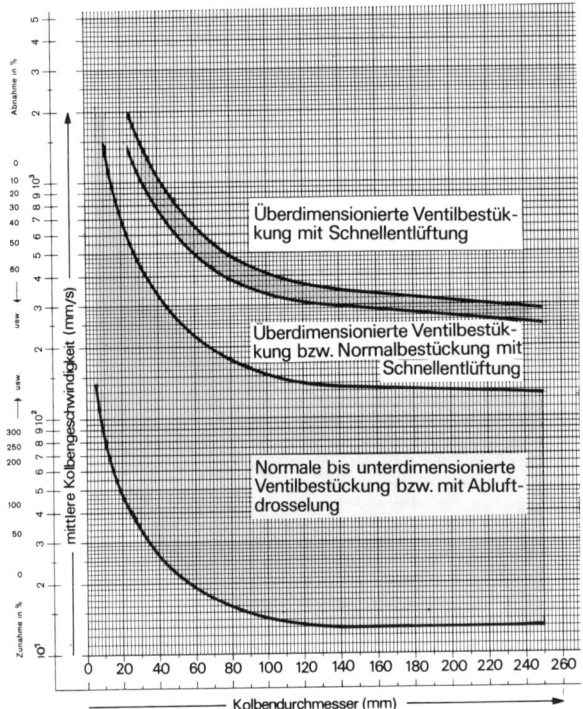

Tabelle 5a: *Geschwindigkeitsdiagramm für unbelastete Kolben, abhängig vom Kolbendurchmesser bei einem Arbeitsdruck von 6 bar*

In diagram labels:
- Überdimensionierte Ventilbestückung mit Schnellentlüftung
- Überdimensionierte Ventilbestückung bzw. Normalbestückung mit Schnellentlüftung
- Normale bis unterdimensionierte Ventilbestückung bzw. mit Abluftdrosselung

Axis labels: Abnahme in %, u/w, Zunahme in %, mittlere Kolbengeschwindigkeit (mm/s), Kolbendurchmesser (mm)

Bild 15 ►

1 Einfachwirkender Kurzhubzylinder, z.B. für Spannzwecke
2 Einfachwirkender Kurzhubzylinder (Gußausführung)
3 Einfachwirkender Rechteckzylinder (verdrehsicher)
4 Doppeltwirkender Zylinder mit elastischen Dämpfungsringen in den Endlagen
5 Doppeltwirkender Zylinder nach ISO-Norm 6431 (DIN 24335)
6 Doppeltwirkender Zylinder nach ISO-Norm 6431 mit Zugankern, der Kolben ist mit einem Permanentmagneten ausgerüstet, dadurch können Näherungsschalter eingesetzt werden, die Näherungsschalter werden auf die Zuganker geklemmt
7 Doppeltwirkender Zylinder nach ISO-Norm 6431 (wie 6) mit Schwenkzapfenbefestigung
8 Doppeltwirkender Zylinder mit integrierter Klemmeinheit, durch die mittels Federkraft der Kolben in beliebiger Lage festgehalten werden kann, Aufhebung der Federkraft durch Druckluft
9 Pneumatischer Linearantrieb (kolbenstangenloser Zylinder)
10 Pneumatischer Linearantrieb in verdrehgesicherter Ausführung, an der Profilschiene können ein oder mehrere Näherungsschalter befestigt werden
11 Doppeltwirkender Zylinder in Vierstellungs-Ausführung, mit einem Montagebausatz können zwei serienmäßige, gleich oder verschieden lange Zylinder (5) miteinander verbunden werden
12 Doppeltwirkender Schwenkantrieb (Rotic), Schwenkwinkel beidseitig getrennt einstellbar, max. Schwenkwinkel nach rechts und links 92°

Tabelle 6: *Maximale Länge der Kolbenstange bei voller, möglicher Druckkraftbelastung eines Zylinders (Knickgefahr). Normalstarke und verstärkte Ausführung der Kolbenstangen. Sicherheitsfaktor = 5*

Kolben-⌀ mm	Kolben-stg.- ⌀ normal mm	max. Hublg. normal mm	Kolben-stg.- ⌀ verstärkt mm	max. Hublg. verstärkt mm
35	12	500	22	1000
50	12	320	25	1200
70	16	400	25	900
100	22	600	32	1100
140	25	500	40	1200
200	32	550	40	950
250	40	700	60	950

Nennweite des Anschlusses zusammengestellt, im Diagramm (Tabelle 5a) die Steigerung bzw. Verringerung der Kolbengeschwindigkeit beim Einsatz von Schnellentlüftungs- und Drosselventilen.

44

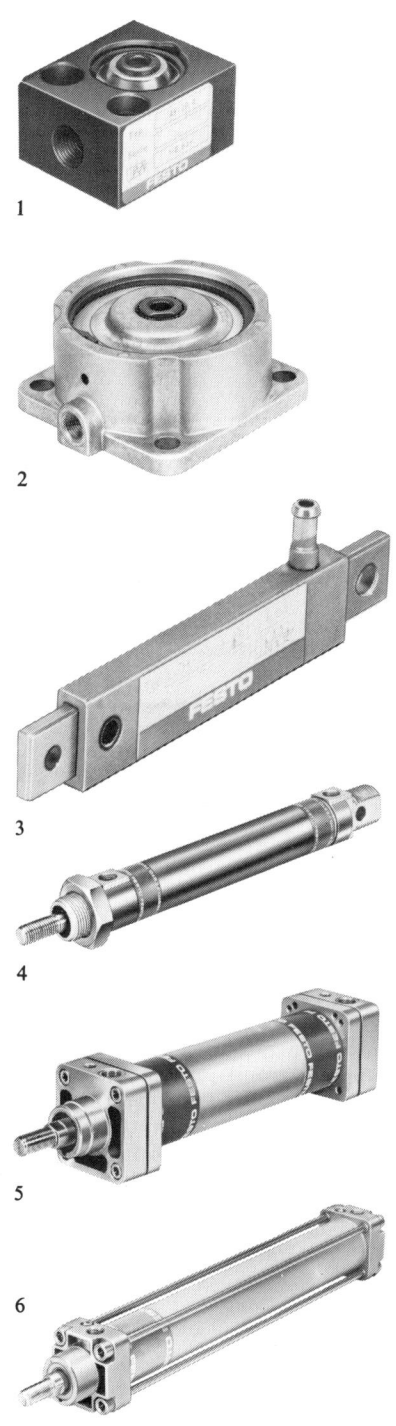

1

2

3

4

5

6

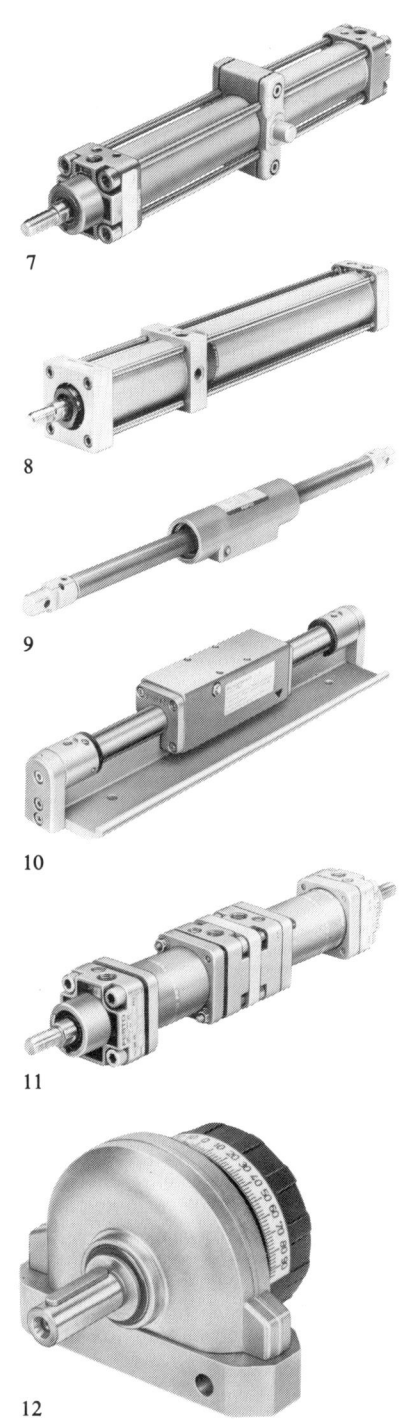

7

8

9

10

11

12

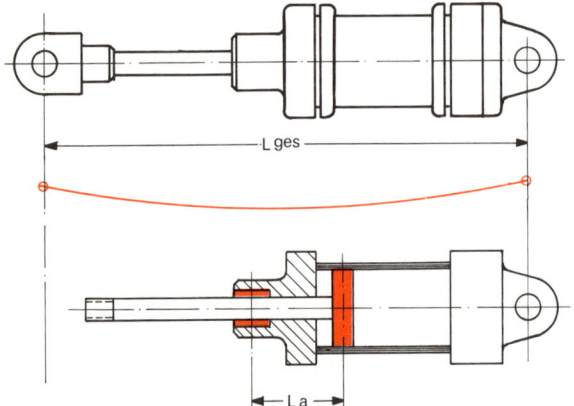

Bild 14   Kriterien für die Knickfestigkeit der Kolbenstange bzw. des Zylinders. L_{ges} = Gesamtlänge für die Berechnung nach EULER FALL II, gilt nur für schwenkbare oder Fußflanschbefestigung. L_a = Auflagerlänge im Zylinder

Knickbelastung der Kolbenstange

Bei langen Hüben ist auf Knickbelastung der Kolbenstange besonders zu achten. Die Hersteller bauen ihre Druckluftzylinder bereits unter diesen Aspekten, für die meisten Druckluftzylinder kann anstelle der normalen eine stärkere Kolbenstange gewählt werden. Besonders aktuell wird dieses Problem bei schwenkbar befestigten, oder mit Fußflansch befestigten Zylinder, da hierbei die Länge des Zylinders und der ausgefahrenen Kolbenstange als ein Wert (Gesamtlänge) gelten (Bild 14). Hier ist besonders auf die Auflagerlänge L_a zu achten. Es ist daher zu empfehlen, einen größeren Zylinderhub, als der notwendige Arbeitshub sein müßte, auszuwählen. Für die Berechnung der zulässigen Knickbelastung muß EULER FALL II zugrunde gelegt werden. Bei zusätzlich geführter Kolbenstange außerhalb des Zylinders ist die Knickgefahr wesentlich herabgesetzt.

> Je größer der Zylinderhub, um so größer soll die Auflagerlänge sein. Richtwerte: ca. 20 % der Hublänge.

4.2.   Ventile

Die Definition für Ventile nach DIN 24 300 heißt:

> „Ventile sind Geräte zur Steuerung oder Regelung von Start, Stopp und Richtung, sowie Druck oder Durchfluß des von einer Hydropumpe oder einem Verdichter oder einer Vakuumpumpe geförderten oder in einem Behälter gespeicherten Druckmittels. Die Benennung Ventil gilt übergeordnet – entsprechend dem internationalen Sprachgebrauch – für alle Bauarten wie Schieber, Kugelventile, Tellerventile, Hähne usw."

Die Bauart eines Ventils ist innerhalb einer pneumatischen Steuerung meist von untergeordneter Bedeutung. Wichtig ist allein die damit auslösbare Funktion, die Betätigungsart und die Anschlußgröße. Mit der Anschlußgröße ist auch die zugeordnete Durchflußgröße festgelegt.

Die in der Pneumatik eingesetzten Ventile dienen hauptsächlich zum Steuern. Steuern ist die Einwirkung auf eine Funktion oder Größe, um diese auszulösen, zu ändern, umzulenken oder aufzuheben. Um steuern zu können, ist eine Steuerenergie notwendig, wobei versucht werden soll, mit geringstem Aufwand eine größtmögliche Wirkung zu erzielen. Die Steuerenergie richtet sich nach der Betätigungsart eines Ventils, sie kann manuell, mechanisch, elektrisch, hydraulisch oder pneumatisch aufgebracht werden.
Nach der Funktion unterscheidet man die pneumatischen Ventile in folgende Hauptgruppen:

Wegeventile

Sperrventile

Druckventile

Stromventile

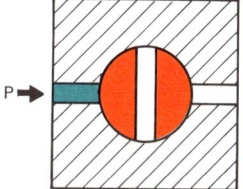
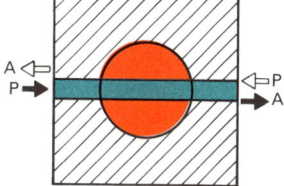

Bild 16 Funktionsschema eines Zweiwegeventils (Absperrhahn) bei dem in beiden Richtungen ein Durchfluß stattfinden kann

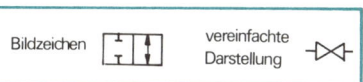

4.2.1. Wegeventile

> Wegeventile beeinflussen den Weg der Druckluft (vorwiegend Start, Stopp und Durchflußrichtung).

Je nach Anzahl der gesteuerten Wege ist es ein Zweiwege-, Dreiwege-, Vierwege- oder Vielwegeventil. Als Weg zählen: Anschlüsse vom Druckluftnetz, Zuleitungen zum Verbraucher und Abluftöffnungen (Entlüftung).

> Die Entlüftungen eines pneumatischen Wegeventils zählen als Wege.

Ventilmerkmale nach der Funktion

Zu den **Zweiwegeventilen** zählen alle sogenannten Absperrhähne, da sie eine Zuflußöffnung (1. Weg) und eine Abflußöffnung (2. Weg) haben. Dabei kann die Druckluft bei geöffnetem Ventil wahlweise von links nach rechts oder umgekehrt durchfließen (Bild 16).

> Der Druckluftanschluß (Zufluß) wird mit P bezeichnet.
> Arbeitsleitungen in der Reihenfolge mit $A, B, C, \ldots$
> Entlüftungen mit $R, S, T, \ldots$
> Steuerleitungen mit $Z, Y, X, \ldots$

Andere Konstruktionen, wie sie vielfach in Steuerungen eingesetzt werden, haben nur eine bestimmte Durchflußrichtung (Bild 17). Dabei unterscheidet man „**Öffner**" und „**Schließer**". „Öffner" ist ein Wegeventil dann, wenn es in

Ruhestellung geschlossen ist und bei Betätigung die Druckluft durchfließen kann; das Ventil öffnet (Bild 17). Beim „Schließer" ist es genau umgekehrt, der Durchgang ist geöffnet und wird bei Betätigung geschlossen; das Ventil schließt (Bild 18).

> Als **Ruhestellung** wird bei Ventilen mit vorhandener Rückstellung, z.B. Feder, die Stellung bezeichnet, die von den beweglichen Teilen des Ventils eingenommen wird, wenn das Ventil angeschlossen und nicht betätigt ist (Definition nach DIN 24300).

Zweiwegeventile sind in pneumatischen Steuerungen nur da zu finden, wo keine Entlüftung eines nachgeschalteten Gerätes über dieses Ventil notwendig wird, also als Durchgangsventil.
Jeder Zylinder muß nach vollbrachter Arbeit entlüftet werden, damit ein neuer Takt beginnen kann. Es ist demnach mindestens ein **Dreiwegeventil** notwendig, bei dem folgende Anschlüsse gesteuert werden:

> 1. Weg – Anschluß vom Netz (P)
> 2. Weg – Zuleitung zum Verbraucher (A)
> 3. Weg – Entlüftung (R)

In Bild 19 sind in jeweils zwei Schaltstellungen die Funktionen eines Dreiwegeventils für einen Öffner und Schließer gezeigt. Bei Entlüftungsstellung ist die Zuleitung vom Netz (P) gesperrt und die Verbraucherleitung (A) über die Entlüftung (R) mit der Außenatmosphäre verbunden. Die verbrauchte Druckluft strömt aus dem Verbraucher ins Freie. Ein Dreiwegeventil ist das Grundelement für die

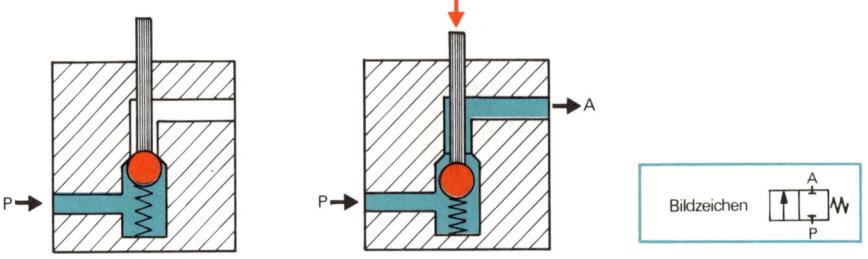

Bild 17 Funktionsschema eines Zweiwege-Kugel-sitzventils. Die Druckluft kann nur in einer Richtung durchfließen. Ventilfunktion: Öffner

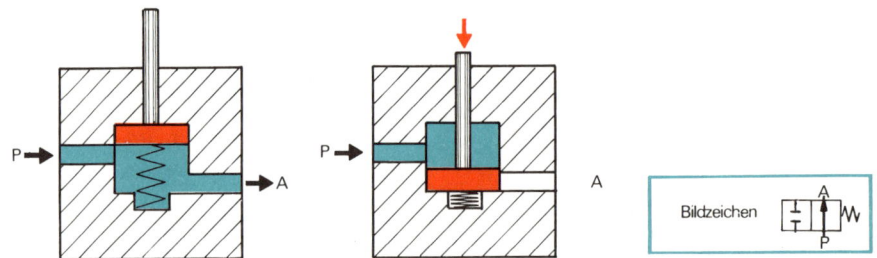

Bild 18 Funktionsschema eines Zweiwegeventils. Ventilfunktion: Schließer

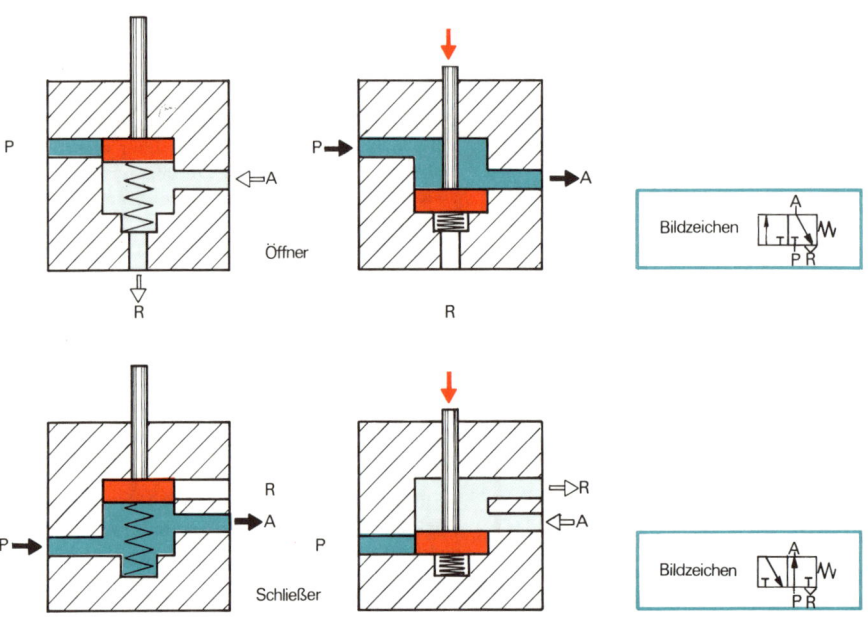

Bild 19 Funktionsschema eines Dreiwegeventils, oben Öffner- unten Schließerfunktion

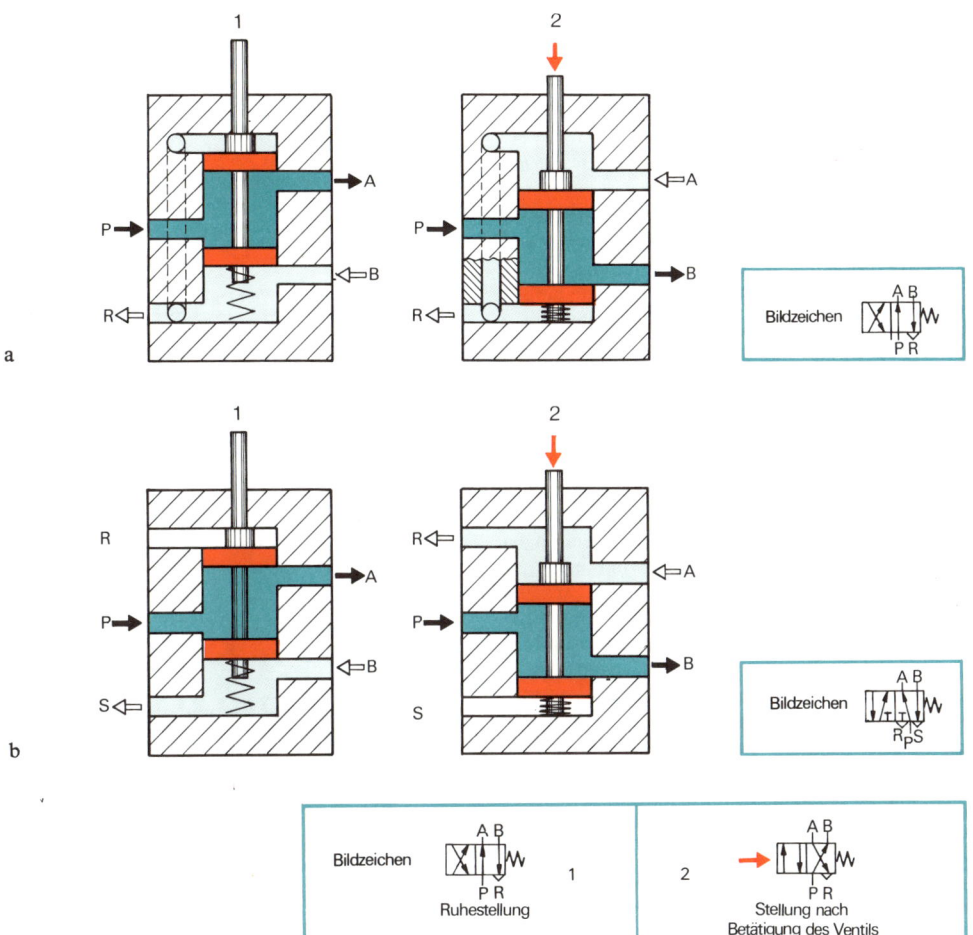

Bild 20   Funktionsschema eines Vierwegeventils,
a) mit einer nach außen gehenden Entlüftungsöff-
nung

b) mit zwei Entlüftungsöffnungen
Der rote Pfeil (c) dient nur als Hinweis für die Be-
tätigung entsprechend den Schaltstellungen 1 und 2
in den Bildern 20a und b

Steuerung eines einfachwirkenden Zylinders. Ein doppeltwirkender Zylinder kann beispielsweise mit zwei Dreiwegeventilen oder auch mit einem **Vierwegeventil** (Bild 20) gesteuert werden. Bei diesem Ventil werden abwechselnd zwei Zuleitungen zu Verbrauchern (A und B) gesteuert; Anschluß vom Netz (P) und die Entlüftung (R und S) bleiben, so daß jetzt insgesamt vier Wege zu steuern sind. Auch wenn zwei Entlüftungs-

öffnungen am Ventil vorhanden sind, zählen sie nur als ein gesteuerter Weg.
Soll in der sinnbildlichen Darstellung die betätigte Stellung bzw. die zweite Stellung eines Ventils dargestellt werden, so wird diese Position durch Verschieben der Felder erreicht, bis die Leitungen sich mit den Anschlüssen decken. Bezogen auf Bild 20a ergibt sich das Bild 20c. Der rote Pfeil soll lediglich als Hinweis der Betätigung dienen.

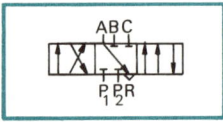

Bild 21   Sinnbildliche Darstellung eines Sechs-wegeventils mit drei Schaltstellungen

Ventile mit mehr als vier gesteuerten Anschlüssen
sind in der Pneumatik nicht üblich, z.B. Fünf-
oder Sechswegeventil, sie werden eher in der
Hydraulik eingesetzt.

Die sinnbildliche Darstellung eines Sechswege-
ventils zeigt Bild 21. Für Sonderanwendungen
bzw. Sondergeräte gibt es Ventile mit mehr als
vier gesteuerten Anschlüssen, die meist aus der
Kombination normaler Zwei-, Drei- und Vier-
wegeventile entstehen und zu einem Ventilblock
zusammengefaßt sind. In Bild 22 ist ein solches
Ventil gezeigt, das aus der Kombination von zwei
Vierwegeventilen entstanden ist. Dieses Ventil
ist speziell für die Steuerung eines serienmäßig
hergestellten Bandvorschubgerätes entwickelt wor-
den. Entsprechend der zuvor erwähnten Definition
ist es ein Siebenwegeventil bei dem nach außen
folgende Anschlüsse gesteuert werden:

1. Weg – 1. Anschluß vom Netz ($P\,1$)
2. Weg – 2. Anschluß vom Netz ($P\,2$)
3. Weg – 1. Zuleitung zum Verbraucher (A)
4. Weg – 2. Zuleitung zum Verbraucher (B)
5. Weg – 3. Zuleitung zum Verbraucher (C)
6. Weg – 4. Zuleitung zum Verbraucher (D)
7. Weg – Entlüftung (R)
8. Weg – Entlüftung (S)

Anschluß Z ist eine Steuerleitung, die nicht
als Weg zählt. Als bestimmtes Fabrikat wird es
als 8-Wegeventil für Sonderfälle angeboten.

Neben der Unterscheidung nach den gesteuerten
Anschlüssen (Wegen) werden Wegeventile auch
zusätzlich noch nach den möglichen Schaltstellungen gekennzeichnet. Bei den zuvor gezeigten Bildern Nr. 16–20 sind immer zwei Schaltstellungen vorhanden, nämlich „Ventil betätigt"
und „Ventil in Ruhestellung" (Ruhe- oder Ausgangsstellung). Anders und einfacher ausgedrückt:
„ein – aus". Solche Ventile nennt man **Zweistellungsventile**

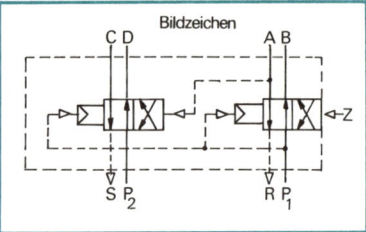

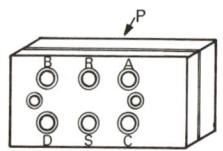

*Bild 22   Ventilblock — Kombination aus zwei Vier-
wegeventilen — Siebenwegeventil (FESTO)*

Für bestimmte Aufgaben wird ein Zweistellungs-
ventil nicht ausreichen, beispielsweise da, wo
folgende Funktionen mit einem Ventil ausgeführt
werden sollen: vor – halt – zurück. Das „halt"
muß dabei auch mitten im Vorlauf oder Rücklauf
möglich sein. Für diese Zwecke wird ein **Drei-
stellungsventil** benötigt, bei dem in Mittelstellung
alle Anschlüsse gesperrt sind (Bild 24a). Bei einer
anderen Ausführung sind in Mittelstellung alle
Verbraucherleitungen entlüftet (Bild 24b).

Ein Wegeventil wird nach den gesteuerten Anschlüssen und nach den Schaltstellungen ausgewählt und auch entsprechend bezeichnet. Bei einem Vierwege-Zweistellungs-Ventil ist die Funktion und damit die Einsatzmöglichkeit eindeutig zum Ausdruck gebracht. In der genormten Ausdrucksweise heißt dieses Ventil dann 4/2-Wegeventil (gesprochen: Vier-Strich-Zwei-Wegeventil). Über die Bauart ist damit noch nichts gesagt.

> Wegeventile werden nach der Anzahl der gesteuerten Wege und der Anzahl der möglichen Schaltstellungen bezeichnet, z. B. 2/2-Wegeventil, 3/2-Wegeventil, 4/2-Wegeventil, 4/3-Wegeventil.

Wegeventile mit mehr als drei Schaltstellungen sind in der Pneumatik nur als Sonderkonstruktionen zu finden. Auch hier sind meist normale Zweistellungsventile zu einem Ventilblock kombiniert. Ein Beispiel dafür ist das Vierstellungsventil nach Bild 25. Hier sind zwei 3/2-Wegeventile zu einem Ventil zusammengefaßt. Die Betätigung erfolgt elektrisch (siehe Abschnitt 4.2.1.1 Ventilbetätigung). Mit diesem 4/4-Wegeventil sind folgende Funktionen (Schaltstellungen) möglich:

1. Schaltstellung: keine Betätigung –
   A und B über R und S entlüftet

2. Schaltstellung: rechter Magnet erregt –
   A mit P verbunden, die Druckluft strömt von P zu A, B über S entlüftet.

3. Schaltstellung: linker Magnet erregt –
   B mit P verbunden, die Druckluft strömt von P zu B, A über R entlüftet

4. Schaltstellung: beide Magneten erregt –
   P mit A und B verbunden, die Druckluft strömt von P zu A und B, keine Entlüftung

Ventilmerkmale nach der Bauart

Nach der Bauart der Wegeventile unterscheidet man diese hauptsächlich in Sitz- und Schieberausführungen. Der Durchgang wird bei Sitzventilen durch Platten, Teller, Kugel oder Kegel geöffnet und geschlossen. Die Abdichtung der Ventilsitze erfolgt meist mit elastischen Dichtungen. Die Ansprechzeit der Sitzventile ist sehr kurz. Schon bei einem kleinen Hub des Ventilstößels ist der volle Ventilquerschnitt frei. Die Sitzventile sind wenig schmutzempfindlich, sehr gut dichtend und haben wenig Verschleißteile.

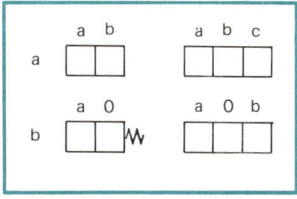

Bild 23 Die Anzahl der Schaltstellungen eines Ventils wird durch entsprechend viele Felder dargestellt

a) ohne festgelegte Ruhestellung

b) mit festgelegter Ruhestellung

Kugelsitzventile sind durch ihren einfachen Aufbau sehr preiswert. Da eine einwandfreie Dichtung nicht immer gewährleistet ist, werden diese Ventile nur für untergeordnete Zwecke verwendet.

Diese Ventilbauart wird hauptsächlich als 2/2-Wegeventil oder mit Entlüftung durch den Stößel auch als 3/2-Wegeventil gebaut (Bild 26).

> Eine **Entlüftungsüberschneidung** im Ventil entsteht dadurch, daß während des Schaltvorganges die Zuluft (Netzanschluß *P*) direkt in die Entlüftung (*R*) und damit ins Freie gelangen kann (Bild 27). Solche Ventile haben hohe Leckverluste und sollten nicht in pneumatischen Steuerungen eingesetzt werden.

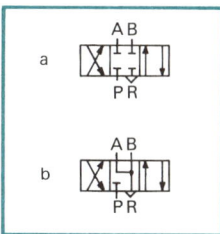

Bild 24   4/3-Wegeventil

a) in Mittelstellung alle Leitungen gesperrt

b) in Mittelstellung Zufluß (P) gesperrt, alle anderen Leitungen entlüftet

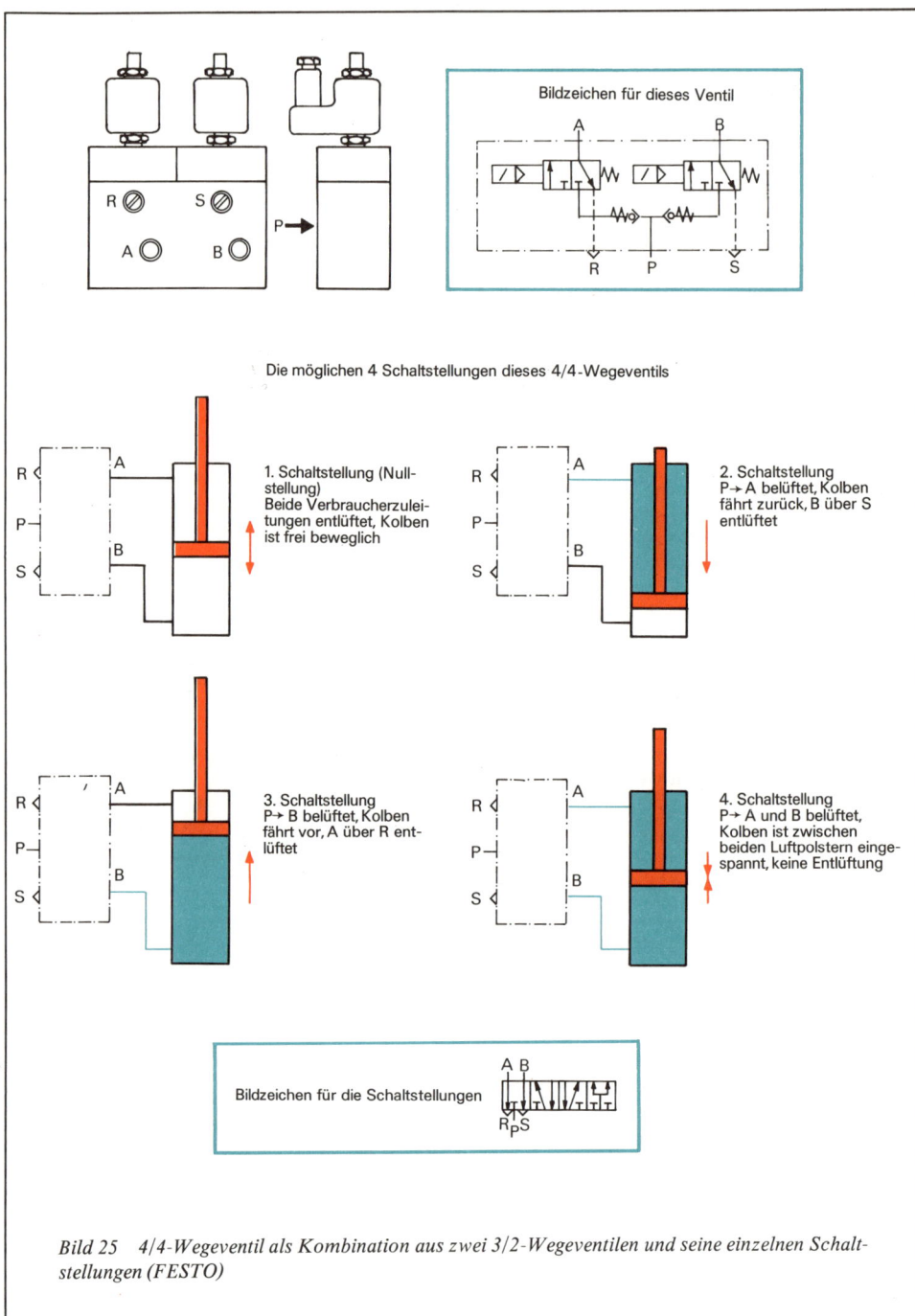

Bildzeichen für dieses Ventil

Die möglichen 4 Schaltstellungen dieses 4/4-Wegeventils

1. Schaltstellung (Null-stellung)
Beide Verbraucherzulei-tungen entlüftet, Kolben ist frei beweglich

2. Schaltstellung
P→A belüftet, Kolben fährt zurück, B über S entlüftet

3. Schaltstellung
P→B belüftet, Kolben fährt vor, A über R ent-lüftet

4. Schaltstellung
P→A und B belüftet, Kolben ist zwischen beiden Luftpolstern einge-spannt, keine Entlüftung

Bildzeichen für die Schaltstellungen

Bild 25   4/4-Wegeventil als Kombination aus zwei 3/2-Wegeventilen und seine einzelnen Schalt-stellungen (FESTO)

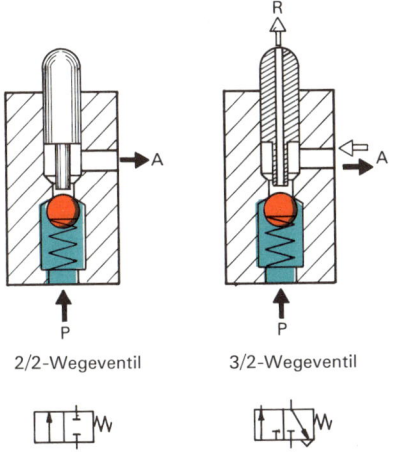

2/2-Wegeventil   3/2-Wegeventil

◄ *Bild 26   2/2- und 3/2-Wegeventil in Kugelsitz-Ausführung*

Bild 27   Entlüftungsüberschneidung im Moment der Ventilumschaltung bei einem 3/2-Wegeventil

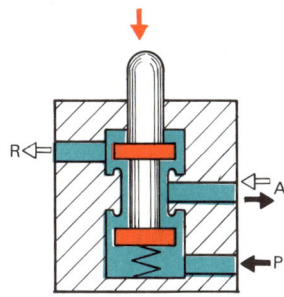

Tellersitzventile können als 2/2-, 3/2- (Bild 28) und 4/2-Wegeausführung (Bild 29) gebaut sein. Ventile dieser Bauart sind entlüftungsüberschneidungsfrei, daher keine unnötige Lärmbelästigung durch Zuluft-Überströmung ins Freie und keine Luftverluste. Bei Überlastung der abgefederten Einzelteller kann keine Ventilsitz- und keine Ventiltellerbeschädigung auftreten. Ohne Betätigung nehmen diese Ventile die Ruhestellung ein.

Schieberventile gibt es in mehreren Ausführungen:
Längsschieberventile
Längsflachschieberventile
Plattenschieberventile.

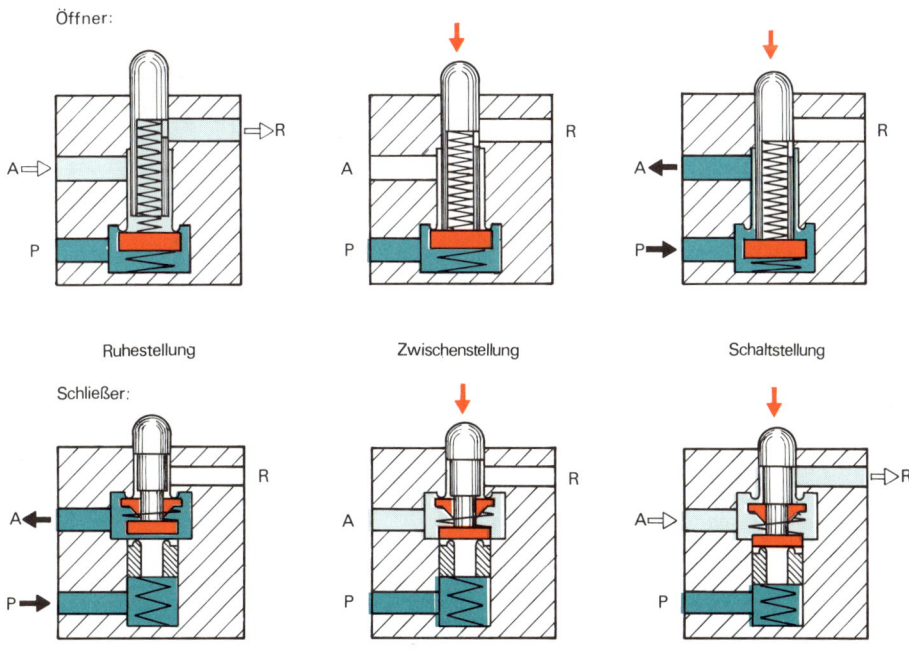

Bild 28   3/2-Wegeventile nach dem überschneidungsfreien Tellersitzprinzip (FESTO)

53

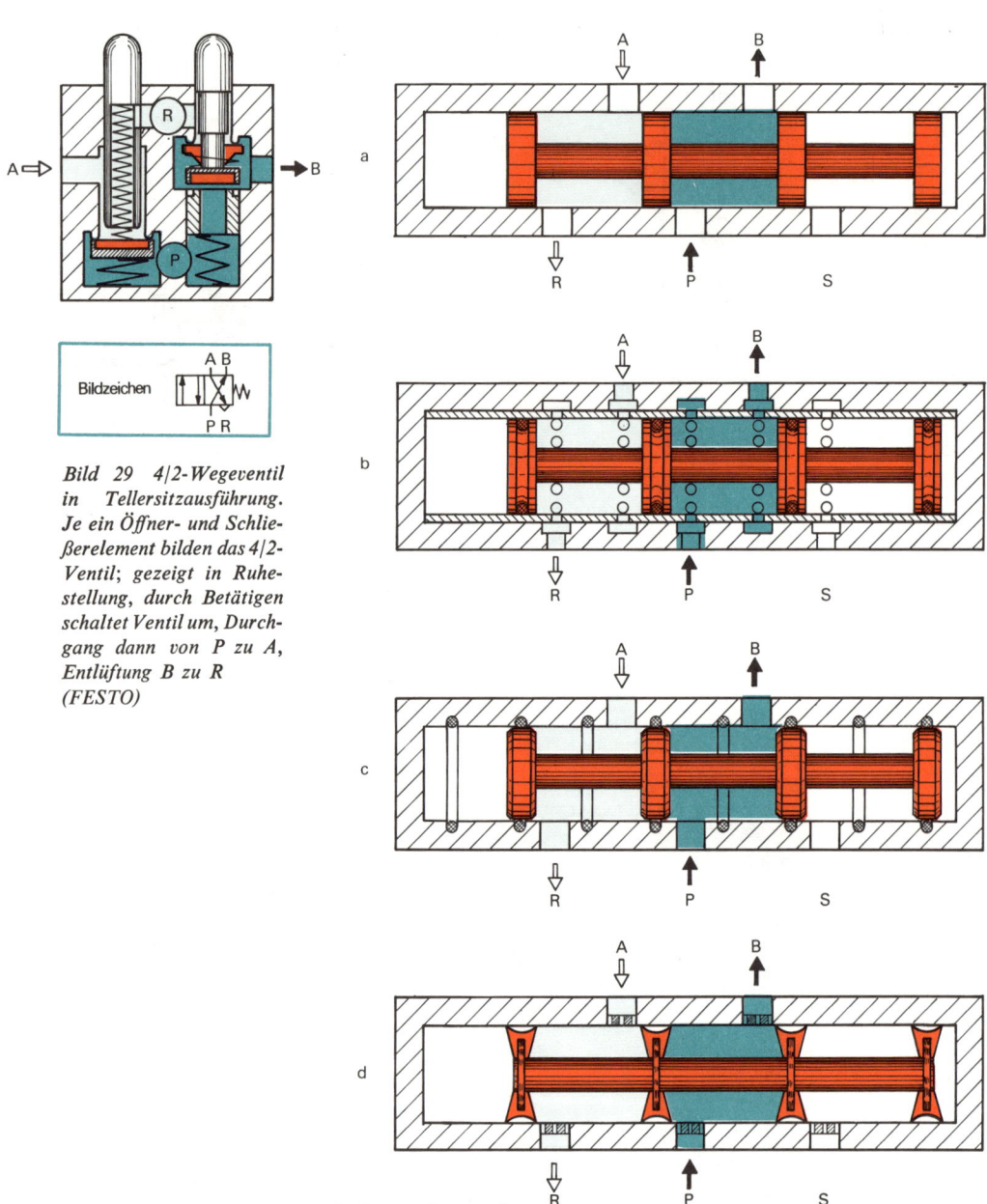

Bild 29 *4/2-Wegeventil in Tellersitzausführung. Je ein Öffner- und Schließerelement bilden das 4/2-Ventil; gezeigt in Ruhestellung, durch Betätigen schaltet Ventil um, Durchgang dann von P zu A, Entlüftung B zu R (FESTO)*

Bild 30 Schema von Längsschieberventilen und deren Abdichtungsprinzip

a) Metall gegen Metall durch Feinstbearbeitung

b) O-Ringe am Kolben

c) O-Ringe im Kolbenmantel

d) Lippendichtungen am Kolben

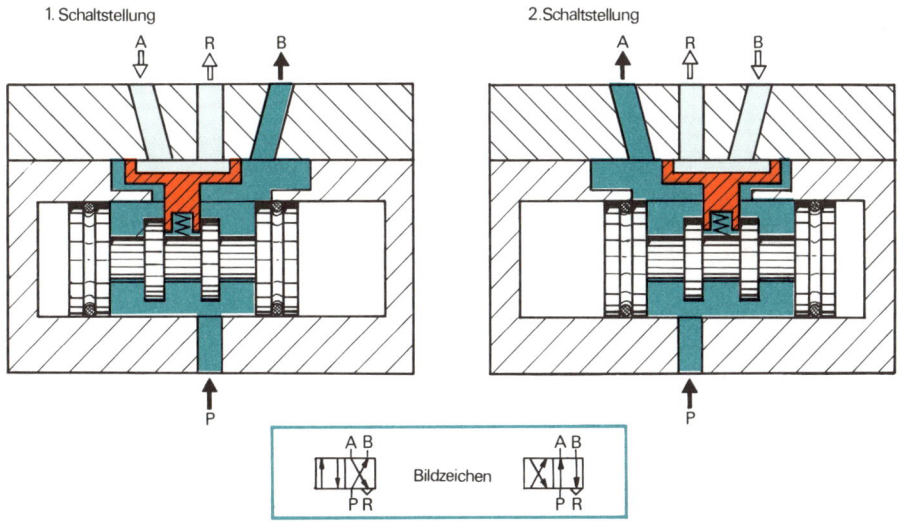

Bild 31   4/2-Längs-Flachschieberventil in beiden Schaltstellungen (FESTO)

Die gebräuchlichsten sind die **Längsschieberventile** (Bild 30). Als Steuerelement besitzen sie einen Steuerkolben, der durch eine Längsbewegung die Zylinderanschlüsse wechselseitig be- und entlüftet. Bei diesen Ventilen ist, bedingt durch die geometrische Form des Schiebers und der Gehäusebohrung, das Abdichten des Schiebers sehr schwierig. Die von der Hydraulik her bekannte Abdichtung: Metall auf Metall (Bild 30 a) erfordert ein genaues Einpassen des Schiebers in die Gehäusebohrung. Die Spaltweite zwischen Schieber und Gehäusebohrung soll bei Pneumatik-Ventilen nicht mehr als 0,002 – 0,004 mm betragen, da sonst die Leckverluste zu groß werden. Um diese teuren Einpaßarbeiten zu umgehen wird entweder der Kolben (Bild 30 b) oder die Gehäusebohrung (Bild 30 c) mit O-Ringen abgedichtet. Bei einer anderen Ausführung werden kleine Doppeltopfmanschetten (Bild 39 d) als Dichtelemente verwendet. Die Anschlußöffnungen müssen um eine Beschädigung der Dichtelemente zu verhindern, auf den Umfang des Kolbenmantels verteilt werden. In Bild 30 b wurde dies angedeutet.

Die **Längs-Flachschieberventile** besitzen einen Kolben zur Umsteuerung des Ventils, die Anschlußleitungen werden aber durch den zusätzlichen Flachschieber gesteuert (Bild 31). Dabei gleicht sich der Verschleiß am Schieber und an der Schieberfläche selbsttätig aus, denn der Flachschieber wird durch die Druckluft selbst und zusätzlich durch eine Feder an die Auflage gedrückt. Die O-Ring-Abdichtung im Kolben überfährt keine Anschlußleitungen.

Die **Plattenschieberventile** werden meist nur als hand- oder fußbetätigte Ventile hergestellt, denn für die Umsteuerung des Ventils ist eine Drehbewegung notwendig. Plattenschieberventile werden vorwiegend als 3/3-Wegeventile oder als 4/3-Wegeventile gefertigt. In Mittelstellung sind alle Leitungen geschlossen (Bild 32), dadurch kann die Kolbenstange eines Zylinders in jeder Stellung ihres Hubbereiches stillgesetzt werden. Dabei ist zu beachten, daß die Zwischenstellungen der Kolbenstange durch die Kompressibilität der Druckluft nicht fixiert sind, die Lage der Kolbenstange ändert sich bei Laständerungen und allein schon durch die unterschiedliche Druckkraft, die sich daraus ergibt, daß auf einer Seite die Kolbenstangenfläche abgezogen werden muß. Auch komplizierte Steuerforderungen, wie z.B. durch Handhebel umstellbare Programme, lassen sich hierdurch wie bei einem Wahlschalter lösen; z.B. Umstellen einer pneumatischen Steuerung von Einzeldurchlauf auf Automatik mit beliebig vielen Wiederholungen. Bei anderen Ausführungen der Dreistellungsventile sind in Mittelstellung alle Leitungen entlüftet.

Ein weiteres, kennzeichnendes Merkmal der Wegeventile ist die Betätigungsart.

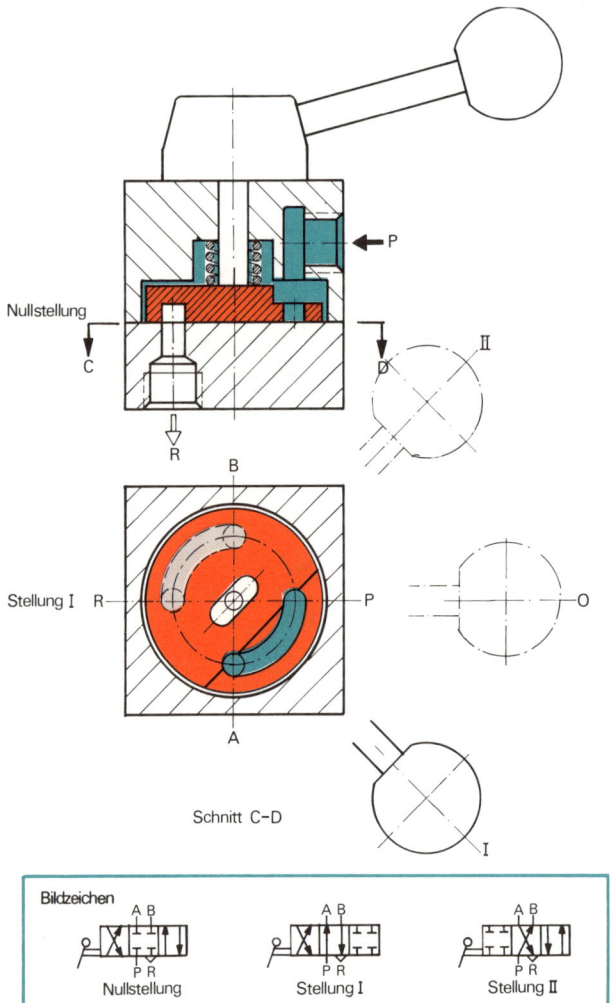

Nullstellung

C

R

B

Stellung I   R — P   O

A

Schnitt C-D

Bildzeichen

A B   A B   A B

P R   P R   P R

Nullstellung   Stellung I   Stellung II

4.2.1.1 Ventilbetätigung

Ein wichtiges Merkmal jedes Wegeventils ist seine Betätigungsart, da es entsprechend der Betätigung als Signal-, Steuer- oder Stellglied innerhalb der Steuerkette einer pneumatischen Steuerung eingesetzt wird. Bei einfachen Steuerungen kann das einzelne Wegeventil gleichzeitig Signal-, Steuer- und Stellglied sein. Die Betätigungsart eines Wegeventils ist nicht abhängig von der Funktion oder Bauart des Ventils, sondern die Betätigung wird dem Wegeventil hinzugeordnet (Bild 33). Die gleiche Betätigung kann je nach Art wahlweise an einem 2-, 3-, 4-Wegeventil mit zwei oder drei Schaltstellungen sein. In Ausnahmefällen ist eine bestimmte Ausführung der Betätigung aus

technischen Gründen an einen bestimmten Ventiltyp gebunden.

Die Betätigungsorgane der Ventile können mit den kleinen Buchstaben *a, b, c,* ... gekennzeichnet werden, entsprechend der zugehörenden Schaltstellung (siehe Bild 35).

Es werden Direkt- und Fernbetätigung unterschieden. Bei **Direktbetätigung** sitzt das Betätigungsglied direkt am Ventil, z. B. sämtliche manuellen und mechanischen Betätigungsarten. Zu den manuellen Betätigungsarten zählen alle von Hand oder Fuß ausgelösten Ventilumschaltungen. Bei dem Beispiel nach Bild 34, einem 3/2-Schiebeventil, das

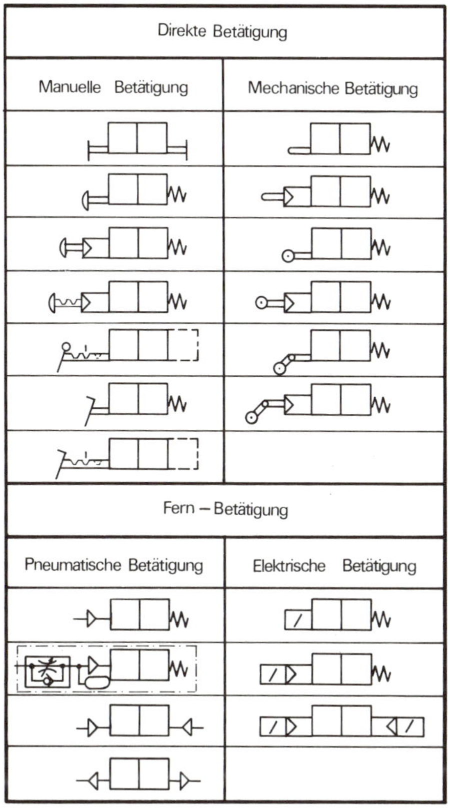

Bild 33 Betätigungsmöglichkeiten von Wegeventilen

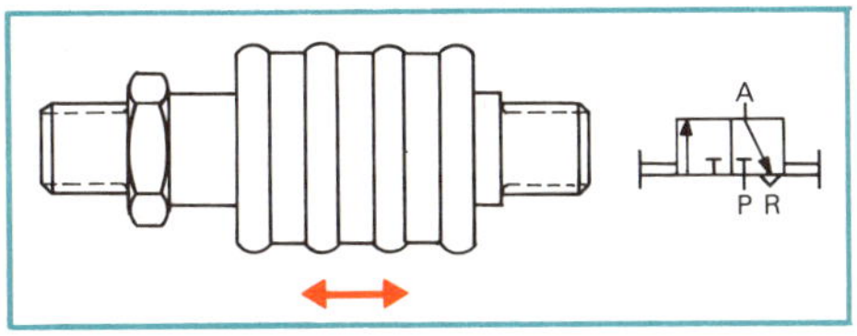

Bild 34 Hand-Schiebeventil beidseitig durch Muskelkraft betätigt

direkt in die Leitung eingebaut wird, sind beide Schaltstellungen durch Handverstellung erreichbar. Dieses Ventil hat keine definierte Ruhestellung, nur eine Ausgangsstellung. Die im Sinnbild an das Ventil herangezogene Betätigung gilt allgemein für Muskelkraftbetätigung. Weitere **manuelle Betätigungen** zeigt Bild 35. Hierbei ist a ein 3/2-Ventil mit automatischer Ruhestellung, das Ventil ist nur solange geöffnet, wie der Knopf gedrückt wird. In Bild b, ein 4/2-Ventil, wird die Betätigung mit einem Handhebel durchgeführt wobei die Schaltstellung solange gehalten wird, bis der Hebel in die andere Stellung gebracht wird. Bei der Pedalbetätigung mit Fuß (Bild 35c) bleibt das Ventil solange umgeschaltet, solange das Pedal niedergedrückt wird. Ohne Betätigung geht das Pedal und das Ventil in Ruhestellung. Anders ist es im Beispiel nach Bild 35d, wo durch Niederdrücken des Pedals das Ventil jeweils in die andere (von *a* nach *b*, von *b* nach *a*) Schaltstellung gebracht wird. Die im Betätigungsglied eingezeichneten Rasten versinnbildlichen die Festhaltewirkung der Schaltstellung. Das Pedal geht nach Loslassen in seine Ruhestellung, das Ventil bleibt in der Schaltstellung bis das Pedal wieder gedrückt wird.

Die **mechanischen Betätigungen** sind überall da notwendig, wo das Ventil durch ein Glied der Anlage (mechanisch) betätigt werden soll, z.B.

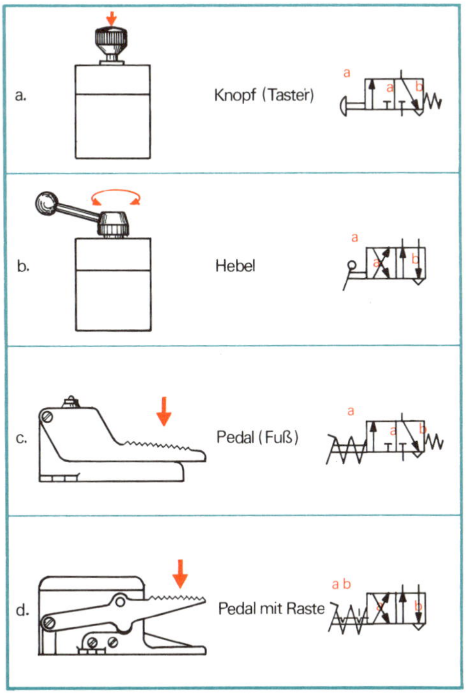

Bild 35 Beispiele manueller Betätigungsarten

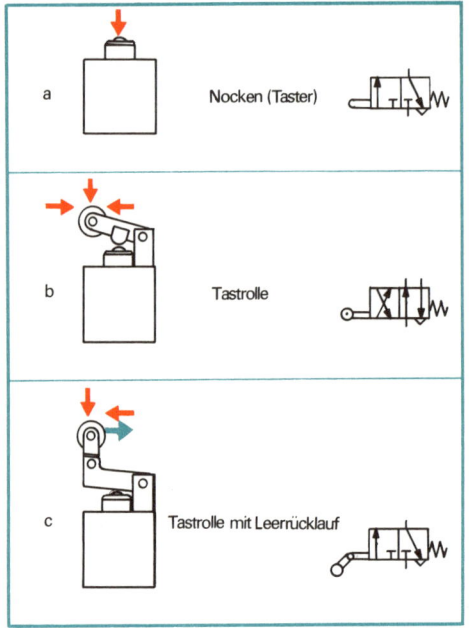

a   Nocken (Taster)

b   Tastrolle

c   Tastrolle mit Leerrücklauf

Bild 36   Beispiele mechanischer Betätigungsarten

Nocken an der Kolbenstange eines Zylinders, Kurvenscheibe, Maschinenschlitten, usw. Bild 36 zeigt Beispiele für mechanische Betätigungen von Wegeventilen. Bild 36a ist dabei mit der manuellen Betätigung entsprechend Bild 35a vergleichbar, nur daß hier ein mechanisches Glied auf den Nocken (Taster) auffährt. Die Betätigung mit Tastrolle (Bild 36b) ist da notwendig, wo mit einer Kurvenschiene oder Kurvenscheibe das Ventil betätigt werden soll. Ganz ähnlich ist es auch bei der Tastrolle mit Leerlaufrückrolle. Das Ventil wird hier nur betätigt, wenn die Steuerkurve das Ventil von rechts nach links (im gezeigten Beispiel in

Richtung des waagrechten roten Pfeils) anfährt. Beim umgekehrten Anfahren (in Richtung des blauen Pfeils) klappt die Rolle um und eine Betätigung des Ventils unterbleibt. Je nach Montagerichtung wird ein solches Ventil nur beim Anfahren von rechts oder links betätigt.

Bei **Fernbetätigung** eines Wegeventils ist das auslösende Glied (Signalglied) für die Betätigung des Ventils örtlich von diesem getrennt. Dabei sind in der Pneumatik pneumatische und elektrische Fernbetätigungen üblich (Bild 37). Die pneumatische Betätigung unterscheidet sich in positive und negative Betätigung, entsprechend der Umsteuerung des Ventils durch Druckbeaufschlagung (positiv – die zugeführte Druckluft steuert das Ventil um) oder Druckentlüftung (negativ – das gegebene Druckgleichgewicht im Ventil wird durch Entlüften der Umsteuerseite abgebaut). Pneumatisch betätigte Ventile mit selbsttätiger Ruhestellung werden ausschließlich positiv umgesteuert, da ja die Federkraft überwunden werden muß. Bild 38 zeigt ein pneumatisch betätigtes 3/2-Ventil in Ruhestellung und umgeschalteter Stellung durch Druckbeaufschlagung bei Z. Bei einer Betätigung entsprechend Bild 38 wird auch von Dauerkontakt gesprochen, die Umschaltung des Ventils bleibt solange bestehen, wie der Druck Z dauert.

Im Gegensatz dazu sind die sogenannten **Impulsventile**, die positiv oder negativ umgesteuert werden und bei denen ein Impuls (Mindestdauer angegeben) zur Umsteuerung ausreicht. Das Ventil verbleibt solange in seiner eingenommenen Schaltstellung bis ein Gegenimpuls eintrifft. Die Unterscheidung negativer und positiver Umsteuerung eines Ventils zeigen die Funktionsschemas in Bild 39.

Die Steuerleitungen bei **pneumatisch betätigten Ventilen** sollen nicht zu lang sein, denn sonst werden die Umsteuerzeiten zu lang (füllen bzw. entlüften der Steuerleitung vom Signalglied bis zum Steuerglied), und der Luftverbrauch zu hoch.

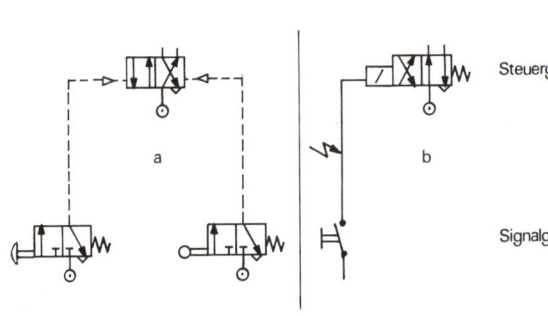

a   *b*

Steuerglieder

Signalglieder

Bild 37
Fernbetätigung von Wegeventilen

a) pneumatisch

b) elektrisch

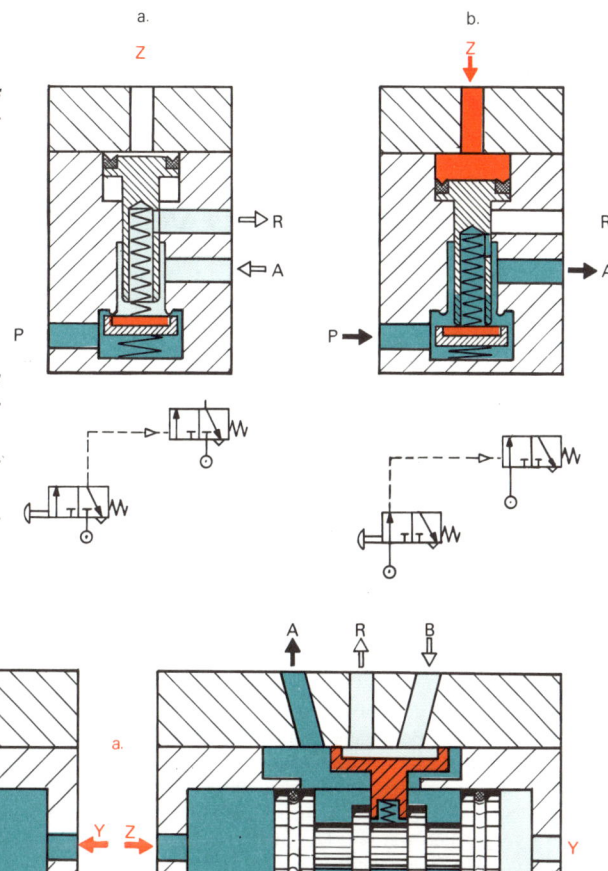

Bild 38   Pneumatische Betätigung eines 3/2-Tellersitzventils durch Druckbeaufschlagung (positiv) bei Z

a) in Ruhestellung

b) umgesteuert durch Dauerkontakt (FESTO)

Bild 39   Pneumatische Betätigung eines 4/2-Flachschieberventils durch kurzzeitige Impulse bei Z und Y

a) positive Betätigung durch Druckbeaufschlagung

b) negative Betätigung durch Druckentlastung (Entlüften)

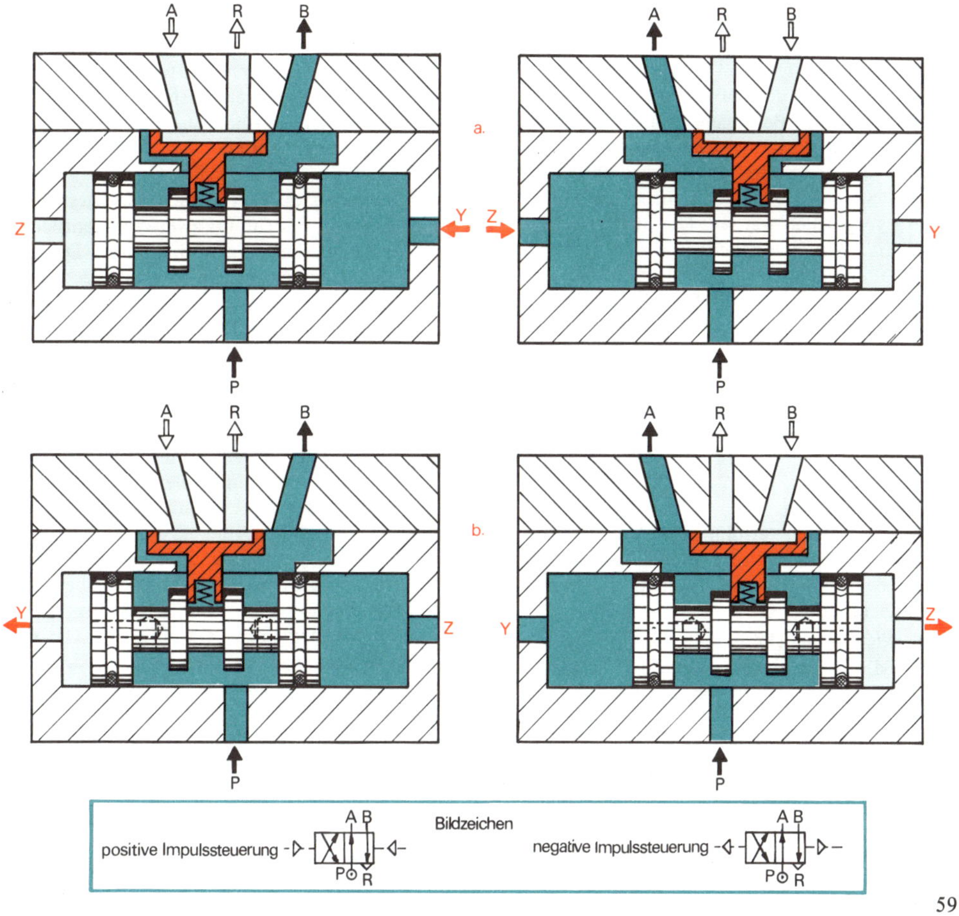

Bildzeichen

positive Impulssteuerung -▷- ...   negative Impulssteuerung -◁- ...

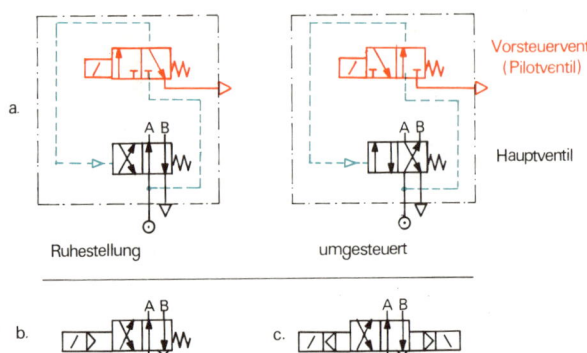

a.

Ruhestellung   umgesteuert

Vorsteuerventil (Pilotventil)

Hauptventil

b.   A B   c.   A B

*Bild 40   Vorgesteuerte 4/2-Magnet-
ventile*

*a) über das Vorsteuerventil wird das
Hauptventil betätigt*

*b) sinnbildliche Darstellung eines
vorgesteuerten 4/2-Magnetventils
entsprechend a, die Umsteuerung
erfolgt durch Druckbeaufschlagung (positiv)*

*c) die Umsteuerung erfolgt durch
Druckentlüftung (negativ)*

Bei negativer Steuerung soll die Steuerleitung nicht länger als 3 m betragen. Ein Nachteil der negativen Steuerung ist, daß bei Beschädigung der Steuerleitung oder Undichtheit des Signalgliedes bereits eine Umsteuerung des Steuergliedes eintreten kann. Dafür ist der Vorteil, daß für die negative Steuerung nur 2/2-Ventile als Signalglieder eingesetzt werden müssen. Ventile mit negativer Betätigung werden in der Praxis kaum noch verwendet. Bei **elektrischer Betätigung** eines Wegeventils (Bild 37b) ist die Länge der Steuerleitung unabhängig von der vollen Funktionstüchtigkeit, es können Steuerleitungen von mehreren Hundertmetern vorgesehen werden. Die Steuerzeiten sind sehr kurz. Als Signalglieder werden vorwiegend Endschalter eingesetzt, außerdem können sämtliche elektrischen Geräte als Signalglied dienen, die ein elektrisches Signal abgeben. In feuer- oder explosionsgefährdeter Umgebung müssen allerdings die elektrischen Teile ex-geschützt sein. Die Umsteuerung des Ventils erfolgt durch einen Magneten, es wird deshalb auch als **Magnetventil** bezeichnet.

Direktbetätigung
Die Betätigung erfolgt am Ventil selbst, das Betätigungsglied (Signalglied) bildet mit dem Ventil eine Einheit. Gegensatz: Fernbetätigung.

Direktsteuerung (Direktbetätigung)
Ein direkt gesteuertes Ventil (direkt betätigtes Ventil) wird ohne Zwischenschaltung weiterer Glieder vom Betätigungselement oder Signalglied zur Umsteuerung ausgelöst. Gegensatz: Indirekte Steuerung (Indirekt betätigtes Ventil = vorgesteuertes Ventil).

Die bisher gezeigten Beispiele der Ventilbetätigung (Bild 34 bis 39), aufgeteilt in Direkt- und Fernbetätigung sind im Sinne der Auslösung der Ventilumsteuerung alles direkt betätigte Ventile. Da hier die gleiche Bezeichnung für zwei verschiedene Begriffe gültig ist, müßte eigentlich eine eindeutige Definition gegeben werden. Leider ist dies nicht möglich, zur Unterscheidung kann im zweiten Fall auch „direkt gesteuertes Ventil" gesetzt werden, da man hier auch von einem „vorgesteuerten Ventil" spricht.

Ein vorgesteuertes Ventil, auch servogesteuertes Ventil genannt, besteht aus zwei Wegeventilen die zu einer Einheit zusammengebaut sind. Das erste Ventil dient lediglich zur Umsteuerung des zweiten, des Hauptventils. Anstelle der im Sinnbild zu zeichnenden zwei Ventile (Bild 40a) wird hierbei in vereinfachter Darstellung die Vorsteuerventils als Betätigung an das Hauptventil gezeichnet (Bild 40b). An die Betätigung (im Beispiel elektrisch) wird eine weitere pneumatische Betätigung angeschlossen, die je nach Funktion auch negativ sein kann (Bild 40c). Für größere Nennweiten bei den Ventilen werden fast ausschließlich vorgesteuerte Ventile gebaut und verwendet, da bei den großen Nennweiten (etwa ab 6 mm) die Betätigungskraft zu groß würde, dies gilt insbesondere für Magnetventile. Die Funktion eines vorgesteuerten Magnetventils zeigt Bild 41. Die elektrische Betätigungskraft für das Umsteuern des Pilotventils kann dabei sehr gering sein, die eigentliche Umsteuerung des Hauptventils erfolgt dabei mit dem, aus dem System stammenden, Betriebsdruck. Neben den Magnetventilen können auch andere Betätigungen, z.B. manuelle und mechanische über eine Vorsteuerung auf das Hauptventil wirken (siehe auch Bild 33). Bei

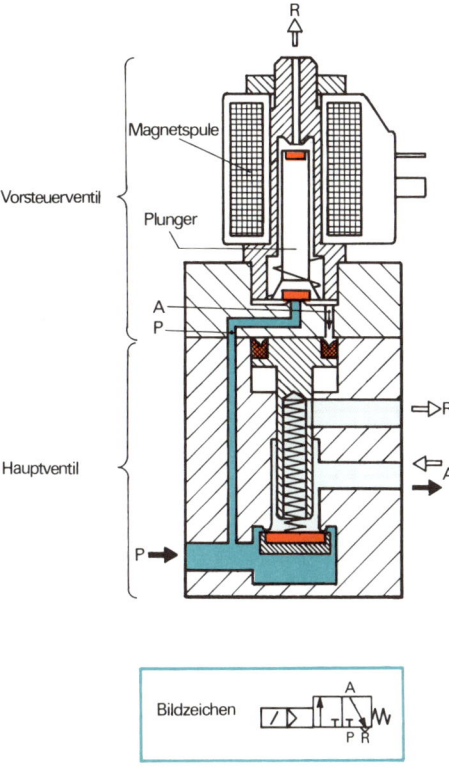

Vorsteuerventil

Magnetspule

Plunger

Hauptventil

R

A
P

R

A

P

Bildzeichen

Bild 41 Funktionsschema eines vorgesteuerten 3/2-Magnetventils (FESTO)

zurück. Das Funktionsschema (Bild 42) zeigt ein **Zeitverzögerungsventil,** das als Öffner arbeitet. Die Ausführung als Schließer ist ebenfalls möglich (Bild 43).

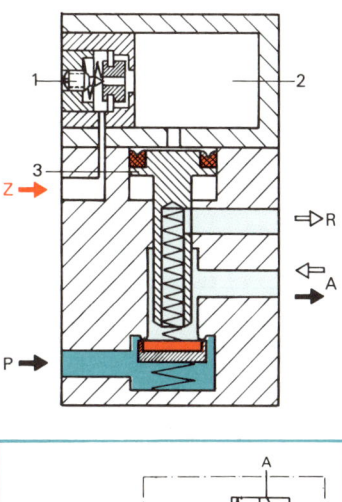

1

2

3

Z

R

A

P

Bildzeichen

A

Z

P R

Bild 42 Funktionsschema eines 3/2-Zeitverzöge-rungsventils, das Ventil arbeitet als Öffner

1 Drossel verstellbar

2 Speicherraum

3 Steuerkolben

Einstellbare Zeit der Verzögerung zwischen Signalgabe und Umschaltung zwischen 1 und 30 sek. (FESTO)

pneumatischer Betätigung ist dies meist nicht notwendig, da hier normalerweise mit dem Systemdruck umgesteuert wird.

Als Sonderheit in der Ventilbetätigung soll noch ein pneumatisch gesteuertes Ventil vorgestellt werden, dessen Betätigungsglied gleichzeitig eine Zeitfunktion zuläßt (Bild 42). Über den Steueranschluß Z (nur positiver Dauerkontakt) gelangt Druckluft über ein Drosselventil (1) in den Speicherraum (2). Entsprechend der Drosseleinstellung fließt mehr oder weniger Luft innerhalb eines Zeitraumes in den Speicher, in dem in kürzerer oder längerer Zeit ein bestimmter Druck erreicht wird. Erst wenn der notwendige Steuerdruck erreicht ist, schaltet das Ventil um. Die einstellbare Zeit, die zum Füllen des Speichers benötigt wird, ist die Verzögerungszeit, zwischen Signaleingang und Umsteuerung des Ventils. Zur Rückstellung des Ventils muß die Steuerleitung entlüftet werden. Die Luft im Speicher fließt über die Rückschlagstelle im Drosselventil schnell zur Entlüftung, das Ventil geht in seine Ruhestellung

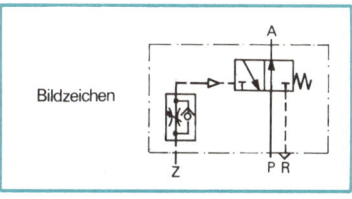

Bildzeichen

A

Z

P R

Bild 43 Sinnbildliche Darstellung eines 3/2-Zeitverzögerungsventils, das als Schließer arbeitet

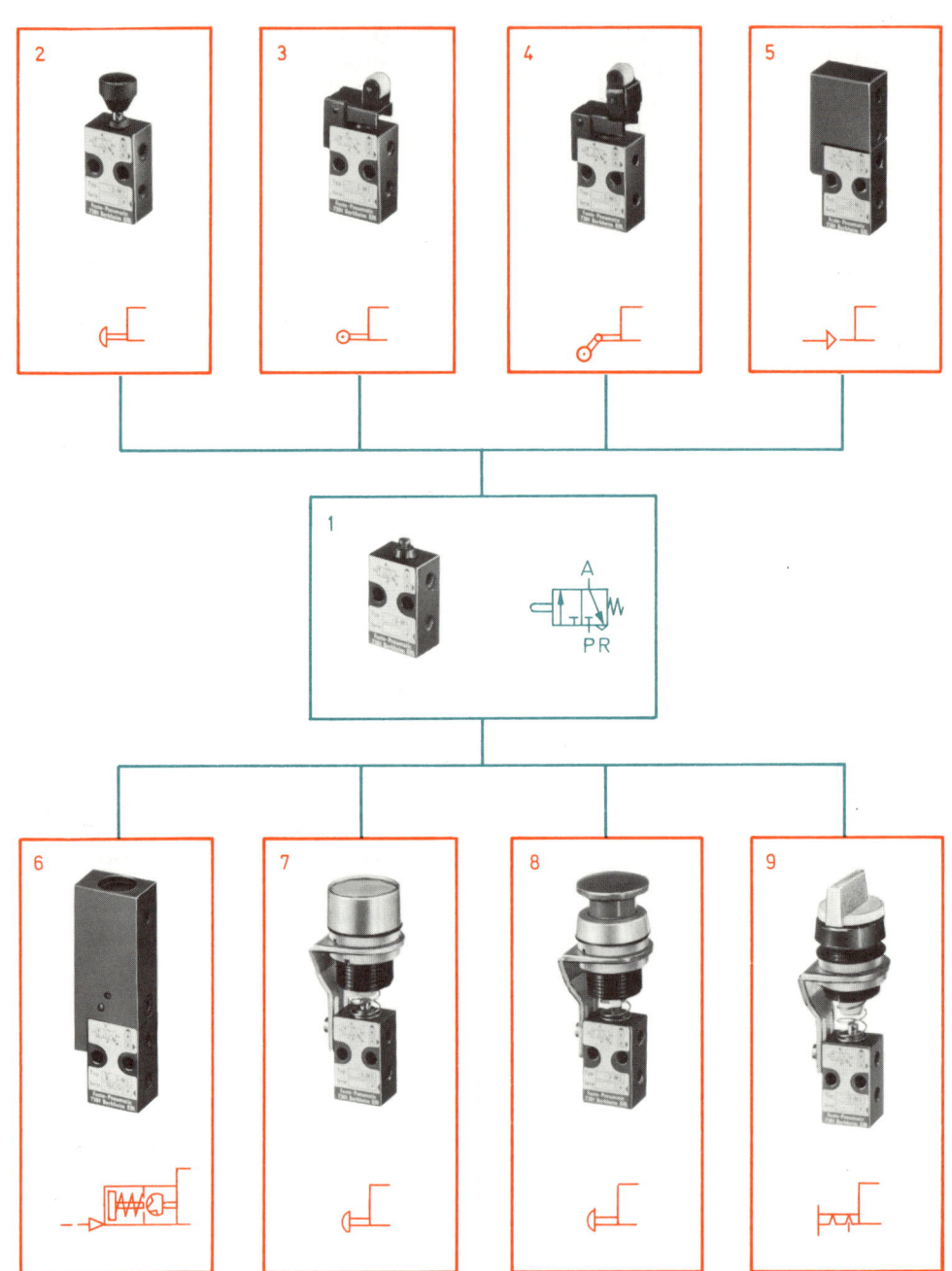

Bild 44   Ventilsystem, bestehend aus dem Grundventil 1 und entsprechenden Zusatzteilen. Betätigung des Ventils durch 2 Knopf, 3 Rollenhebel, 4
Rollenhebel mit Leerlaufrückrolle, 5 positiven Dauerkontakt (pneumatisch), 6 pneumatischen Stößel in
Abhängigkeit vom Steuerdruck, 7 Drucktaste, 8 Pilz-
taste, 9 Rastknopf. Die Ausführungen 7, 8 und 9 sind für
Schalttafeleinbau vorgesehen (FESTO)

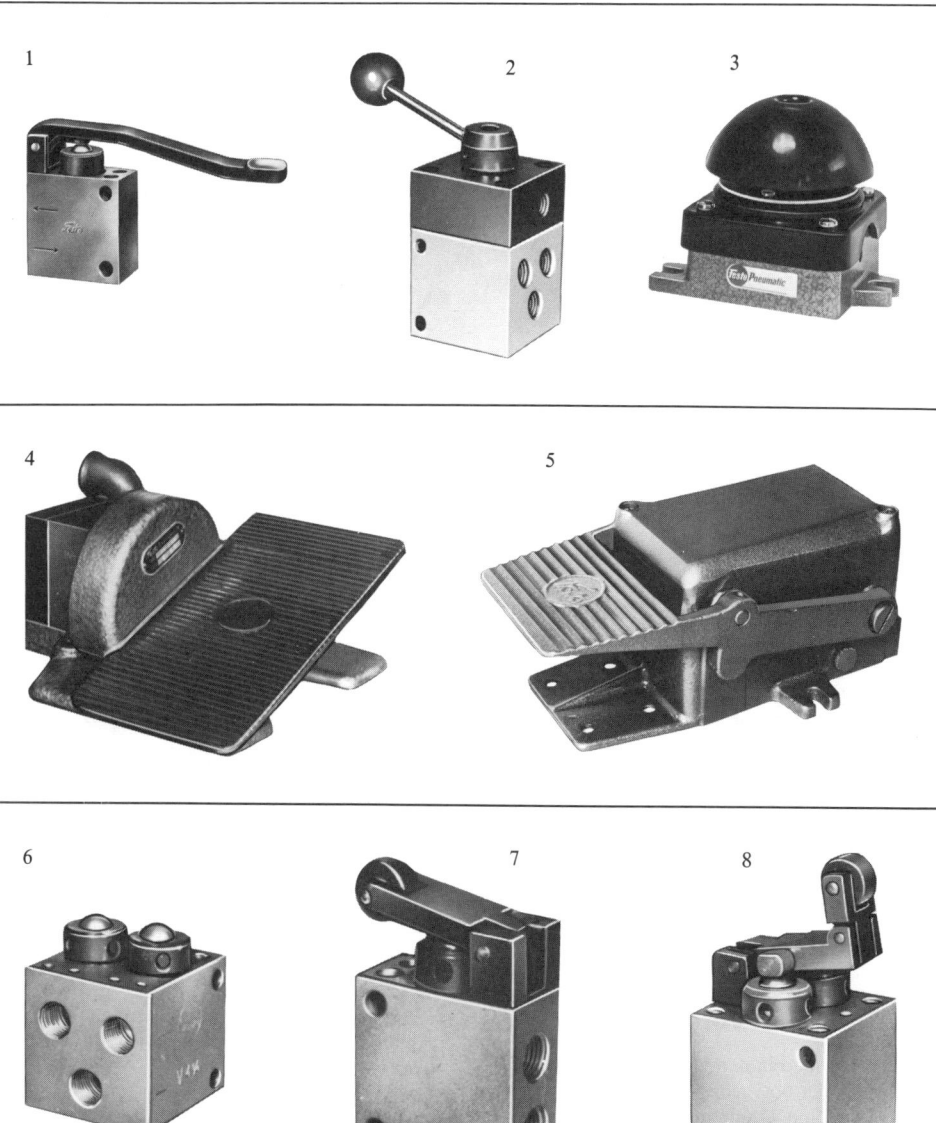

Bild 45   Auswahl von Wegeventilen: 1 3/2-Ventil mit Tasthebel, 2 4/2-Ventil mit Handhebel, 3 3/2-Ventil mit Pilztaster, 4 4/3-Ventil mit Fußplatte, 5 4/2-Ventil mit rastender Fußplatte, 6 4/2-Nockenventil, 7 3/2-Rollenhebelventil, 8 4/2-Rollenhebelventil mit Leerrücklaufrolle

9

10

11

12

13

14

Bild 45 a
9 3/2-Ventil für pneumatischen Dauerkontakt, 10 4/2-Ventil für Impulskontakt, 11 3/2-Zeitverzögerungsventil, 12 3/2-direktgesteuertes Magnetventil, 13 4/2-vorgesteuertes Magnetventil, 14 4/2-vorgesteuertes Elektro-Impulsventil (FESTO)

4.2.2. Sperrventile

Sperrventile sperren den Durchfluß der Druckluft, daher auch der übergeordnete Begriff. Dabei wird immer nur eine Durchflußrichtung gesperrt, die andere ist frei. Sperrventile sind meist so gebaut, daß die Druckluft das sperrende Teil zusätzlich belastet und so das Schließen unterstützt.

> **Sperrventile**
>
> Ventile, die den Durchfluß vorzugsweise in einer Richtung sperren und in entgegengesetzter Richtung freigeben (nach DIN 24 300).

Innerhalb der Gruppe der Sperrventile werden in pneumatischen Steuerungen vorzugsweise verwendet:

Rückschlagventile
Wechselventile (Doppelsteuerventile)
Drosselrückschlagventile
Schnellentlüftungsventile
Zweidruckventile

Das einfachste Sperrventil ist das **Rückschlagventil** (Bild 46). Diese sollen den Durchfluß in einer Richtung vollständig sperren und in entgegengesetzter Richtung mit möglichst geringem Druckverlust freigeben. Sobald der Eingangsdruck in der freien Richtung eine größere Kraft als die eingebaute Feder aufbringt, öffnet das sperrende

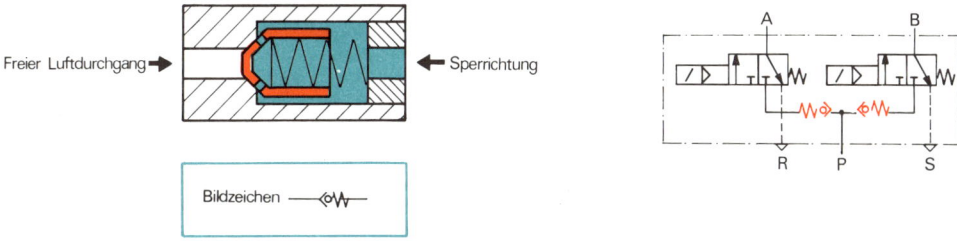

Bild 46 *Funktionsschema eines Rückschlagventils*

Bild 47 *Einsatz von Rückschlagventilen zur Vermeidung gegenseitiger Beeinflussung*

Teil den Ventilsitz. Die Sperrung kann auch durch mechanische Mittel aufgehoben werden, z. B. in der Dose einer Schnellkupplung (siehe Abschnitt 3.2.2, Bild 13) ist ein Rückschlagventil eingebaut, dessen Sperrung durch den eingeschobenen Stecker aufgehoben wird. Als Sperrelement kann eine Kugel, ein Kegel (Bild 46), eine Platte oder eine Membran eingebaut sein. Rückschlagventile werden dort eingesetzt, wo verschiedene Elemente gegeneinander abgesichert werden müssen, damit das eine nicht das andere beeinflußt (Bild 47) oder wo zwangsläufig ein Element nur in einer Richtung durchströmt werden darf aus Sicherheitsgründen (Bild 48). Dabei muß der innere Widerstand in der freien Richtung im Rückschlagventil geringer als der Widerstand im Element sein.

Das **Wechselventil** (früher auch Doppelsteuerventil oder Doppelrückschlagventil genannt) hat zwei Zuflüsse und einen Abfluß. Die Sperrwirkung wird immer in Richtung des entlüfteten Zuflusses wirksam, wobei der Durchgang vom belüfteten Zufluß zum Abfluß frei ist (Bild 49). Ein Wechselventil wird beispielsweise dort eingesetzt, wo ein Antriebsglied (Zylinder) oder ein Steuerglied (Ventil) von zwei, auch örtlich getrennten Stellen

aus, betätigt werden soll. Das Beispiel nach Bild 50 zeigt die Steuerung eines einfachwirkenden Zylinders wahlweise über ein Handventil oder über ein Fußventil. Andere Kombinationen sind ebenfalls möglich. In besonderen Steuerungen wird es auch vorkommen, daß ein Steuerglied von

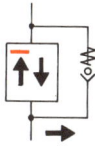

Bild 48 *Einsatz eines Rückschlagventils zur Umgehung eines Gerätes in einer Durchflußrichtung, zwangsweise Durchströmung des Gerätes in der anderen Richtung*

mehreren Stellen aus betätigt werden muß. In diesem Fall sind mehrere Wechselventile notwendig, immer ein Wechselventil weniger, als die gerade Anzahl der aufgerundeten Betätigungsstellen. Das Sperrelement des Wechselventils

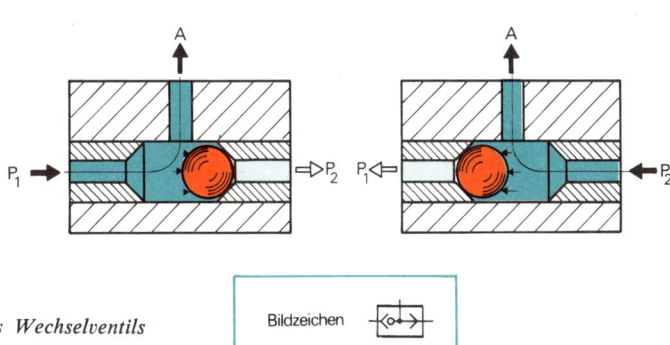

Bild 49 *Funktionsschema eines Wechselventils*

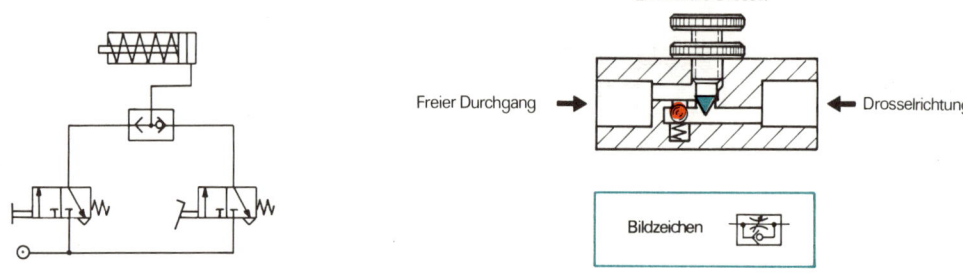

Bild 50   Steuerung eines Zylinders über ein Wechselventil von zwei Betätigungsstellen aus (von Hand oder mit Fuß)

Bild 52   Funktionsschema eines Drosselrückschlagventils

bleibt solange in seiner Stellung und damit Sperrwirkung, bis dieser Zufluß wieder belüftet wird.

Drosselrückschlagventile, in der Pneumatik auch **Geschwindigkeitsregulierventile** genannt, sind eigentlich Zwitter. Von der Drossel her sind es Stromventile und als solche werden sie auch in pneumatischen Steuerungen eingesetzt. Die Rückschlagfunktion macht sie gleichzeitig auch zu einem Sperrventil. In DIN 24300 sind die Drosselrückschlagventile den Sperrventilen zugeordnet, deshalb stehen sie auch hier unter diesem Obergriff.

> Drosselrückschlagventile (Geschwindigkeitsregulierventile) werden auch als Stromventile in pneumatischen Steuerungen eingesetzt.

Bei den Drosselrückschlagventilen ist die Drosselstelle meist einstellbar, der durchfließende Strom wird damit reguliert. Die Drosselwirkung besteht nur in einer Durchströmungsrichtung, in der entgegengesetzten Richtung ist freier Durchgang über das Rückschlagventil (Bild 52). Bei der

Geschwindigkeitsregulierung von Druckluftzylindern mit Drosselrückschlagventilen unterscheidet man die Zuluft- und Abluftdrosselung.

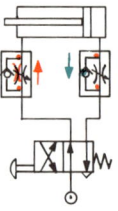

Bild 53   Schema der Zuluft-Drosselung

Zuluftdrosselung:

Bei der Zuluftdrosselung (Bild 53) wird die Luft zum Zylinder gedrosselt. Die Abluft kann über das Rückschlagventil frei durchströmen. Bei dieser Drosselung ist der Kolben nicht zwischen ein Luftpolster eingespannt. Dies ergibt schon bei kleinsten Lastschwankungen an der Kolbenstange, wie sie z.B. beim Überfahren eines Endschalters auftreten, sehr große Unterschiede in der Vorschubgeschwindigkeit. Eine Last in Bewegungsrichtung des Kolbens beschleunigt diesen über den eingestellten Wert. Die Zuluftdrosselung wird nur in Ausnahmefällen angewendet, z.B. bei einfachwirkenden und sonst bei kleinvolumigen Zylindern. Bei der Geschwindigkeitsregulierung eines einfachwirkenden Zylinders ist nur die Zuluftdrosselung möglich.

Abluftdrosselung:

Bei der Abluftdrosselung (Bild 54) strömt die Luft zum Zylinder über das Rückschlagventil frei

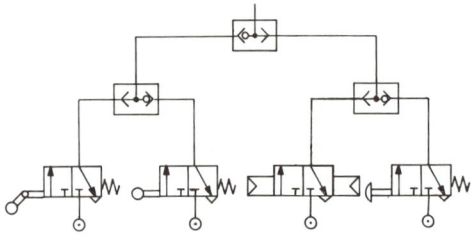

Bild 51   Betätigung eines Steuergliedes über drei Wechselventile von vier Betätigungsstellen aus

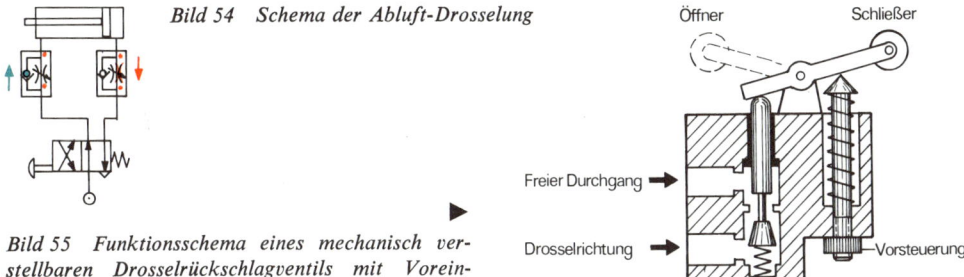

Bild 54   Schema der Abluft-Drosselung

Öffner   Schließer

Freier Durchgang ➤

Drosselrichtung ➤

Vorsteuerung

▶

Bild 55   Funktionsschema eines mechanisch verstellbaren Drosselrückschlagventils mit Voreinstellung der Grundgeschwindigkeit (FESTO)

durch, die Abluft wird gedrosselt. Der Zylinderkolben ist dabei zwischen ein Luftpolster gespannt. Diese Ventilanordnung trägt wesentlich zur Verbesserung des Vorschubverhaltens bei. Bei doppeltwirkenden Zylindern sollte man immer die Abluftdrosselung verwenden. Bei Kleinzylindern ist es manchmal empfehlenswert, wegen der geringen Luftmenge Zuluft und Abluft zu drosseln. Das geschieht dann mit einem Drosselventil (siehe Stromventile).

Neben den von Hand einstellbaren Drosselrückschlagventilen, die nur eine bestimmte Geschwindigkeit über den gesamten Hub eines Zylinders zulassen, gibt es auch **mechanisch verstellbare Drosselrückschlagventile,** mit denen die Geschwindigkeit während des Hubes geändert werden kann (Bild 55). Je nach Stellung des Rollenhebels, der wahlweise nach links oder rechts montiert sein kann, funktioniert das mechanisch verstellbare Drosselrückschlagventil im Sinne eines Öffners oder Schließers, der Drosselquerschnitt wird weiter geöffnet bzw. weiter geschlossen. Für die Ein-

stellung der Grundgeschwindigkeit wird die Vorsteuerspindel entsprechend eingestellt und je nachdem, ob die Eil- oder Arbeitsgeschwindigkeit konstant sein soll, das Ventil als Öffner oder Schließer eingesetzt (Bild 56). Dabei soll nach Möglichkeit immer Abluftdrosselung angestrebt werden. Einige Einsatzbeispiele eines mechanisch verstellbaren Drosselrückschlagventils zeigt Bild 57.

Schnellentlüftungsventile dienen dazu, die Kolbengeschwindigkeit eines Zylinders zu erhöhen. Anhand des Schemas in Bild 58 läßt sich die Funktion erläutern. Das Bild a zeigt den Vorgang beim Belüften (Druckbeaufschlagung von Steuerventil zum Zylinder). Der bei P anstehende Luftdruck drückt die Manschette auf die Dichtfläche der Entlüftungsbohrung R. Die Druckluft strömt an den weichen Dichtlippen der Manschette vorbei zum Zylinderanschluß A. Die Manschette dichtet solange den Anschluß R ab, bis der Zylinder umgesteuert wird. Sobald die Zuleitung vom Steuerventil entlüftet wird (Bild 58 b) drückt die aus-

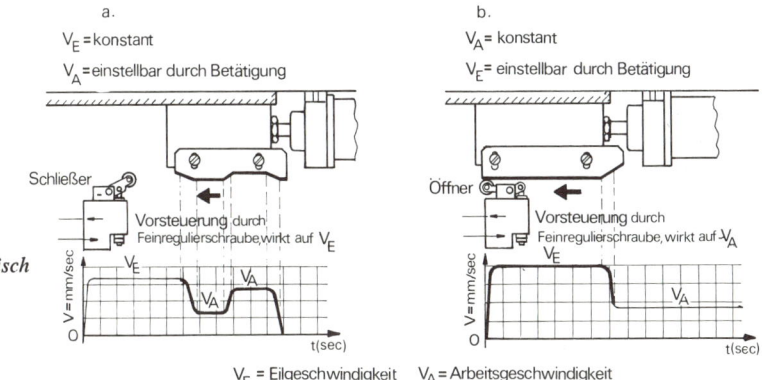

Bild 56
Einsatz eines mechanisch
verstellbaren Drossel-
rückschlagventils als

a) Schließer

b) Öffner

V_E = Eilgeschwindigkeit V_A = Arbeitsgeschwindigkeit

a.

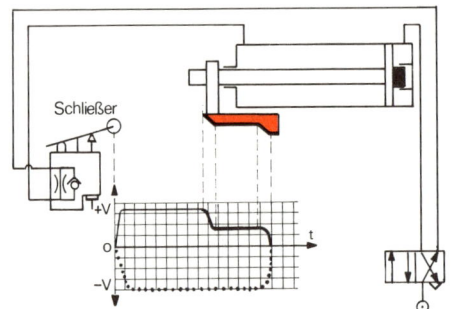

Schließer

+V
o
−V
t

b.

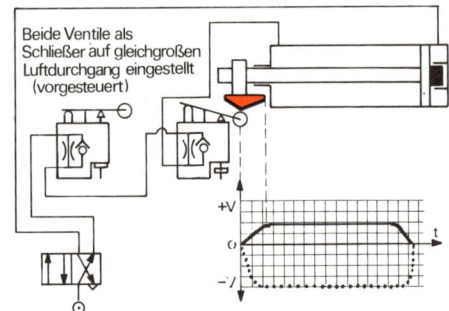

Beide Ventile als
Schließer auf gleichgroßen
Luftdurchgang eingestellt
(vorgesteuert)

+V
o
−V
t

c.

Öffner

+V
o
−V
t

d.

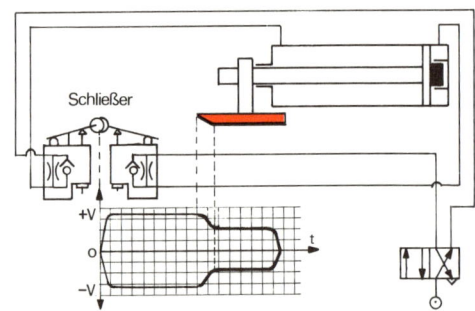

Schließer

+V
o
−V
t

Bild 57 *Einsatzbeispiele für das mechanisch verstellbare Drosselrückschlagventil*

a) *vorgesteuerter Eil-Vorlauf und kurvengesteuerter Arbeits-Vorlauf, freier Eil-Rücklauf*

b) *vorgesteuerter, an beiden Hubenden gedämpfter Arbeits-Vorlauf, freier Eil-Rücklauf, für lange Zylinder*

c) *vorgesteuerter Arbeits-Vorlauf mit Zwischen-Eilweg, freier Eil-Rücklauf*

d) *vorgesteuerter Eil- und kurvengesteuerter Arbeitsweg im Vor- und Rücklauf*

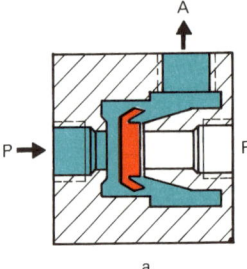

a.

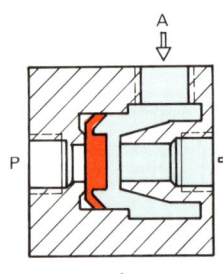

b.

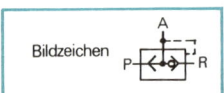

Bildzeichen

Bild 58 *Funktionsschema eines Schnellentlüftungsventils*

a) *Druckbeaufschlagung von P nach A = vom Steuerventil zum Zylinder*

b) *Entlüften der Steuerleitung P bewirkt Entlüftung von A nach R direkt ins Freie*

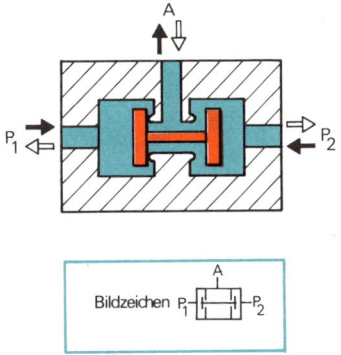

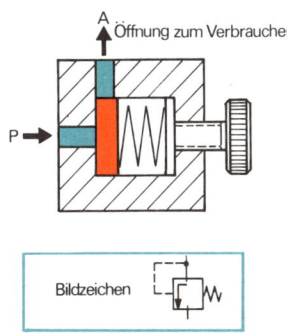

Bild 60   Funktionsschema eines Druckbegrenzungsventils

strömende Luft von A nach P auf die Dichtlippen der Manschette und drückt diese gegen die Öffnung P, die dadurch abgedichtet wird. Die Abluft strömt jetzt von A nach R im Schnellentlüftungsventil und damit direkt ins Freie. Die Abluft muß jetzt nicht den Weg zurück über die Steuerleitung des eigentlichen Steuerventils. Ein Schnellentlüftungsventil wird deshalb zweckmäßig direkt an den Anschluß des Druckluftzylinders montiert.

Zweidruckventile werden vorwiegend bei Verriegelungssteuerungen und für Kontrollsteuerungen eingesetzt. Ein Zweidruckventil hat zwei Eingänge P 1 und P 2 und einen Ausgang A (Bild 59). Das Ausgangssignal ist nur dann vorhanden, wenn beide Eingangssignale vorhanden sind. Bei zeitlichen Unterschieden der eingehenden Signale mit gleichem Druck, gelangt das zuletzt ankommende Signal zum Ausgang. Bei Druckunterschieden der Eingangssignale gelangt der niedrigere Druck zum Ausgang. Es wird also bei Funktion des Zweidruckventils immer ein Eingang gesperrt. Da beide Eingangssignale vorhanden sein müssen, wenn ein Ausgangssignal vorhanden sein soll, bleibt das Ventil in der Stellung stehen, die entlüftet ist. Damit wird der belüftete Eingang gesperrt.

4.2.3. Druckventile

Im Gegensatz zur Hydraulik, werden in der Pneumatik nur wenige Druckventile eingesetzt.

Druckventile beeinflussen den Druck der durchströmenden oder anstehenden Druckluft.

Das **Druckbegrenzungsventil** (Bild 60) verhindert

die Erhöhung des in einem System maximal zulässigen Drucks. Es ist Bestandteil jeder Drucklufterzeugungsanlage, jedoch kaum in pneumatischen Steuerungen eingesetzt. Das Druckbegrenzungsventil dient zur Sicherheit, da es bei Überschreiten des maximal zulässigen Drucks im System eine Öffnung in die Atmosphäre freigibt und so den hohen Druck bis zum Sollwert ausströmen läßt. Ist der Sollwert erreicht, wird mittels der Federkraft die Durchflußöffnung geschlossen.

Die Federkraft im Druckbegrenzungsventil und im Zuschaltventil entspricht dem maximal zulässigen bzw. gewünschten Mediumdruck. Die Federkraft ist meist verstellbar und damit auch der Maximaldruck = Sollwert.

Ganz ähnlich in der Funktion eines Druckbegrenzungsventils ist auch das **Zuschaltventil** (Bild 61), lediglich im Einsatz unterscheiden sie

Bild 61   Funktionsschema eines Zuschaltventils

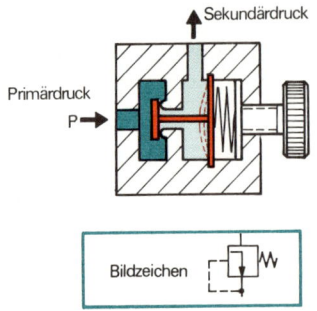

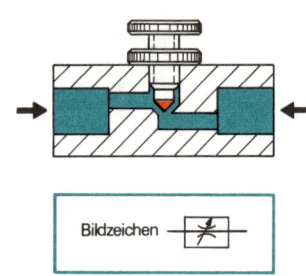

Bild 62   Funktionsschema eines Druckregelventils

Bild 64   Funktionsschema eines Drosselventils. Die Drosselwirkung ist in beiden Richtungen gültig

sich. Der Ausgang A eines Zuschaltventils bleibt solange gesperrt, bis der gewählte Druck erreicht ist. Erst dann öffnet das Ventil und läßt Druckluft von P nach A durchströmen. Zuschaltventile innerhalb einer pneumatischen Steuerung sind dort vorzusehen, wo ein bestimmter Mindestdruck für die Funktion garantiert sein muß und deshalb der Schaltvorgang bei einem geringeren Druck unterbleiben soll. Außerdem wird es da eingesetzt, wo vorrangige Verbraucher eingesetzt sind und die weiteren Verbraucher nur bei genügend anstehendem Druck versorgt werden sollen.

Unter Abschnitt 3.3 wurde der Druckregler = **Druckregel- oder Druckminderventil** (Bild 62) bereits behandelt, da das Druckminderventil zu jeder Druckluftwartungseinheit gehört. Druckminderventile regeln den gewünschten Arbeitsdruck = Sekundärdruck auf einen konstanten Wert, der unabhängig von Primärdruck und vom Verbrauch sein soll. Über eine Membran wird das Ventil geöffnet bzw. geschlossen, wobei über die Membranbewegung die Druckregelung vorgenommen wird.

4.2.4.   Stromventile

Das Stromventil wurde früher mit Mengenventil bezeichnet. Aus der früheren Bezeichnung kann eindeutig auch die Funktion eines solchen Ventils abgeleitet werden.

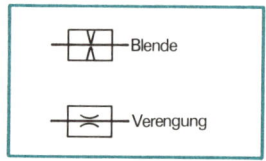

Bild 63   Konstante Drosselung in einer Leitung

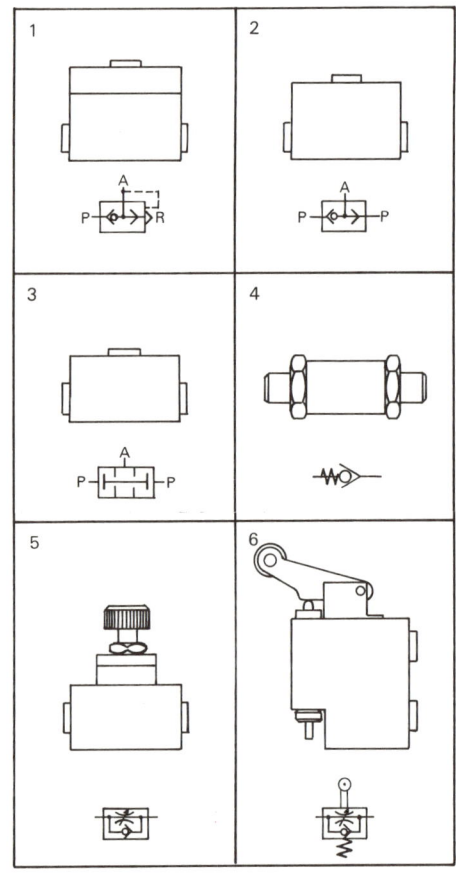

Bild 65   Sperrventile. 1 Schnellentlüftungsventil, 2 Wechselventil, 3 Zweidruckventil, 4 Rückschlagventil, 5 Drosselrückschlagventil, 6 Drosselrückschlagventil mit mechanischer Betätigung

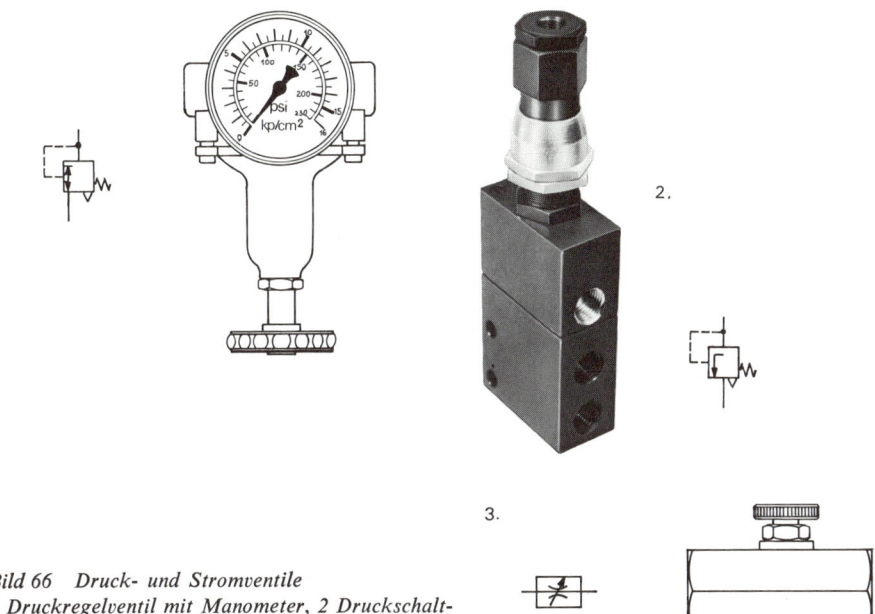

Bild 66 Druck- und Stromventile
1 Druckregelventil mit Manometer, 2 Druckschalt-
ventil, 3 Drosselventil (Stromventil) (FESTO)

Stromventile wirken vorwiegend auf den Durchfluß.

Die Beeinflussung des Durchflusses = Stromes beschränkt sich ausschließlich auf die durchfließende Menge. In der Pneumatik findet sich hierfür nur ein Vertreter dieser Ventilart im Einsatz, das **Drosselventil.**
Drosselventile können konstante (Bild 63) oder verstellbare Verengungen haben. In der Praxis werden nur solche mit verstellbarer Verengung =

Drosselung eingesetzt. Die Verstellbarkeit wird im Bildzeichen durch den Pfeil angedeutet. Die Drosselwirkung ist in beiden Durchflußrichtungen gleich (Bild 64). Dabei wird die Verstellung eines Drosselventils in der Pneumatik ausschließlich von Hand durchgeführt.

Drosselrückschlagventile (siehe Abschnitt 4.2.2) werden in der Pneumatik ebenfalls als Stromventile zur Regulierung des Stroms = Menge, eingesetzt.

4.3. Sensoren

Luftsensoren sind dynamisch arbeitende Elemente **(Fluidiks),** die vorrangig im Niederdruckbereich der Pneumatik als **Signalgeber** eingesetzt werden. Dazu zählen **Staudruckgeber (Rückstaufühler), Reflexdüse (Staustrahlfühler)** und **Luftschranken (Freistrahl- oder Gegenstrahlfühler).** Das besondere Kennzeichen dieser Sensoren ist, daß eine mehr oder weniger **berührungslose Signalgabe** erfolgt. Daraus resultiert eine

verschleißfreie Arbeitsweise, da in den Sensoren keine beweglichen Elemente enthalten sind. Luftsensoren sind bauart- und anwendungstechnisch bedingt bereits ex-geschützt; sie sind unempfindlich gegen Verschmutzung, weil der ständig ausströmende Luftstrahl einen Selbstreinigungseffekt bewirkt; sie sind unempfindlich gegen Temperatureinflüsse, je nach aufbereiteter Druckluft von Minustemperaturen bis zur mechanisch

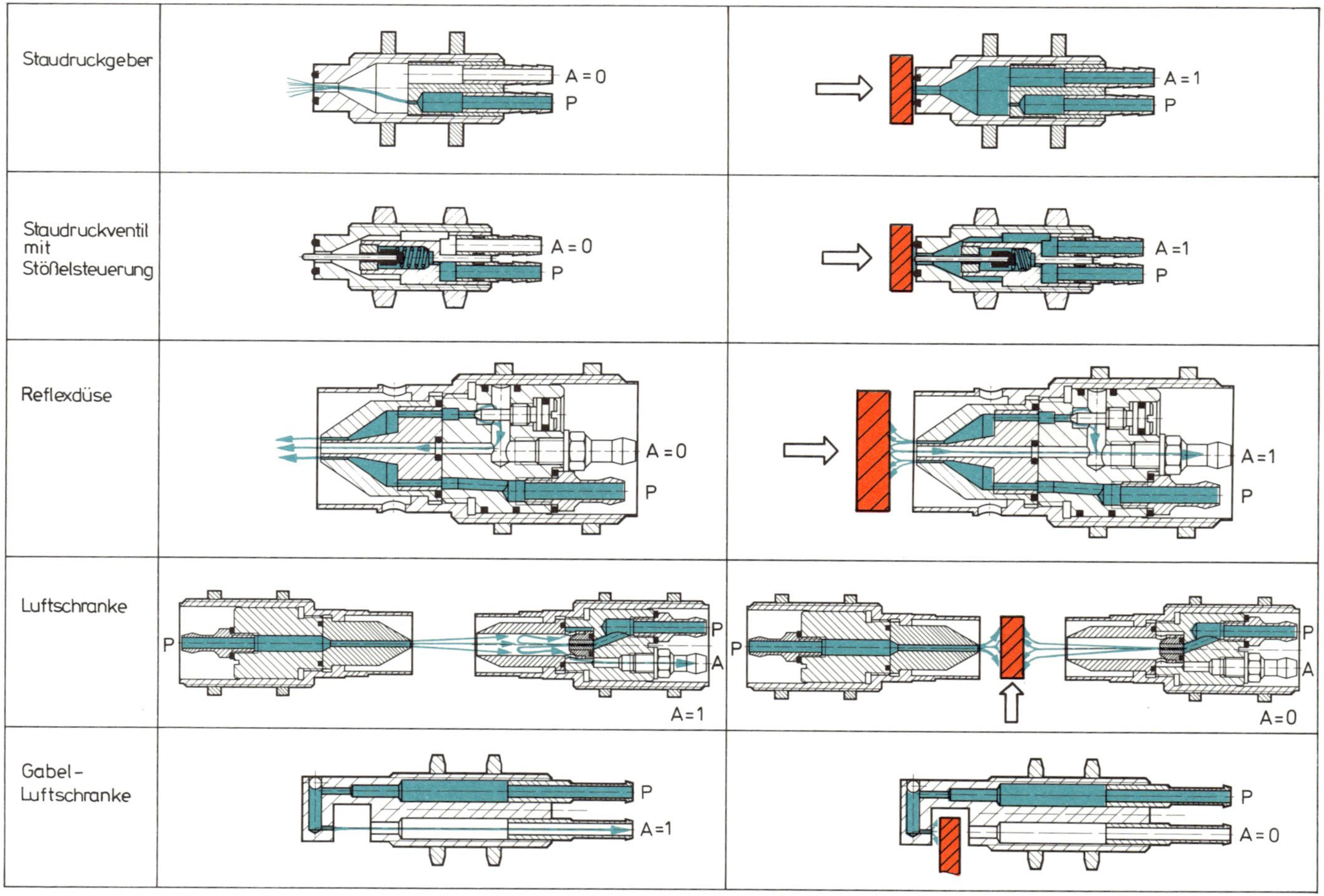

Bild 67   Bauarten von Sensoren

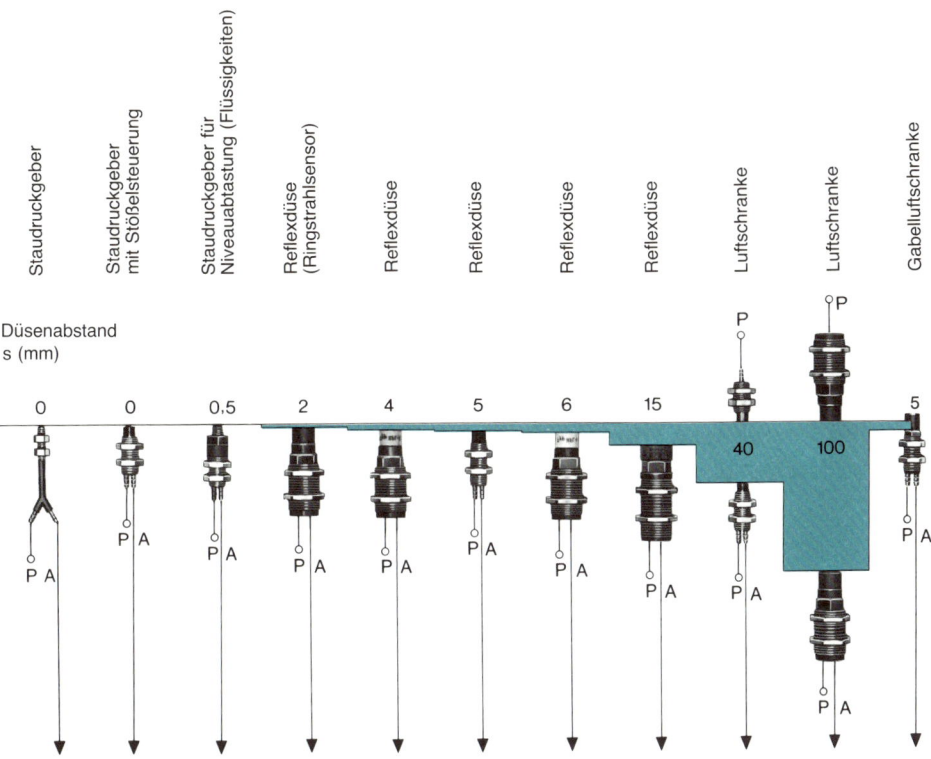

Bild 68 Luftsensoren mit bauartbedingten Einsatzmöglichkeiten bei verschiedenen Düsenabständen (Meßabstand)

Düsenabstand
s (mm)

bedingten Höchsttemperatur; sie sind unempfindlich gegen elektromagnetische Felder oder Strahlenverseuchung.

Der **Staudruckgeber,** auch **Staudüse** genannt, arbeitet nach dem **Rückstauprinzip.** Wird die Speiseluft durch angenähertes oder vollständiges Abdecken der Düse am Austritt gehindert, entsteht ein Rückstau, der als Signal für einen Steuerungsvorgang ausgewertet wird. Staudüsen werden zur wegabhängigen Signalgabe als Endschalter oder Festanschlag eingesetzt. Staudüsen arbeiten mit Speisedrücken ≥ 0,1 bis 8 bar, sie sind als Signalgeber im Niederdruck- und Normaldruckbereich einsetzbar. Um den Luftverbrauch gering zu halten, wird im P-Anschluß der Einbau einer Drossel (z.B. Drossel-Y-Verbindung) empfohlen. Eine Variante stellt der **Staudruckgeber mit Stößelsteuerung** dar. Dabei ist die Düse durch einen Stößel verschlossen, der über den Düsenrand hinausragt. Das Annähern eines Elementes an die Düse drückt den Stößel zurück und aktiviert dadurch den Signalgeber.

> Mit Staudruckgebern ist eine Endlagen-Prüfung möglich.

Reflexdüsen arbeiten mit einem ständig ausströmenden Luftstrahl, der bei Annäherung eines festen Teiles in dem Meßbereich der Reflexdüse gestört wird. Diese Störung verursacht einen Rückstau (Reflex), der zur Signalauslösung dient. Man spricht hier auch von einem **Näherungsschalter.** Eine Berührung zwischen dem zu erfassenden Teil und der Reflexdüse findet nicht statt, es erfolgt eine **berührungslose Signalgabe.** Da jede Reflexdüse entsprechend ihrer Baugröße nur einen bestimmten Meßbereich umfaßt, muß der Einsatz der Reflexdüsen auf die Größenordnung der Teilerfassung abgestimmt werden. Der Speisedruck beträgt ≤ 0,5 bar.

Mit Reflexdüsen sind Lageprüfungen aufgrund der äußeren Form oder eines bestimmten Maßes ≥ 0,1 mm möglich.

Die **Luftschranke** besteht aus zwei Düsenelementen, die gegeneinander in einem bauartbedingten Abstand angeordnet werden. Beide Düsen, **Sender-** und **Empfängerdüse,** werden mit Druckluft gespeist, wobei der Luftdruck der Senderdüse größer sein muß als der Druck der Empfängerdüse. Normalerweise wird mit einem Speisedruck ≤ 0,15 bar gearbeitet. Die Senderdüse sendet einen Luftstrahl auf die Düsenöffnung der Empfängerdüse und stört den freien Luftaustritt. Ein Rückstau in der Empfängerdüse löst das Signal X = 1 aus (Prinzip der Reflexdüse). Wird nun der Luftstrahl der Senderdüse durch ein einfahrendes Teil unterbrochen, dann kann die Luft aus der Empfängerdüse frei ausströmen. An der Empfängerdüse ergibt sich das Ausgangssignal X = 0.

Mit **Luftschranken** sind Prüfungen auf VORHANDEN bzw. NICHT VORHANDEN möglich, bei bestimmten Formteilen auch Lageprüfungen.

Während normalerweise eine Luftschranke als **Gegenstrahlfühler** eingesetzt ist, kann bei geringen Abständen zwischen Sender und Empfänger auch das Prinzip eines Freistrahlfühlers, ohne gespeiste Empfängerdüse, angewendet werden. Dieses Prinzip wird bei der sogenannten **Gabelluftschranke** angewendet. Der Abstand zwischen Sender und Emfänger beträgt hier nur wenige Millimeter. Der Einsatz beschränkt sich auf solche Fälle, wo das auslösende Teil selbst exakt in seiner Lage geführt wird, z.B. Schaltfahnen.

4.4. Wandler

Innerhalb der Pneumatik mit kombinierten Niederdruck- und Normaldrucksteuerungen (z.B. Niederdruck mit 1 bar, Normaldruck mit 6 bar), mit pneumatischen und elektropneumatischen Steuerungen sowie beim Einsatz der Pneumatik in Steuerungen mit anderen Medien müssen zwangsläufig an den Nahtstellen zwischen den einzelnen Bereichen geeignete **Transformierungsgeräte (Wandler)** eingesetzt werden. Ein einfaches Beispiel dafür ist das Magnetventil, das ein elektrisches Signal empfängt und dadurch bedingt ein pneumatisches Signal ausgibt. Das Magnetventil ist damit ein **E/P-Wandler.** Umgekehrt muß natürlich auch ein pneumatisches Signal in ein elektrisches Signal wandelbar sein, dafür ist dann ein **P/E-Wandler** notwendig.

An den Nahtstellen von Normal- und Niederdruckpneumatik ist ein Transformieren der Signale und/oder

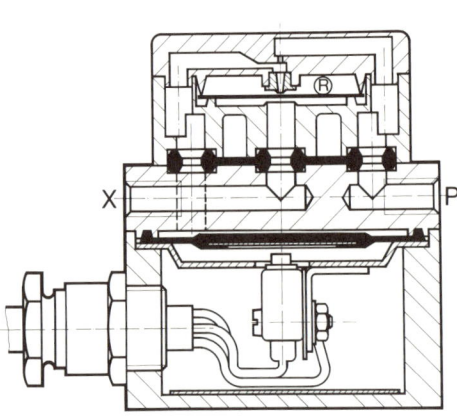

Bild 69   P/E-Wandler mit dem ein pneumatisches Signal in ein elektrisches Signal transformiert wird

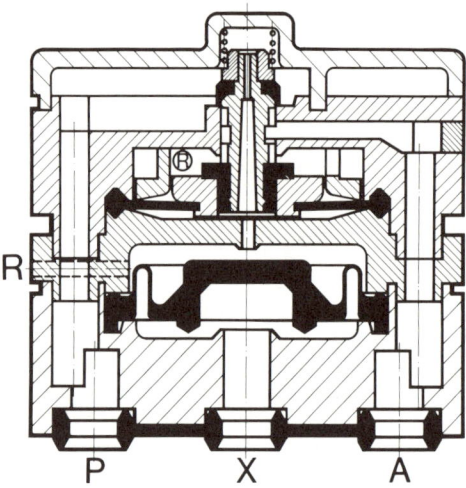

Bild 70   Druckverstärker, pneumatischer Schaltverstärker mit der Funktion eines 3/2-Wegeventils

74

Leistungen notwendig, wobei hier der Signaldruck nach oben oder unten transformiert werden muß. Bei einer Druckverminderung kann z.B. ein Druckregelventil (Druckminderer) zwischengeschaltet sein, bei einer Transformierung in umgekehrter Richtung, von Niederdruck zu Normaldruck, müssen Verstärker eingesetzt werden.

In großen Fertigungsanlagen kann das **Einmedienprinzip** kaum verwirklicht werden, die Hybridtechnik mit einem Nebeneinander von Pneumatik, Elektrik, Elektronik und Hydraulik dominiert, außerdem sind in allen Bereichen unterschiedliche Leistungsgrößen nebeneinander anzutreffen. Das **Verstärken** oder **Redu-**

zieren ist deshalb eine weitere Aufgabe für **Wandler.** Für alle gängigen Transformierungen innerhalb der Pneumatik sowie für Transformierungen in die Pneumatik aus anderen Bereichen und aus der Pneumatik in andere Medien stehen serienmäßige Wandler heute zur Verfügung.

> Für das Transformieren von Signalen und Leistungsgrößen innerhalb und außerhalb der Pneumatik stehen geeignete Wandler, Verstärker und Reduziergeräte zur Wahl.

4.5. Druckluftmotoren

Wird üblicherweise von einem Motor gesprochen, so ist entweder damit der Verbrennungsmotor oder der Elektromotor gemeint. Bei beiden gilt nur das Rotieren, obwohl dies im ersteren Fall nur mit Hilfe von Übertragungsgliedern, Pleuel und Kurbelwellen, möglich ist, durch die die geradlinige Bewegung des Kolbens in eine rotierende Bewegung umgesetzt wird. Für ein Aggregat, das eine Hin- und Herbewegung erzeugt, wird praktisch der Begriff „Motor" kaum verwendet, obwohl diese Bezeichnung eigentlich besagt: eine Maschine, die Energie in mechanische Arbeit umwandelt. In der Pneumatik wird ebenfalls nur dann von einem Motor gesprochen, wenn eine rotierende Bewegung erzeugt bzw. abgegeben wird.

> Druckluftmotoren erzeugen eine rotierende Bewegung, die, wie an anderen Motoren auch, von einer drehenden Welle abgenommen werden kann.

Im Druckluftmotor wird, wie im Druckluftzylinder auch, pneumatische Energie in mechanische Arbeit umgewandelt. Der Vorgang läuft umgekehrt wie beim Verdichten ab. Die Bauarten der Druckluftmotoren entsprechen in etwa denen von Verdichtern, wenn auch in anderen Dimensionen und Formen. In der Pneumatik werden im wesentlichen Druckluftmotoren in Kolben-, Lamellen- und Zahnradbauart verwendet.

Druckluftmotoren in Kolbenbauart gibt es als Radial- und Axialkolbenmotoren. **Radialkolbenmotoren** (Bild 71) beschränken sich vorwiegend auf Maschinen größerer Leistung, da grundsätzlich

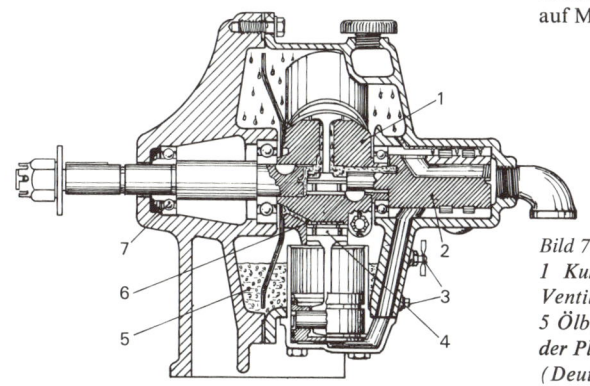

Bild 71   *Schnittbild eines Radialkolbenmotors*
1 Kurbelwelle, 2 rotierendes Druckluft-Verteiler-Ventil, 3 Ölnachfüll- und Ablaßschrauben, 4 Lager, 5 Ölbad, 6 Zentrifugaler Ölfluß für die Schmierung der Pleuel, 7 Lager der Antriebswelle (3 Kugellager) (Deutsche Gardner Denver GmbH)

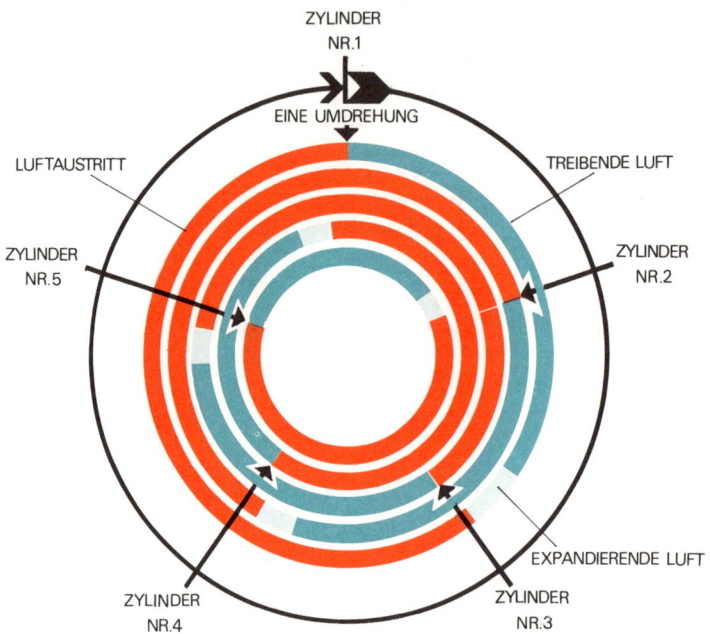

ZYLINDER NR.1

EINE UMDREHUNG

LUFTAUSTRITT

TREIBENDE LUFT

ZYLINDER NR.5

ZYLINDER NR.2

EXPANDIERENDE LUFT

ZYLINDER NR.4

ZYLINDER NR.3

Bild 72 Diagramm der Überschneidungen (Kraftwirkung) eines 5-Zylinder-Radialkolbenmotors (Deutsche Gardner Denver GmbH)

mehrzylindrige Ausführungen wegen der besseren Laufruhe gebaut werden. Das Kraftdiagramm eines Radialkolbenmotors mit fünf Zylindern zeigt Bild 72. **Axialkolben-Druckluftmotoren** (Bild 73) werden meist mit fünf oder mehr Kolben (ungerade Zahl) gebaut. Die axial angeordneten Kolben erzeugen über eine Taumelscheibe die Drehbewegung.

Für die Zwecke pneumatischer Steuerungen kommen vorwiegend **Lamellenmotoren** (Bild 74) zum Einsatz. Diese Druckluftmotoren sind ähnlich aufgebaut wie ein Rotationsverdichter. Die Druckluft expandiert unter Abgabe ihre Energie, erzeugt dabei die Drehbewegung mit einem bestimmten Drehmoment und strömt anschließend in die Atmosphäre. Der Rotor ist ebenfalls exzentrisch in einem Gehäuse gelagert, so daß sichelförmige Expansionsräume entstehen.

Lamellen-Druckluftmotoren werden mit Leistungen von etwa 0,1 bis 15 kW gebaut. Die Leerlaufdrehzahlen liegen zwischen 1000 und über 50 000 min⁻¹. Bei maximal zulässiger Belastung sinkt die Drehzahl auf etwa die Hälfte der Leerlaufdrehzahl. Das Vorsetzen entsprechender Getriebeteile (Bild 75) zur Reduzierung der Drehzahlen ist üblich und in weitem Bereich mög-

lich. Die Drehzahlregelung ist sehr einfach über ein Drosselventil durchzuführen, außerdem ist der Einbau von selbsttätig wirkenden Fliehkraftreglern möglich. Neben dem Einsatz des Lamellenmotors als reiner Antriebsmotor für Geräte des Anwenders ist diese Bauart vorwiegend auch in Hand-Druckluftwerkzeugen wie Schleifmaschinen, Blechknappern, Bohrmaschinen und Schlagschraubern eingesetzt.
Das Verhältnis Gewicht des Motors zu seiner Leistung ist sehr günstig; beispielsweise wiegt ein Druckluft-Lamellenmotor, ohne Getriebewelle, mit einer Leistung von 0,37 kW (0,5 PS) um etwa 1 kg. Die geringen Durchmessermaße erlauben mehrere Lamellenmotoren auf engstem Raum zu montieren.
Aus den Tabellen 7, 8 und 9 sind die verschiedenen Daten für Radial- und Axialkolbenmotoren sowie Lamellenmotoren zu entnehmen. Um Vergleichswerte zu erhalten beziehen sich diese Angaben jeweils auf Druckluftmotoren die nicht umsteuerbar sind und ohne Übersetzung arbeiten. Bei entsprechender Übersetzung, die es wahlweise in mehreren Stufen gibt, ändert sich die Drehzahl und auch das Anlauf- und Abwürgedrehmoment. Mit sinkender Drehzahl steigt das Drehmoment, z. B. bei einem Radialkolbenmotor aus Tabelle 7 mit 4,05 kW Leistung ergeben sich Werte ent-

Bild 73 Schnittbild eines Axialkolbenmotors mit 5 Zylindern (Deutsche Gardner Denver GmbH)

Kugellager

oberer Rotordeckel

Zylinder

Lamellen

Rotor

unterer Rotordeckel

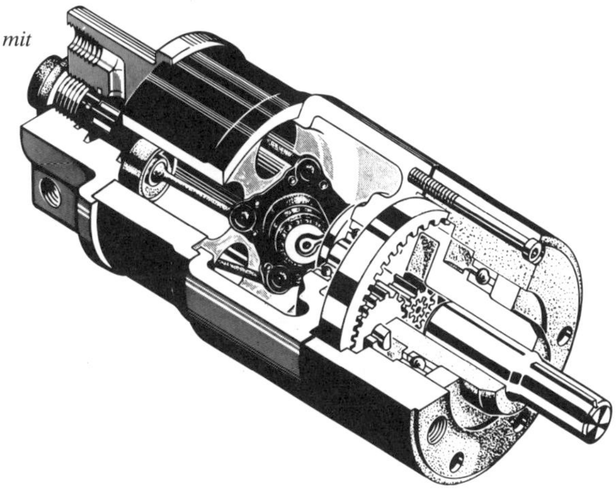

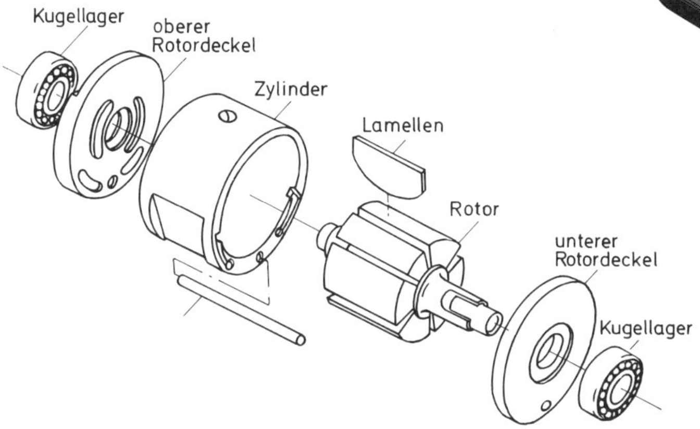

Bild 74 Lamellenmotor in Explosionsdarstellung (Deutsche Gardner Denver GmbH)

Kugellager

sprechend Tabelle 10. Ähnlich sind auch die Verschiebungen der einzelnen Werte bei den Axialkolbenmotoren und den Lamellenmotoren. Aus Datenblättern der Hersteller können die genauen Angaben jedes einzelnen Druckluftmotors ent-

nommen werden, da sie sich jeweils entsprechend der Übersetzung ändern.

Druckluftbetriebene **Zahnradmotoren** unterscheiden sich in solche mit Geradverzahnung und Schräg- bzw. Pfeilverzahnung. Zahnradmotoren

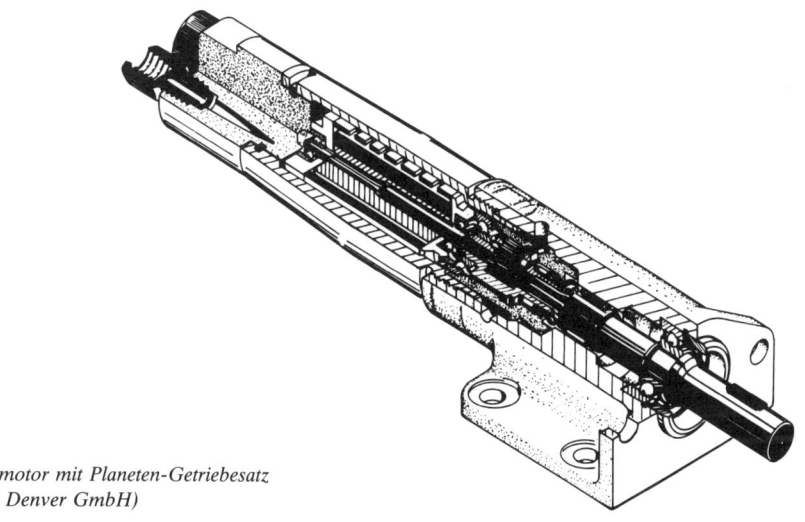

Bild 75 Lamellenmotor mit Planeten-Getriebesatz (Deutsche Gardner Denver GmbH)

Tabelle 7: *Werte von Radialkolbenmotoren, ohne Übersetzung, nicht umsteuerbar*

Größte Leistung bei 6,2 bar kW	U/min	Leerlauf-drehzahl U/min	Anlauf-drehmoment Joule	Abwürge-drehmoment Joule	Luftverbrauch m³/min bei Vollast
1,32	1 850	3 700	6	12	1,7
2,35	1 300	2 600	18	33	2,5
4,05	1 520	3 040	20	47	4,7
4,8	1 250	2 500	26	67	4,7
7,0	975	1 950	100	161	8,5
8,8	1 070	2 140	113	190	9,8

Tabelle 8: *Werte von Axialkolbenmotoren, ohne Übersetzung, nicht umsteuerbar*

0,44	2 360	4 800	2	3	0,59
0,66	2 150	4 200	5	7	1,13
1,4	1 820	3 500	11	15	1,75
2,0	1 300	2 600	19	26	2,35

Tabelle 9: *Werte von Lamellenmotoren, ohne Übersetzung, die ersten drei Größen nicht umsteuerbar*

0,07	9 000	20 000		0,2	0.18
0,24	8 500	17 000		0,6	0,42
0,48	7 500	15 000		1,5	0,55
umsteuerbar					
0,68	8 500	17 000	2,6	3,5	1,53
2,36	6 000	11 000	6,3	9,9	3,5
4,J	5 700	10 500	12	16,4	4,85
5,7	5 500	10 200	17	23,3	6,0

Tabelle 10: *Werte von Radialkolbenmotoren, nicht umsteuerbar entsprechend den Übersetzungen bei einer Leistung von 4,05 kW*

						Übersetzung
4,05	1520	3040	20	47	4.7	−
4,05	270	540	112	266	4,1	5,6:1
3,98	135	270	227	537	4,3	11,3:1
3,98	75	150	410	969	4,7	20,4:1

werden vorwiegend mit größeren Leistungen bis etwa 45 kW gebaut, wobei diese meist direkt in Maschinen, vor allem für den Bergbau eingebaut sind. Im Zahnradmotor mit Geradverzahnung wird die Druckluft nicht expandiert, bei Pfeilverzahnung wird die Expansion teilweise ausgenützt. Im Gegensatz zu den zuvor herausgestellten Bauarten bleibt das Drehmoment nahezu über den gesamten Drehzahlbereich konstant.

Für kleinste Leistungen bei höchsten Drehzahlen können auch druckluftbetriebene Strömungsmotoren, sogenannte **Turbomotoren** zum Einsatz kommen. Dabei wird die kinetische Energie der Druckluft ausgenützt, die Leistung ergibt sich durch Ausnützung der Strömungsgeschwindigkeit. Die Drehzahlen können bis $350\,000\ \mathrm{min}^{-1}$ betragen. In der industriellen Pneumatik wird der Turboluftmotor wohl sehr selten zum Einsatz kommen, ein typischer Anwendungsfall ist der Turbinenbohrer des Zahnarztes.

4.6. Pneumatisch-hydraulische Geräte (Hydropneumatik)

Der immer wieder vorgebrachte Nachteil in der Pneumatik, die Kompressibilität der Druckluft, wirkt sich zum Nachteil mehr oder weniger nur bei Wegsteuerungen und langsamen Vorschüben aus. Wird beim rein pneumatischen Vorschub die Luft zu stark gedrosselt wegen eines besonders langsamen Vorschubes, dann kann es zum sogenannten „stick-slip Effekt" kommen. Dabei bewegt sich der Kolben ruckweise im Zylinder, weil sich immer erst der Druck zum Bewegen des Kolbens aufbauen muß; sobald die Reibung der elastischen Dichtelemente größer ist als die Kolbenkraft, kommt der Zylinder zur Ruhe, bis sich der Druck erneut aufgebaut hat. Das „Rukken" des Kolbens kann jeweils unter einem Millimeter aber auch mehrere Zentimeter betragen. Infolge der Kompressibilität der Luft läßt sich auch keine konstante Vorschubgeschwindigkeit von Anfang bis Ende des Hubes einhalten. In beiden Fällen kann Abhilfe durch die Hydraulik geschaffen werden. Pneumatik und Hydraulik werden miteinander kombiniert. Man unterscheidet dabei drei verschiedene Systeme, den Druckmittelwandler, den Ölbremszylinder und den Drucküberersetzer.

Im **Druckmittelwandler** wird ein anstehender Luftdruck in einen gleich großen Öldruck umgewandelt (Bild 76). In einem Zylinder (ohne Kolbenstange) bewegt sich ein Kolben, der den Luftraum (Pneumatik) zum Ölraum (Hydraulik) abdichtet. Wird die Pneumatikseite mit Luftdruck beaufschlagt, bewegt sich der Kolben entsprechend Bild 76 nach rechts und verdrängt das gleichgroße Volumen Öl mit einem Druck, der sich aus Luftdruck mal Kolbenfläche ergibt. Öl ist wenig bzw. praktisch nicht kompressibel, es eignet sich deshalb für langsame Bewegungsabläufe und für konstante Geschwindigkeitsregulierungen. Die Möglichkeiten der kombinierten, pneumatisch-hydraulischen Steuerung mit einem Druckmittelwandler zeigen die Beispiele in Bild 77. Dabei ist zu beachten, daß nur solche Geräte dafür eingesetzt werden, die auch für Öl geeignet sind. Eine Leckage an hydraulischen Teilen macht sich unangenehm bemerkbar,

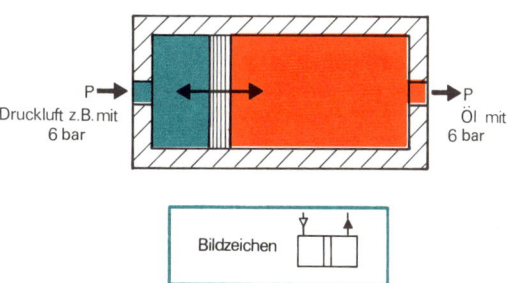

Bild 76   Funktionsschema eines Druckmittelwandlers

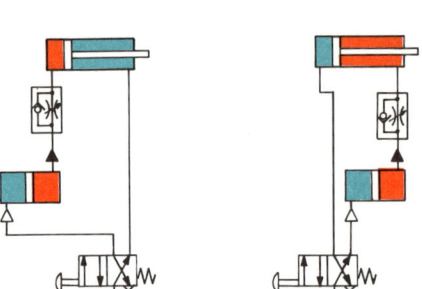 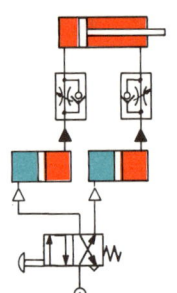

Bild 77   Steuerungsbeispiele   mit   Druckmittelwandler

a) *Vorhub über Öl-Drosselrückschlagventil geregelt, die Vorschubbewegung ist stark lastabhängig, Rückhub durch Druckluft*

b) *Vorschub pneumatisch, Ölstrom über Drosselrückschlagventil geregelt, die Vorschubbewegung ist nicht so stark lastabhängig, Rückhub mit Öl ungedrosselt*

c) *Vor- und Rückhub über Öl-Drosselrückschlagventile geregelt, durch die Vorspannung des Öles wenig lastabhängige, gleichmäßige Bewegung des Zylinderkolbens. (Die Farbmarkierungen dienen nur der besseren Übersicht, in Schaltplänen sind sie nicht üblich*

Die Vorteile einer besser regulierbaren Bewegungsrichtung entsprechend Bild 77 a und b lassen sich auch durch die Verwendung eines

---

Der Druckmittelwandler setzt den Druck eines Mediums in einen gleichgroßen Druck eines anderen Mediums um, z. B. er wandelt den Luftdruck in einen gleichgroßen Öldruck, ohne Berücksichtigung des Wirkungsgrades. Die geometrischen Volumen beider Medien sind gleich groß.

---

da neben dem Leistungsverlust die durch Ölleckage gebildeten Tropfen oder Ölpfützen eine Anlage verschmutzen oder sogar eine Unfallquelle darstellen können. Verlorenes Öl muß bei entsprechenden Mengen im Druckmittelwandler nachgefüllt werden, da es sich um eine geschlossene Ölstrecke handelt. (Das Wort „Ölkreislauf" wäre hier nicht ganz richtig, denn es findet ja kein Kreislauf wie beispielsweise bei einem Hydrogetriebe statt). Es ist außerdem darauf zu achten, daß Undichtigkeiten an den Berührungsstellen zwischen Luft und Öl sofort behoben werden, da sich sonst Luftblasen im Öl bilden, die eine exakte Regulierung des Stromes unmöglich machen. Jeder Druckmittelwandler hat eine Entlüftung, wo in den Ölraum eingedrungene Luft aus dem System abgeblasen werden kann. Bei neueren Konstruktionen geschieht die Entlüftung auch automatisch.

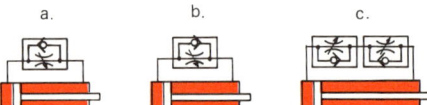

Bild 78   Schema eines Ölbremszylinders. Die geschlossene Ölstrecke wird über ein eingebautes Drosselrückschlagventil reguliert

a) *Drosselung des Ölstromes beim Vorhub (Ausfahren der Kolbenstange), Rückhub über Rückschlagfunktion*

b) *Drosselung des Ölstromes beim Rückhub (Einfahren der Kolbenstange), Vorhub über Rückschlagfunktion*

c) *Drosselung des Ölstromes in beiden Richtungen möglich*

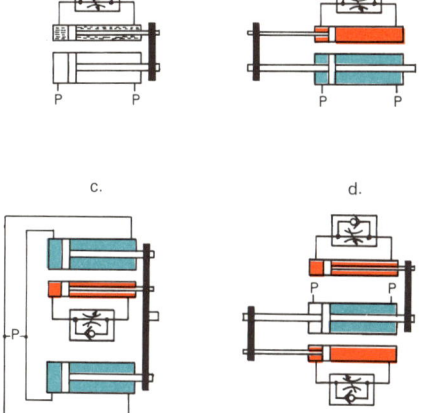

Bild 79 Anordnungsbeispiele für den Einsatz von Ölbremszylindern

a) Ziehende Ausführung: der Ölstrom wird beim Ausziehen der Kolbenstange des Ölbremszylinders gedrosselt

b) Drückende Ausführung: der Ölstrom wird beim Eindrücken der Kolbenstange des Ölbremszylinders gedrosselt

c) Zentrische Anordnung des Ölbremszylinders zwischen zwei Pneumatikzylindern

d) Vor- und Rückhub des Pneumatikzylinders können in der Geschwindigkeit über jeweils einen Ölbremszylinder reguliert werden. In einfarbigen Schaltplänen wird Öl meist durch Strichelung, wie in Beispiel a, angedeutet

Ölbremszylinders erzielen (Bild 78). Der Ölbremszylinder hat ebenfalls eine geschlossene Ölstrecke, die über ein Drosselrückschlagventil zwischen den beiden Kammern reguliert werden kann. Je nach Einbau des Drosselrückschlagventils (Sperrwirkung) erfolgt die gebremste Bewegung beim Einschieben oder Ausziehen der Kolbenstange. Die eigentliche Bewegung muß der Pneumatikzylinder aufbringen, der über ein Joch mit dem Ölbremszylinder verbunden ist. Mehrere Montagemöglichkeiten stehen offen, die je nach Einsatzzweck ausgewählt werden müssen. Beispiele dafür zeigt Bild 79. Ölbremszylinder werden für Hublängen bis etwa 650 mm gebaut. Das Öl kann hierbei nicht mit der Druckluft in Berührung kommen, da der Pneumatikzylinder ja nur über ein Joch mit

dem Ölbremszylinder verbunden ist und jeder für sich eine eigene Einheit bildet. Die Leckverluste im Ölbremszylinder, der normalerweise mit dem Drosselrückschlagventil eine geschlossene Einheit bildet, sind sehr gering und machen sich nur als Ölfilm an der Kolbenstange des Ölbremszylinders bemerkbar.

Um in **einer** Bewegungsrichtung **zwei** unterschiedliche Geschwindigkeiten fahren zu können, ist eine Steuerung entsprechend Bild 80 notwendig. Die Betätigung des 2/2-Ventils richtet sich nach der allgemeinen Steuerung und ist frei wählbar. Damit lassen sich beispielsweise ein Eil- und Arbeitsvorschub innerhalb eines Hubes durchführen. Eine solche Einheit kann jederzeit aus einem Hydrozylinder und den notwendigen Ventilen selbst zusammengestellt werden. Die Industrie bietet aber auch kompakte Baueinheiten an (siehe Abschnitt 4.7. Kombinierte Geräte).

Der Ölbremszylinder hat im Sinne einer Arbeitsleistung keine Eigenfunktion. Die Leistung muß durch einen angekoppelten Druckluftzylinder aufgebracht werden.

Bei beiden zuvor genannten Geräten ändert sich der Arbeitsdruck nicht, lediglich die Geschwindigkeit läßt sich für langsame und gleichmäßige

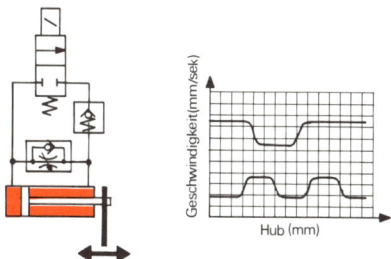

Bild 80 Steuerungsbeispiel eines Ölbremszylinders. Durch Überbrücken der Drosselstelle mit einem 2/2-Ventil können im Rücklauf der Kolbenstange (bei drückender Anordnung im Vorlauf des Pneumatikzylinders) unterschiedliche Geschwindigkeiten z.B. Eil- und Arbeitsvorschub, in einer Bewegungsrichtung gefahren werden. Sobald das 2/2-Ventil betätigt wird, fließt der Ölstrom über dieses und es ergibt sich Eilgeschwindigkeit. Die entgegengesetzte Richtung erfolgt immer über das Rückschlagventil im Eilgang

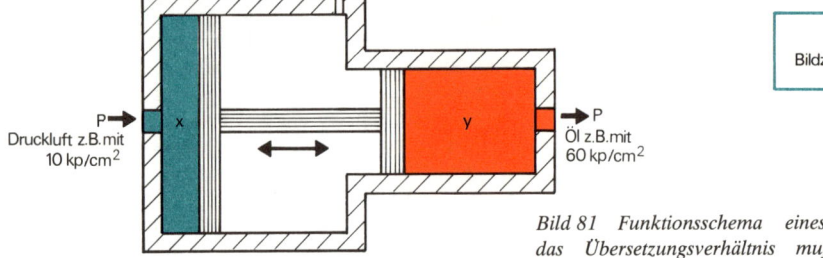

P
Druckluft z.B. mit
10 kp/cm²

x

y

P
Öl z.B. mit
60 kp/cm²

Bild 81 Funktionsschema eines Druckübersetzers, das Übersetzungsverhältnis muß angegeben sein, z.B. 1:6

Vorschübe gegenüber einem reinen Druckluftantrieb besser regulieren. Anders beim **Druckübersetzer,** der wie sein Name schon sagt, einen bestehenden Druck in einem höheren Druck übersetzt. Normalerweise wird ein bestimmter Luftdruck in einen höheren Öldruck umgesetzt. Der Druckübersetzer besteht aus zwei flächen- und volumenmäßig unterschiedlichen Druckräumen (Bild 81). Wichtig dabei ist allein die Flächendifferenz zwischen dem Pneumatik- und dem Hydraulikkolben. Die dadurch bedingte Volumendifferenz ist eher nachteilig, muß aber in Kauf genommen werden, da das Produkt des pneumatischen Teiles gleich dem Produkt des hydraulischen Teiles ist. Der Wirkungsgrad muß natürlich dabei berücksichtigt werden, da ein Kraftverlust durch die Reibung der beiden Kolben in den Zylindern gegeben ist.

Im Rechenbeispiel läßt sich der Druckübersetzer am besten erklären:

Pneumatikteil:

Durchmesser des Kolbens 200 mm
Arbeitsdruck 6 bar Luft.

Hydraulikteil:

Durchmesser des Kolbens 60 mm
Arbeitsdruck Öl gesucht.

Pneumatikteil:

$$\text{Druckkraft} = D_p^2 \cdot \frac{\pi}{4} \cdot p_{ü} = 1800 \text{ daN}$$

Hydraulikteil:

(Ohne Berücksichtigung des Wirkungsgrades verteilt sich die Druckkraft von 1800 daN auf die Fläche des Kolbens mit 60 mm Durchmesser)

$$D_h^2 \cdot \frac{\pi}{4} \cdot p_{ü} = 1800 \text{ daN}$$

$$p_{ü} = 63,7 \text{ bar}$$

Der ölseitige Arbeitsdruck beträgt in diesem Beispiel ca. 63 bar, was einem Verhältnis von etwa 1 : 10 entspricht.

Druckübersetzer werden in Übersetzungsverhältnissen von 1:4 bis etwa 1:80 gebaut. In Tabelle 11 sind die erreichbaren Öldrücke in Abhängigkeit des Übersetzungsverhältnisses und des Luftdrucks aufgezeigt.

Je höher das Übersetzungsverhältnis, um so geringer wird das Ölvolumen. Der Hubweg im Druckübersetzer ist im Pneumatikteil genau so groß wie im Hydraulikteil, da die beiden Kolben ja miteinander verbunden sind. Für die Erzielung einer bestimmten Leistung bzw. eines hohen Druckes auf kleinstem Raum, eignet sich der Einsatz von Druckübersetzern.

> Der Druckübersetzer besteht aus zwei unterschiedlichen Druckkammern x und y. Der Druck in Kammer x wird in der Kammer y entsprechend des Übersetzungsverhältnisses vervielfacht.

Ein Druckübersetzer könnte beispielsweise auch einen bestehenden Luftdruck in Kammer x in einen höheren Luftdruck in Kammer y übersetzen. Das Übersetzungsverhältnis gilt aber dann nur für das geometrische Volumen der Kammer y. Bei einer Übersetzung Luft–Luft sind die der Kammer y nachgeschalteten Leitungs- und Gerätevolumen bis zum Arbeitsglied zu berücksichtigen. Luft ist stark kompressibel, bei Übersetzung Luft–Öl tritt diese nicht besonders hervor, da Öl nur unbedeutend kompressibel ist.

Die Einsatzmöglichkeiten der Druckübersetzer (Bild 82) sind ähnlich denen der Druckmittelwandler, wobei größere Kräfte bzw. kleinere Geräte für die gleiche Kraft im Antriebsglied zur Verfügung stehen. Der Druckübersetzer ermöglicht neben der größeren Kraft je Flächeneinheit gleichzeitig auch die genaue Regulierung des

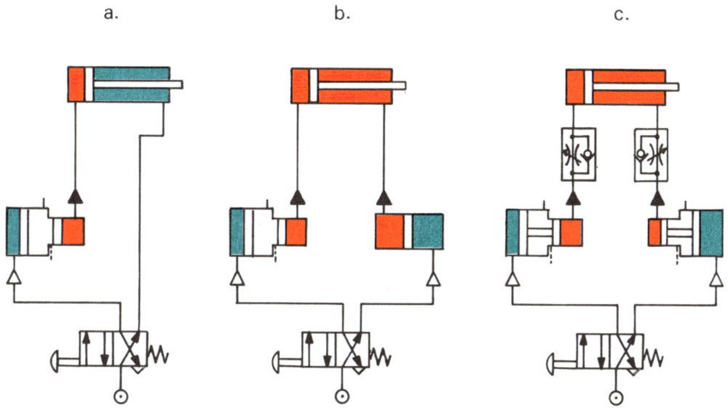

a.   b.   c.

Bild 82 Steuerungsbeispiele mit Druckübersetzern

a) Vorlauf des Arbeitsgliedes mit hohem Druck, Rückhub durch Luftdruck ohne besondere Arbeitsleistung

b) Vorhub des Arbeitsgliedes mit hohem Druck, Rückhub durch Öl von einem Druckmittelwandler

c) Vor- und Rückhub mit hohem Druck, mit eingebauten Drosselrückschlagventilen wird der Bewegungsablauf reguliert. Durch die Drosselung des Rücklaufstromes ist die Bewegungsgenauigkeit weniger lastabhängig und besser einzuhalten

Bewegungsablaufes bei Übersetzung Luft–Öl. Infolge des begrenzten Ölvolumens im Druckübersetzer wie auch im Druckmittelwandler ist es nicht möglich, diese für verschieden große Anlagen einzusetzen. Für jede Anwendung ist das benötigte Ölvolumen zu berechnen und dementsprechend das in der Größe darauf dimensionierte pneumo-hydraulische Gerät zu wählen. Druckübersetzer und Druckmittelwandler müssen ja nicht direkt am Arbeitsort aufgestellt werden, so daß hierfür andere ungenutzte Räume, bei denen es nicht so beengt zugehen muß, dafür herangezogen werden können. Es ist aber trotzdem zu empfehlen, zwischen dem pneumo-hydraulischen Gerät und dem Arbeitsglied möglichst kurze Abstände einzuhalten, denn auch hier gilt: je länger eine Leitung, desto mehr steigen die Verlustmöglichkeiten.

Druckmittelwandler und Druckübersetzer haben jeweils ein genau begrenztes Ölvolumen. Das für das Arbeitsglied benötigte Ölvolumen ist zu errechnen und dementsprechend die Größe des pneumo-hydraulischen Gerätes zu wählen.

Der Ölbremszylinder muß in seiner Hublänge auf die Hublänge des Druckluftzylinders abgestimmt sein bzw. auf die Länge des Arbeitshubes, für die über den Ölbremszylinder die Regulierung der gleichmäßig langsamen Bewegung erfolgen soll.

Tabelle 11: *Erreichbarer Öldruck in Abhängigkeit des Übersetzungsverhältnisses und des Luftdruckes mit einem Druckübersetzer*

Übersetzung	1 : 4	1 : 8	1 : 16	1 : 32	1 : 50
Luftdruck	Öldruck in bar				
4	16	32	64	128	200
5	20	40	80	160	250
6	24	48	96	192	300
8	32	64	128	256	400

6*

1

2

3

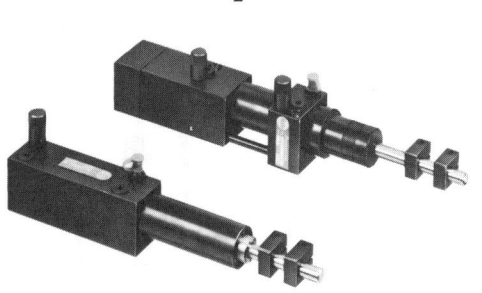

Bild 83   Pneumatisch-hydraulische Geräte
1 Druckmittelwandler, 2 Ölbremszylinder mit
Drosselrückschlagventilen für eine und beide Bewegungsrichtungen, 3 Druckübersetzer (1 und 3:
Hydaira AG, Zürich – 2: FESTO)

1

2

3

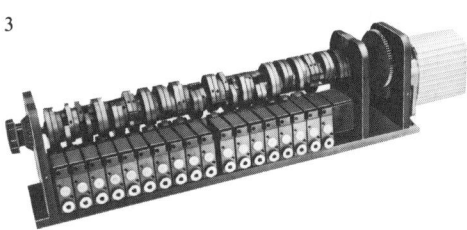

4

Bild 84   Baueinheiten für Steuerglieder
1 Zweihand-Steuerblock für zwei in Zeitabhängigkeit zu erfolgende Signaleingänge und einem Ausgang, 2 Luftsteuerblock mit 4/2-Hauptventil, zwei
2/2-Entlüftungsventilen   (Negativ-Impuls),   zwei
Drosselventilen, zwei Schalldämpfern und zwei zusätzlichen Steueranschlüssen, 3 Pneumatisches Programmschaltgerät mit Nockenwelle, 4 pneumatisches   Programmschaltgerät   mit   Nockenband
(FESTO)

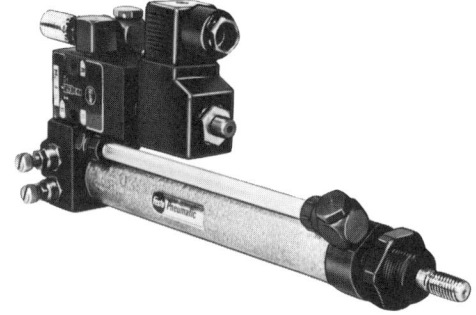

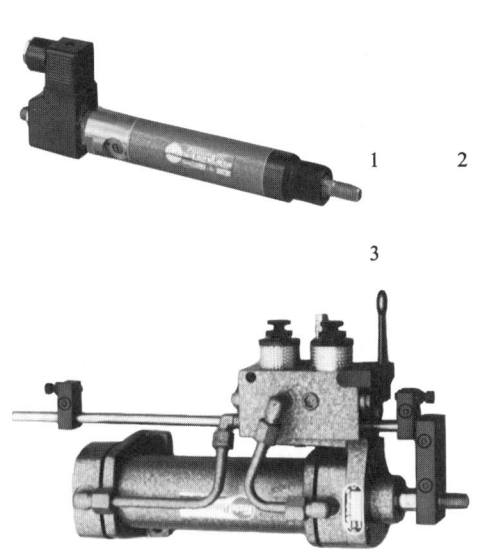

1   2

3

Bild 85   Pneumatische Vorschubeinheiten
1 Einfachwirkender Zylinder mit angebautem Drosselrückschlagventil und elektrisch betätigtem 3/2-Ventil, 2 doppeltwirkender Zylinder mit angebauten Drosselrückschlagventilen und elektrisch betätigtem 4/2-Ventil, 3 Vorschubeinheit für Stetigantrieb, bestehend aus doppeltwirkendem Druckluftzylinder und angebautem Luftsteuerblock (FESTO)

4.7.   Kombinierte Geräte (Baueinheiten)

Es können sowohl Steuerelemente, vorrangig Ventile, als auch Arbeitselemente, vorrangig Zylinder, den Grundstock für ein kombiniertes Gerät bilden. In der Mehrzahl bilden die kombinierten Geräte eine Baueinheit aus Steuer- und Arbeitselementen.

Baueinheiten für Steuerglieder (Bild 84)

Der pneumatische Zweihand-Steuerblock, eine Baueinheit aus Zweidruck- und 2/2-Wegeventil, hat seinen Namen von seinem speziellen Einsatz her. Bild 84/1 zeigt einen Zweihand-Steuerblock in seiner äußeren Form, das Bild 87 in sinnbildlicher Darstellung seine Funktion. An den beiden Eingängen P des Zweidruckventils müssen gleichzeitig (maximal 0,5 Sekunden Abstand zwischen P 1 und P 2) Drucksignale eintreffen, beispielsweise von handbetätigten 3/2-Tasterventilen, damit der Ausgang belüftet wird. Das ausgehende Signal betätigt das 2/2-Ventil und steuert damit den Durchfluß zu A. Jetzt kann Druckluft von P nach A strömen und so ein Arbeitsglied belüften. Dieser Steuerblock wird vorzugsweise innerhalb pneumatischer Steuerungen da eingesetzt, wo aus

Sicherheitsgründen beide Hände zum Betätigen benützt werden sollen um Unfälle auszuschließen Das Ausbleiben eines Signals, P_1 oder P_2, auch bei bereits durchströmender Luft von P nach A unterbricht sofort die Schaltstellung und die Entlüftung wird eingeleitet. Gerade in der Umformtechnik werden viele pneumatische Steuerungen unter diesen Sicherheitsvorschriften verlangt.
Ein weiteres Beispiel der kombinierten Steuergeräte ist der **Luftsteuerblock,** dessen 4/2-Hauptventil durch negative Impulse pneumatisch betätigt wird. Aus der sinnbildlichen Darstellung in Bild 88 ist zu ersehen, daß die Signalglieder, mechanisch betätigte 2/2-Ventile, im Block selbst eingebaut sind. Darüber hinaus enthält der Luftsteuerblock zwei Drosselventile und zwei Schalldämpfer für die Abluft. Neben den mechanisch betätigten Signalgliedern kann ein Umsteuersignal auch an den normalerweise geschlossenen Anschlüssen Z und Y ankommen. Die Steueranschlüsse Z und Y sind für Fernbetätigung, während die mechanisch zu betätigenden 2/2-Ventile für die Direktbetätigung vorgesehen sind, die beispielsweise über eine mit dem Zylinder mitlaufende Steuerstange erfolgen kann.

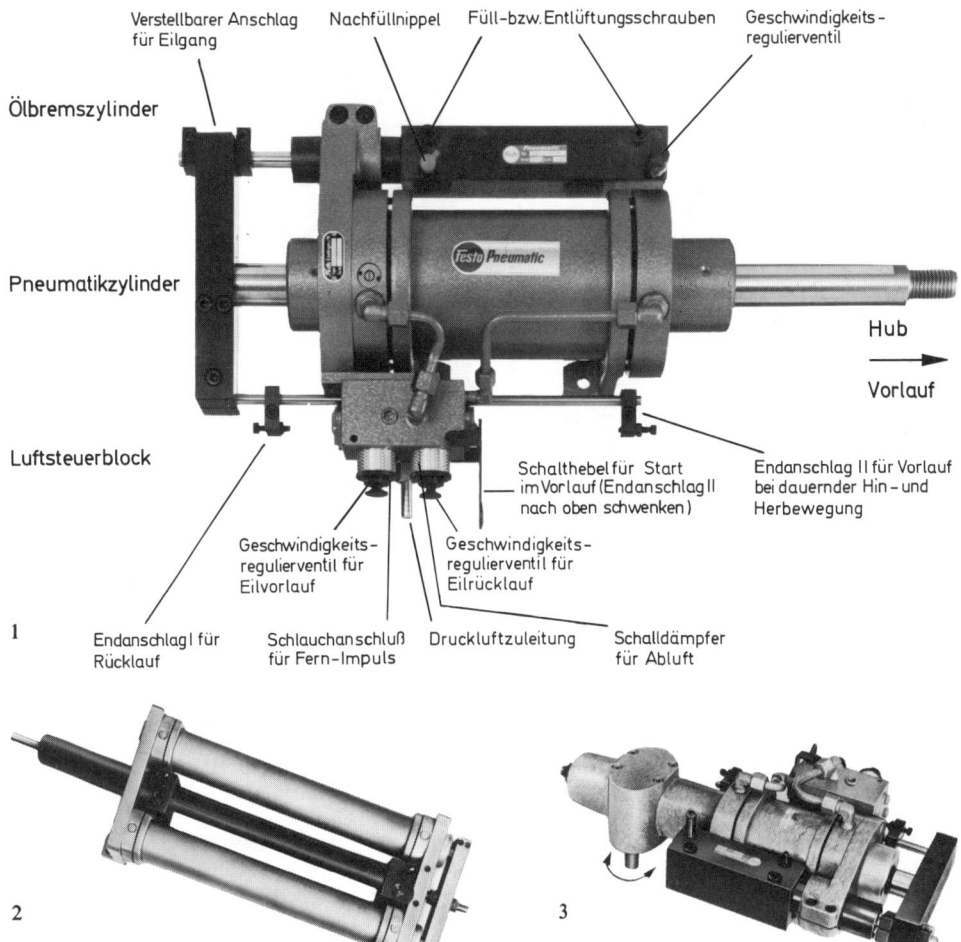

Verstellbarer Anschlag für Eilgang — Nachfüllnippel — Füll-bzw. Entlüftungsschrauben — Geschwindigkeits-regulierventil

Ölbremszylinder

Pneumatikzylinder

Hub →

Vorlauf

Luftsteuerblock

Schalthebel für Start im Vorlauf (Endanschlag II nach oben schwenken)

Endanschlag II für Vorlauf bei dauernder Hin- und Herbewegung

Geschwindigkeits-regulierventil für Eilvorlauf

Geschwindigkeits-regulierventil für Eilrücklauf

1

Endanschlag I für Rücklauf

Schlauchanschluß für Fern-Impuls

Druckluftzuleitung

Schalldämpfer für Abluft

2   3

Bild 86 Pneumatisch-hydraulische Vorschubeinheiten, 1 für linearen Stetigantrieb, 2 Langhub-Ausführung mit zwei Druckluftzylindern und zentrisch angeordnetem Ölbremszylinder, 3 für Schwenkantrieb bis max. 290° mit Druckluft-Drehzylinder, Ölbremszylinder und Luftsteuerblock

Für eine pneumatische Steuerung, die zeitabhängig sein darf und von einer zentralen Stelle aus erfolgen soll, können die einzelnen Steuerglieder zusammengefaßt werden in einem **Programm-Schaltwerk** (Bild 84/3). Baueinheiten dieser Art können je nach Größe bis zu 20 Pneumatikventile aufnehmen, die über Nockenscheiben von einer gemeinsamen Programmwelle betätigt werden. Die verwendeten 3/2-Rollenhebelventile können als Öffner oder Schließer eingesetzt werden, dazu wird nur der Rollenhebel um 180° gedreht.

Anstelle von zwei 3/2-Ventilen kann auch ein 4/2-Ventil treten, so daß beispielsweise anstelle von zwanzig 3/2-Ventilen das Programmschaltwerk mit zehn 4/2-Ventilen ausgerüstet ist. Außerdem ist es möglich, anstelle eines 3/2-Ventils einen elektrischen Kontaktgeber (Endschalter) einzubauen. Die Kombinationsmöglichkeiten sind freigestellt. Der Antrieb der Programmwelle kann durch einen Getriebemotor, Regelantrieb oder Fremdantrieb erfolgen. Die Nockenscheiben bestehen aus zwei Teilscheiben, die durch gegen-

86

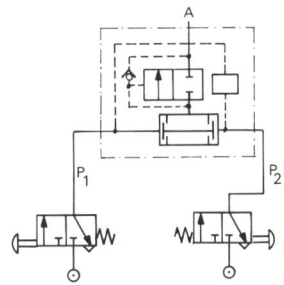

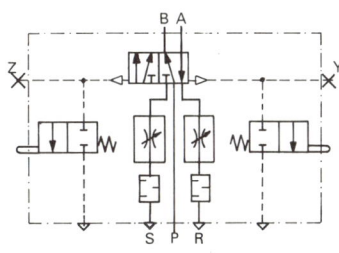

Bild 87 Sinnbildliche Darstellung eines Zweihand-Steuerblocks (innerhalb der strichpunktierten Linie) mit den beiden manuell zu betätigenden 3/2-Signalgliedern

Bild 88 Sinnbildliche Darstellung eines Luftsteuerblocks, bestehend aus einem 4/2-Ventil, zwei 2/2-Entlüftungsventilen, zwei Drosselventilen und zwei Schalldämpfern

seitiges Verdrehen die Ruhe- und Schaltzeit des Ventils entsprechend der Drehzahl der Programmwelle steuern. Die einzelnen Steuerzeiten sind damit abhängig von der Drehzahl des Antriebes. Um auch lange Zeiten, beispielsweise bis zu 12 Stunden, steuern zu können, wird ein **Programmschaltwerk mit Nockenband** (Bild 84/4) eingesetzt. Das Band enthält Stecknocken, über die das darunter befindliche Ventil betätigt wird. Durch Auslassen der Nocken entsteht die Ruhezeit. Die Länge des Nockenbandes und die Drehzahl des Antriebes sind ausschlaggebend für die maximal möglichen Steuerzeiten. Das Nockenband selbst kann vergrößert und verkleinert werden, so daß

Steuerzeiten von 9 Sekunden bis zu 12 Stunden möglich sind.

Sind mehrere Geräte zu einer Einheit zusammengefaßt, so werden die einzelnen Bildzeichen durch eine dünne, strichpunktierte Linie umgrenzt. Alle innerhalb des umgrenzten Feldes liegenden Bildzeichen (Geräte, Leitungen) bilden den Block oder die zusammengehörende Baugruppe.

Da die eingesetzten Rollenhebelventile mit einer Nennweite von 3,5 mm, bei einem maximalen Durchfluß von 120 l/min für größere Zylinder-

a.   b.   c.

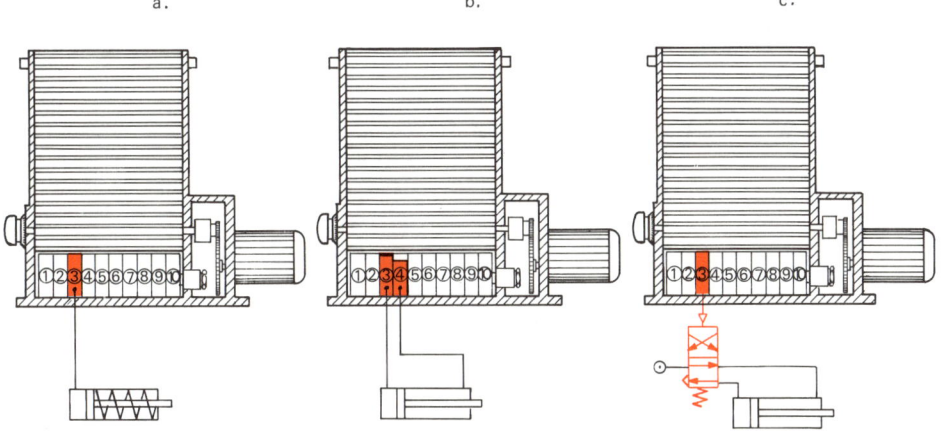

Bild 89 Steuerungsmöglichkeiten mit Programm-Schaltwerken

a) über 3/2-Ventil zu einfachwirkendem Zylinder

b) über 4/2-Ventil zu doppeltwirkendem Zylinder

c) über 3/2-Ventil zu einem pneumatisch betätigtem Ventil größerer Nennweite (indirekte Steuerung)

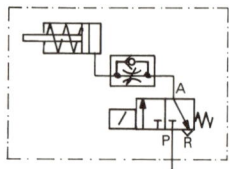

Bild 90 Sinnbildliche Darstellung einer Baueinheit, bestehend aus einfachwirkendem Zylinder, Drosselrückschlagventil und 3/2-Magnetventil

durchmesser zu klein sind, wird empfohlen, ab Kolbendurchmesser 50 mm die indirekte Steuerung zu wählen. Bild 89 zeigt Beispiele der Steuerung von einfach- und doppeltwirkenden Zylindern direkt und indirekt über ein pneumatisch betätigtes Ventil größerer Nennweite.

Pneumatische Vorschubeinheiten (Bild 85)

Zwei Baueinheiten, bei denen Steuer- und Antriebsglied kombiniert sind, zeigen die Bilder 90 und 91. Im ersten Fall handelt es sich um einen einfachwirkenden Druckluftzylinder mit angebautem Drosselrückschlagventil für die Zuluftdrosselung und einem elektrisch betätigten 3/2-Magnetventil. Der doppeltwirkende Zylinder (Bild 91) hat zwei Drosselrückschlagventile angebaut, für Abluftdrosselung in beiden Bewegungsrichtungen, außerdem ein elektrisch betätigtes, vorgesteuertes 4/2-Magnetventil. In beiden Fällen handelt es sich um kleine Standard-Baueinheiten, die sich leicht und schnell innerhalb einer einfachen oder komplizierten elektropneumatischen Steuerung eingliedern lassen. Ein Vorteil liegt auch darin, daß zwischen Steuerventil und Arbeitszylinder nur sehr kurze Wege (wenige mm) liegen. Solche

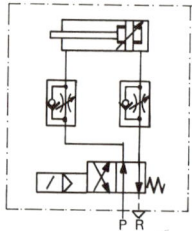

Bild 91 Sinnbildliche Darstellung einer Baueinheit, bestehend aus doppeltwirkendem Zylinder, zwei Drosselrückschlagventilen und 4/2-Magnetventil

Baueinheiten werden gern auch für Steuerfunktionen eingesetzt, wo der Druckluftzylinder einmal nicht Antriebs- sondern Steuerglied ist und wo normalerweise relativ geringe Steuerkräfte ausreichen. Bild 85/1 und 85/2 zeigt die äußere Form solcher Ventil-Zylindereinheiten.

Unter dem Namen „**Pneumatische Vorschubeinheit für Linearantrieb**" ist die Baueinheit nach Bild 92 bekannt. Auch hier ist die Kombination Druckluftzylinder und Steuerventil gegeben. In diesem Beispiel ist der Druckluftzylinder aus den Durchmessern 35–100 mm frei wählbar, ebenso die Hublänge bis max. 500 mm. Fester Bestandteil jeder Einheit ist der Luftsteuerblock entsprechend Bild 84 sowie eine mitlaufende Schaltstange, die über ein Joch mit der Kolbenstange des Zylinders verbunden ist. Je nach geplantem Einsatz sind folgende Steuerungsmöglichkeiten gegeben:

1. Beide Bewegungsrichtungen werden durch Handbetätigung über angebaute Handhebel ausgelöst.

2. Der Vor- oder Rücklauf wird von Hand ausgelöst, die Umschaltung in die Gegenrichtung erfolgt durch mechanische Betätigung über den einstellbaren Endanschlag auf der mitlaufenden Schaltstange.

3. Oszillierende Bewegungen der Kolbenstange durch mechanische Betätigung über die Endanschläge auf der mitlaufenden Schaltstange.

4. Wahlweise handbetätigte oder mechanische Auslösung des Vor- oder Rückhubes und die Umsteuerung in die Gegenrichtung durch ein Fernsignal auf die Steuerleitung X oder Y.

5. Fernbetätigte, oszillierende Bewegung.

Dabei kann jeder Zwischenhub innerhalb der Gesamthublänge über die mechanische Direkt- oder die Fernbetätigung gefahren werden. Bei der mechanischen Betätigung über Schaltstange und verstellbare Anschläge beträgt die Umschaltgenauigkeit ±0,1 mm. Die funktionelle Darstellung dieser pneumatischen Vorschubeinheit zeigt Bild 93, das vereinfachte Bildzeichen gilt für Zylinder mit Stetigantrieb wie unter 3 beschrieben.

Ein Zylinder mit Stetigantrieb ist gegeben, wenn nach dem Einschalten der Druckluft und Erreichen einer Endstellung des Kolbens die Bewegungsrichtung automatisch umgesteuert wird. Dabei bleibt die hin- und hergehende Bewegung solange erhalten, bis die Druckluft wieder abgestellt wird.

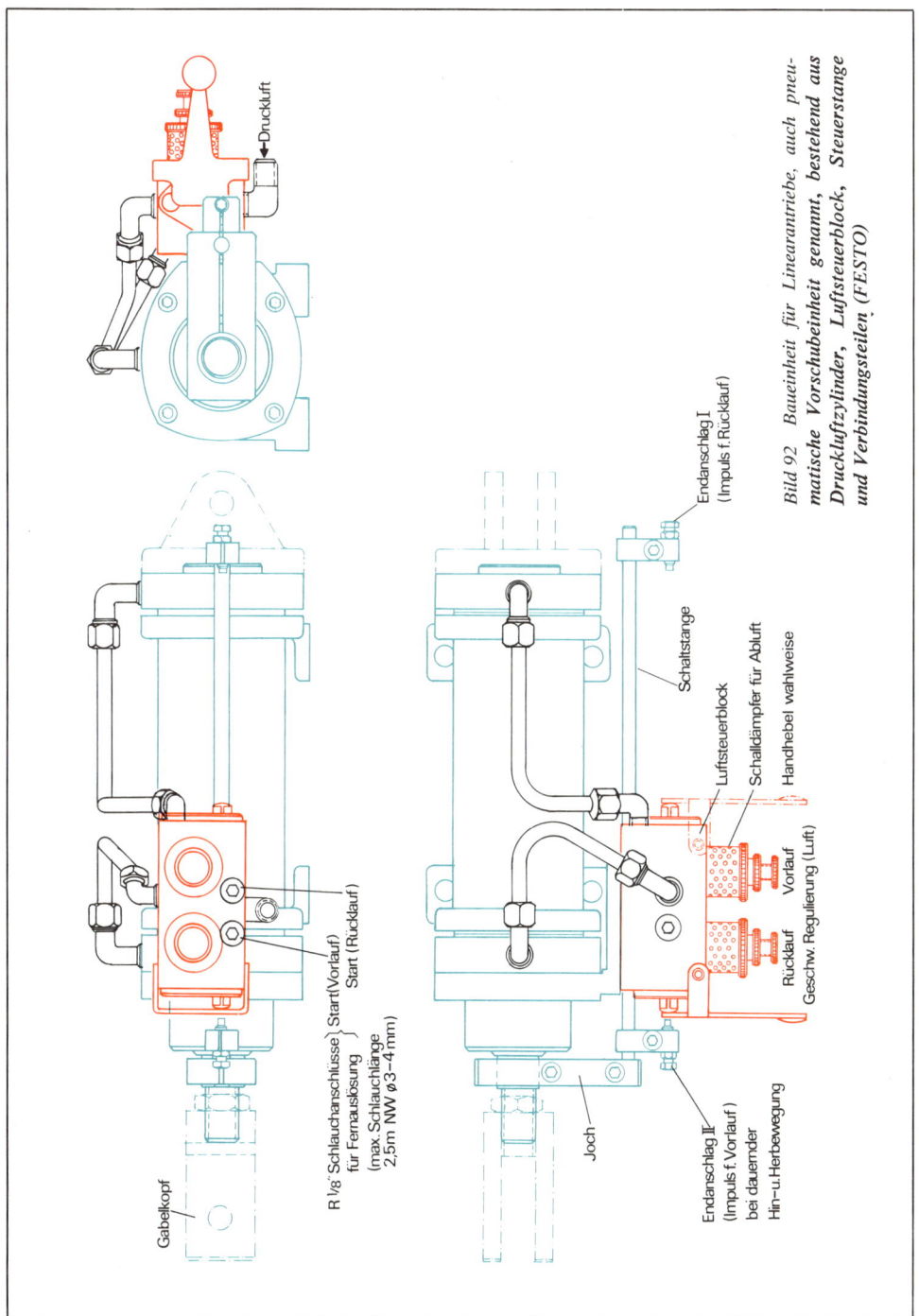

Druckluft

Endanschlag I
(Impuls f. Rücklauf)

Schaltstange

Luftsteuerblock

Schalldämpfer für Abluft

Handhebel wahlweise

Vorlauf

Rücklauf

Geschw. Regulierung (Luft)

Joch

Endanschlag II
(Impuls f. Vorlauf)
bei dauernder
Hin- u. Herbewegung

Gabelkopf

R 1/8″ Schlauchanschlüsse Start(Vorlauf)
für Fernauslösung Start (Rücklauf)
(max. Schlauchlänge
2,5m NW ⌀ 3-4 mm)

*Bild 92 Baueinheit für Linearantriebe, auch pneu-
matische Vorschubeinheit genannt, bestehend aus
Druckluftzylinder, Luftsteuerblock, Steuerstange
und Verbindungsteilen (FESTO)*

89

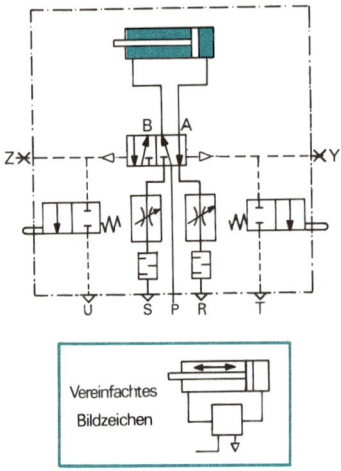

Bild 93 Sinnbildliche Darstellung der Funktion einer pneumatischen Vorschubeinheit

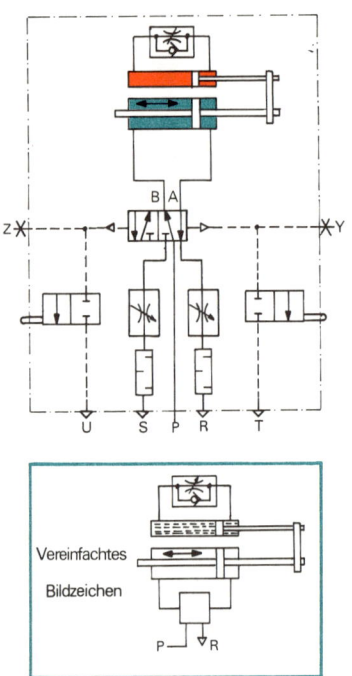

Bild 94 Sinnbildliche Darstellung der Funktion einer pneumatisch-hydraulischen Vorschubeinheit

Die konstruktive Auslegung dieser Baueinheit erlaubt den besonderen Einsatz an Maschinen und Anlagen, die im Dauerlauf arbeiten. Kontinuierliche Hin- und Herbewegungen, die zeit- oder wegabhängig gesteuert werden können, sind nicht nur für den eigentlichen Arbeitsgang, sondern auch für vorbereitende Arbeitsgänge, z. B. Ausgabefunktion an einem Magazin, in vielfältiger Weise notwendig. Das Zuführen oder Ausstoßen von einzelnen Werkstücken, Vorschieben von Montagebändern im Taktverfahren, Vereinzeln von Werkstücken auf zwei Bahnen oder die Bewegung von Farbspritzvorrichtungen sind weitere Anwendungsbeispiele für den Einsatz. Die kompakte Bauart ermöglicht den Einsatz unter ungünstigen Raumverhältnissen, insbesondere auch dort, wo Steuerventile für die Hubbegrenzung nicht mehr untergebracht werden können.

Pneumatisch-hydraulische Vorschubeinheiten (Bild 86)

Eine Weiterentwicklung der pneumatischen Vorschubeinheiten führt durch die zusätzliche Verwendung eines Ölbremszylinders zur **pneumatisch-hydraulischen Vorschubeinheit.** Sämtliche zuvor gemachten Angaben gelten auch hier, da sich am pneumatischen Antrieb nichts ändert, sondern nur mittels weiterer Befestigungsteile der Ölbremszylinder angebaut wird. Um eine gleichmäßige Bewegung zu erzielen, kann auch ein Druckluftzylinder mit durchgehender Kolbenstange eingesetzt werden, so daß der Ölbremszylinder seine Regelfunktion beim Eindrücken seiner Kolbenstange ausführt. Der Anwendungsbereich einer pneumatisch-hydraulischen Vorschubeinheit ergibt sich für Vorschub-Steuerungen aller Art, wo eine konstante Vorschubgeschwindigkeit erforderlich und der rein pneumatische Antrieb zu schnell oder zu ungleichmäßig ist. Der Geschwindigkeitsbereich liegt normalerweise zwischen 0,3 mm/s und etwa 50 mm/s (20 mm/min und 3 m/min). Damit wird praktisch der Vorschubbereich unterhalb des rein pneumatischen Antriebes erreicht. Die Forderung des langsameren Vorschubes, der mit konstanter Geschwindigkeit erfolgen muß, wird bei der spangebenden Metallbearbeitung vorausgesetzt; dabei ist es gleichgültig, ob das Werkstück oder das Werkzeug angetrieben wird. Die Funktion einer pneumatisch-hydraulischen Vorschubeinheit zeigt Bild 94.

Andere Baueinheiten mit Ölbremszylindern können auch in beiden Bewegungsrichtungen über den Ölbremszylinder gesteuert werden, der dann mit zwei Drosselrückschlagventilen ausgerüstet ist. Das ist auch der Fall bei dem Beispiel nach Bild 95, wo der Ölbremszylinder zentrisch zwischen zwei Druckluftzylindern angeordnet ist. Hier handelt es sich um ein reines Antriebsglied, für das die Steuerung je nach Erfordernis frei gewählt wird. Auch hier sind die Baueinheiten wählbar aus verschiedenen Zylinderdurchmessern und -hüben. Baueinheiten dieser Anordnung sind besonders bei langen Hüben zu empfehlen.

Während bisher die einzelnen Baueinheiten ausschließlich für Linearbewegungen ausgerüstet sind, ist anstelle des normalen Druckluftzylinders auch ein Drehzylinder möglich. Es ergeben sich dann Vorschubantriebe, die beispielsweise direkt in das Ritzel für Vorschubsteuerungen an Maschinen eingreifen. Dabei eignen sich solche Antriebe besonders für die nachträgliche Automatisierung vorhandener Bohrmaschinen und anderer Maschinen mit ähnlichen Vorschubbedingungen. Die Drehbewegung ist natürlich begrenzt, wie bereits unter Drehzylinder angegeben. Baueinheiten mit Drehantrieb werden mit rein pneumatischem Antrieb, wie auch mit pneumatischem Antrieb und Ölbremszylinder gebaut (Bild 86/3), analog den pneumatischen und pneumatisch-hydraulischen Vorschubeinheiten.

Vorschubeinheit mit Entspänesteuerung (Bild 103)

Eine Weiterentwicklung der Dreh- bzw. Schwenkeinheiten ist die **pneumatisch-hydraulische Dreheinheit mit Entspänesteuerung,** so genannt, weil diese Baueinheit den Vorschub an Bohrmaschinen für Tieflochbohren ersetzt (Bild 96). Die Steuerung ist so einstellbar, daß eine Funktion entsprechend Bild 96 durchführbar ist. Dabei wird der Vorschub in einen Eil- und einen Arbeitsvorschub unterteilt. Das mit dieser Einheit vorgeschobene Werkzeug legt den Weg bis zum Werkstück im Eilgang zurück, bis kurz vor den Eingriff, jetzt folgt der Arbeitsvorschub bis zu einer vorher eingestellten Tiefe. An dieser Stelle wird das Werkzeug im Eilgang zurückgefahren (Entspänen), anschließend im Eilvorschub wieder bis kurz vor die zuvor erreichte Tiefe, wo sich dann erneut der nächste Arbeitsvorschub selbsttätig einschaltet. Die Anzahl der Entspänungen ist abhängig von Bohrtiefe und Vorschubgeschwindigkeit und kann an einem Zeitglied eingestellt werden. Ist die Endtiefe erreicht, schaltet wegabhängig ein 3/2-Ventil auf Rücklauf bis zur Endstellung. Neben dem Drehantrieb gibt es auch Baueinheiten mit Entspänesteuerung für Linearantriebe.

Die bis jetzt vorgestellten Baueinheiten sind mehr

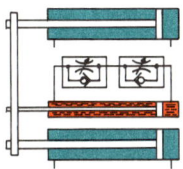

Bild 95 Sinnbildliche Darstellung der Funktion einer pneumatisch-hydraulischen Vorschubeinheit, bestehend aus zwei Druckluftzylindern und einem Ölbremszylinder mit zwei Drosselrückschlagventilen für ölseitige Geschwindigkeitsregulierung im Vor- und Rückhub

oder weniger aus Teilen zusammengefügt, die teilweise auch allein volle Funktionsfähigkeit haben und in der Baueinheit einen einzelnen Baustein darstellen. Diese Baueinheiten sind also mehr oder weniger im Sinne eines Baukastensystems entstanden.

> Pneumatische Baueinheiten können wie bei einem Baukastensystem aus einzelnen, standardisierten Bausteinen (Zylinder und Ventilen) je nach Einsatzzweck mit den entsprechenden Verbindungsteilen geschaffen werden.

Daneben steht eine Reihe von Baueinheiten, die wohl aus den Grundfunktionen der Zylinder und Ventile ihre eigene Funktion ableiten, aber nicht aus standardisierten Elementen zusammengefügt sind. Hier sind die Zylinder und Ventile konstruktiver Bestandteil der Baueinheit.

Baueinheiten für Taktvorschub (Bild 104)

Neben dem Vorschub eines einzelnen Zylinders, dessen Hub dem gesamten Arbeitsweg entspricht, müssen beim Zuführen von Material und Werkstücken in bestimmten Fällen beliebig oft wiederholbare Vorschübe bzw. Hübe ablaufen. Der Hub eines Zylinders entspricht in diesem Fall dem Teilschritt eines Arbeitsweges. Anders ausgedrückt, der gesamte Weg wird in Taktschritte unterteilt. Den Takt bestimmt dabei die Grundmaschine. Ein solches Beispiel ist das Zuführen von beliebig langen Materialbändern, die aber nicht auf einmal, sondern in einzelnen, gleichgroßen Abschnitten bearbeitet werden.

Mit dem **Taktvorschubgerät** (Bild 97) können Bänder, Stangen und Streifen schrittweise einer Arbeitsmaschine zugeführt werden, wobei das Aus-

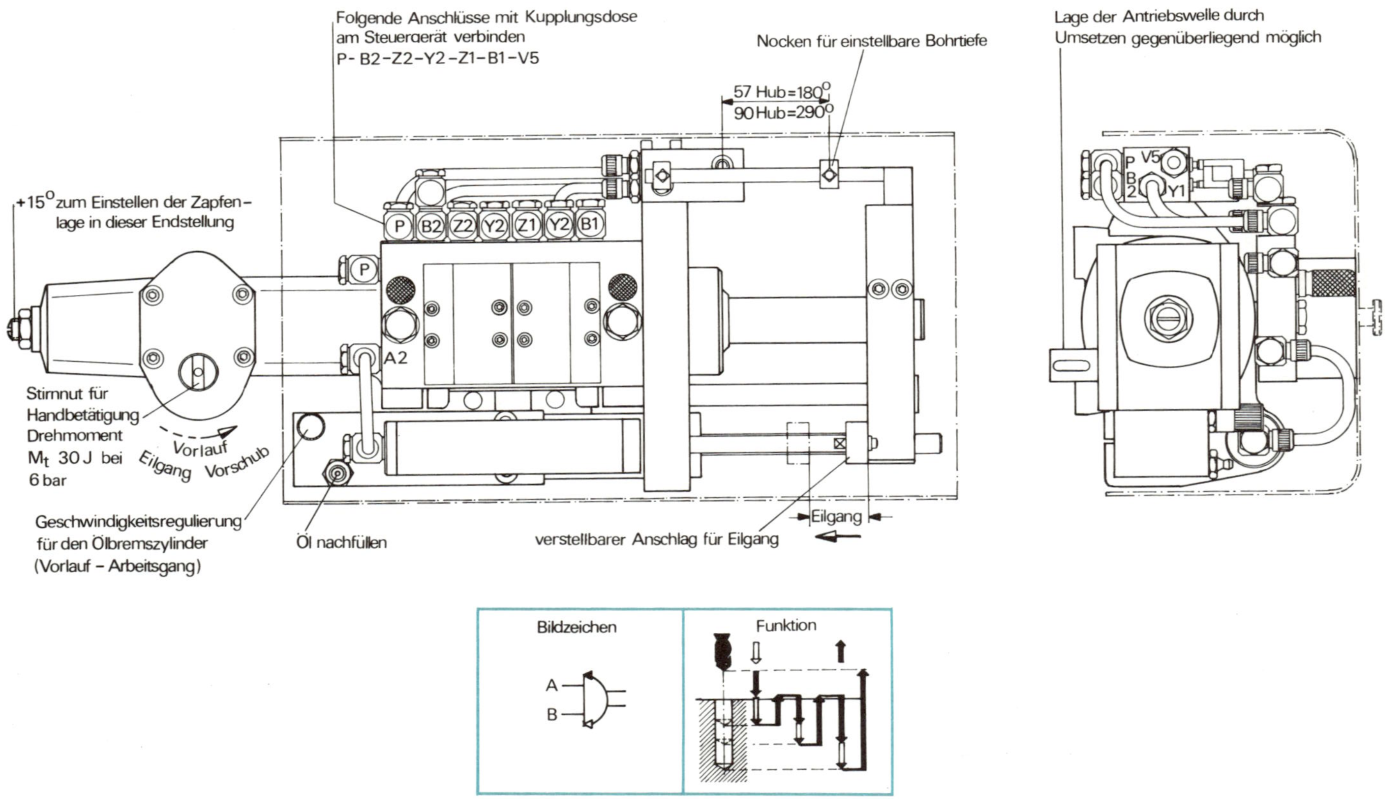

Lage der Antriebswelle durch
Umsetzen gegenüberliegend möglich

Nocken für einstellbare Bohrtiefe

57 Hub = 180°
90 Hub = 290°

Folgende Anschlüsse mit Kupplungsdose
am Steuergerät verbinden
P – B2 – Z2 – Y2 – Z1 – B1 – V5

P V5
B1 Y1
Z2

B1
Y2
Z1
Y2
Z2
B2
P
A2

verstellbarer Anschlag für Eigang

Eigang
Eigang

Öl nachfüllen

+15° zum Einstellen der Zapfen-
lage in dieser Endstellung

Stirnnut für
Handbetätigung
Drehmoment
M_t 30 J bei
6 bar

Vorlauf
Eigang Vorschub

Geschwindigkeitsregulierung
für den Ölbremszylinder
(Vorlauf – Arbeitsgang)

Funktion

Bildzeichen

A
B

Bild 96 *Pneumatisch-hydraulische Schwenkein-*
heit (max. 290°) mit Entspänesteuerung
(FESTO)

92

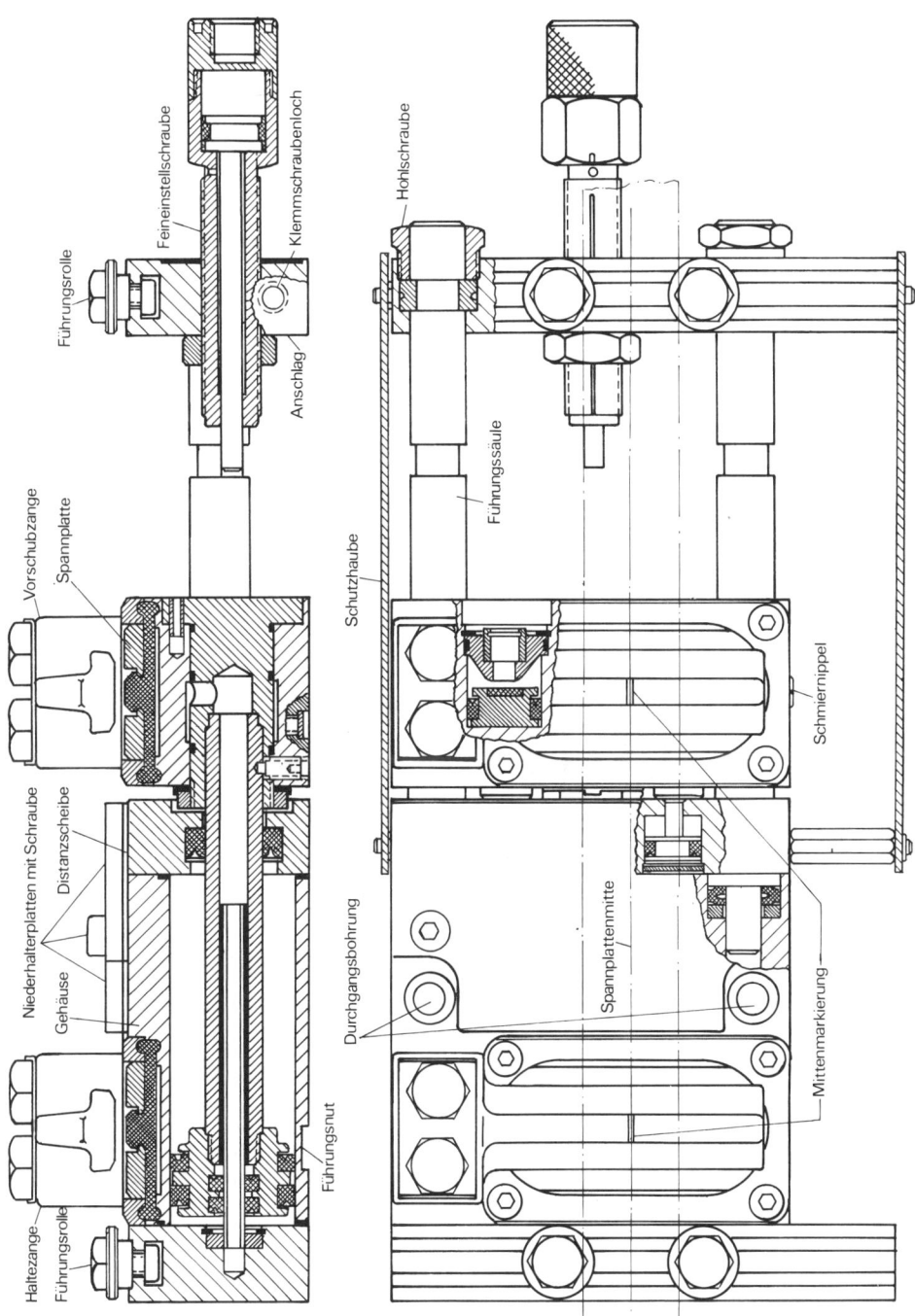

Bild 97 *Pneumatisches Taktvorschubgerät für den schrittweisen Vorschub von Bändern, Stangen, Streifen (FESTO)*

Führungsrolle

Feineinstellschraube

Klemmschraubenloch

Anschlag

Hohlschraube

Führungssäule

Schutzhaube

Vorschubzange

Spannplatte

Niederhalterplatten mit Schraube

Distanzscheibe

Gehäuse

Haltezange

Führungsrolle

Führungsnut

Durchgangsbohrung

Spannplattenmitte

Mittenmarkierung

Schmiernippel

 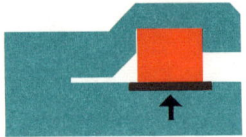 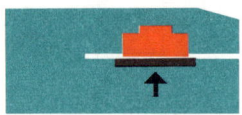

Bild 98 Geometrische Ausbildungen der Halte-
zangen eines Taktvorschubgerätes entsprechend
dem Materialprofil

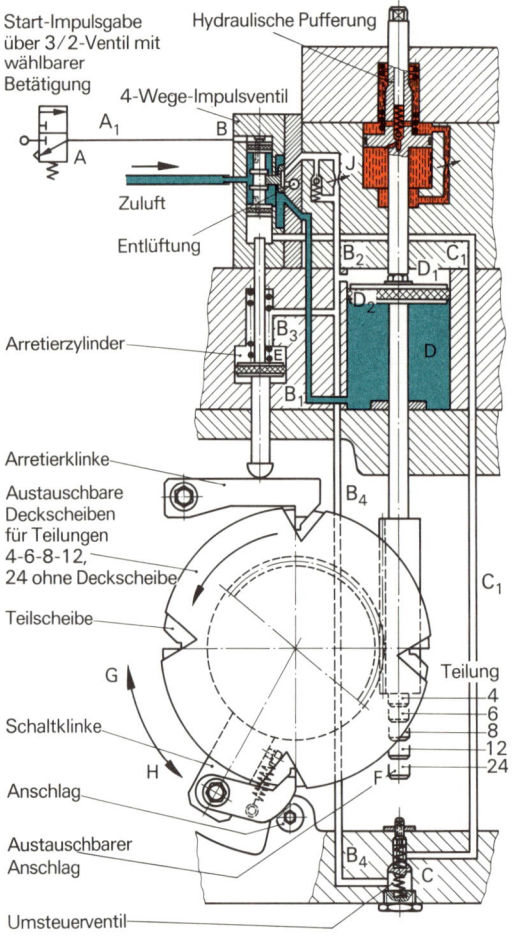

Start-Impulsgabe
über 3/2-Ventil mit
wählbarer
Betätigung

Hydraulische Pufferung

4-Wege-Impulsventil

A_1 B

A

Zuluft

Entlüftung

B_2 C_1

D_1

D_2

Arretierzylinder

B_3

D

E

B_1

Arretierklinke

B_4

Austauschbare
Deckscheiben
für Teilungen
4-6-8-12,
24 ohne Deckscheibe

C_1

Teilscheibe

G

Teilung

4
6
8
12
24

Schaltklinke

Anschlag

H

F

Austauschbarer
Anschlag

B_4 C

Umsteuerventil

Bild 99 Steuerschema eines pneumatischen Rund-
schalttisches (FESTO)

lösesignal von der Arbeitsmaschine selbst entsprechend deren Arbeitstakt gegeben wird. Dieses
Auslösesignal steuert ein 7- bzw. 8-Wegeventil
(siehe Abschnitt 4.2.1.), das dann selbst wiederum
das Taktvorschubgerät steuert. Im Grundkörper
des Taktvorschubgerätes ist ein doppeltwirkender
Druckluftzylinder eingebaut, dessen Hub durch
verstellbare Anschläge begrenzt wird. Bei Einhaltung bestimmter Werte, die mit dem zu transportierenden Material zusammenhängen, beträgt
die Hubtoleranz etwa 0,02–0,05 mm. Die Material-
breite kann je nach Größe des Taktvorschubgerätes bis zu 200 mm betragen. Damit nun das
Material entsprechend dem eingestellten Hub
transportiert wird, ist in dem Hubschlitten und im
Grundkörper je ein Membran-Spannzylinder eingebaut, die abwechselnd spannen und öffnen. Ein
Takt läuft folgendermaßen ab:

1. Spannen des Materials im Hubschlitten (Schieber), Spannzylinder der Haltezange geöffnet.

2. Vorschub des Hubschlittens, das fest gespannte
Material wird entsprechend des eingestellten Hub-
weges transportiert.

3. Ende des Vorschubes erreicht, der Membranzylinder der Haltezange spannt das Material fest,
der Zylinder im Hubschlitten öffnet.

4. Hubschlitten fährt zurück in Ausgangsstellung.

5. Spannzylinder im Hubschlitten spannt, Zylinder
in der Haltezange öffnet (wie unter 1).

Damit beginnt ein neuer Arbeitstakt. Die als Ge-
genhalter ausgebildete Zangen (Bild 97) können
entsprechend dem zu transportierenden Material
eine geometrische Form haben, so daß sich damit
auch Profile taktweise transportieren lassen
(Bild 98).

Das taktweise Zuführen einzelner Werkstücke wird
vorwiegend durch Sonderkonstruktionen spezie-
ler Zuführeinrichtungen oder aber mittels Rundschalttischen durchgeführt. Besonders im Sonder-
maschinenbau werden Rundschalttische als Grund-
elemente eingesetzt, um die dann die einzelnen Bearbeitungsstationen angeordnet sind. Der pneumatische **Rundschalttisch** enthält ebenfalls Zylinder
und Ventile, die konstruktive Bestandteile dieser
Baueinheit sind. Bild 99 zeigt die Steuerung eines
Rundschalttisches. Dabei kann der Vollkreis (360°)
in mehreren, wählbaren Teilschritten erreicht werden. Die Teilung richtet sich dabei nach der An-

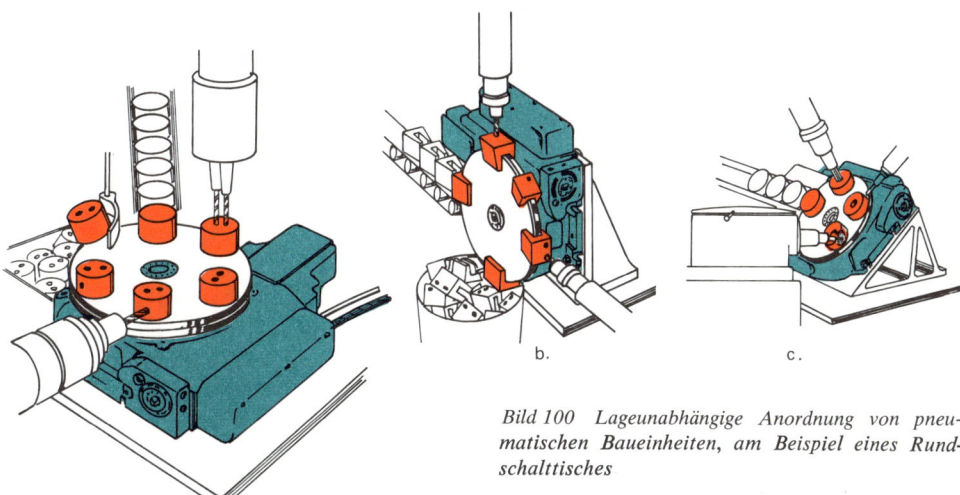

b.

c.

Bild 100 Lageunabhängige Anordnung von pneumatischen Baueinheiten, am Beispiel eines Rundschalttisches

a.

zahl der um den Rundschalttisch angeordneten Bearbeitungsstationen. Die Größe eines pneumatischen Rundschalttisches wird meist nach seinem Tellerdurchmesser angegeben, wobei unter verschiedenen Größen je nach Einsatzzweck gewählt werden kann. Für fast alle pneumatischen Elemente und Baueinheiten gilt, daß diese lage-

unabhängig montiert und aufgestellt werden können. Das gilt für alle hier vorgestellten Baueinheiten. Bild 100 zeigt drei schematische Beispiele für den lageunabhängigen Einsatz von Rundschalttischen.

Der Funktionsablauf für einen Rundschalttisch entsprechend Bild 99 sieht folgendermaßen aus:

Blau angelegte Leitungen belüftet, Kolben D2 in der hinteren Endlage. Tisch durch Arretierklinke und Arretierzylinder (E) unter Federdruck verriegelt.					
durch	Betätigung von	zu Ventil	Leitungen/Zylinder entlüftet	belüftet	löst aus:
3/2-Wege-Ventil	A Impulszeit ca. 0,3 sec	B		A_1 (kurzzeitig) B_2-B_3-E	Arretierzylinder vorne unter Druck
			B_1–D	B_2–D_1	Vorlauf Kolben D_2 bis F anschlägt, Schaltklinke in Richtung G bis zur nächsten Aussparung in der Deckscheibe.
				B_2–B_4	Zuluft zum Signalglied C
F	C	B		C_1 (kurzzeitig)	Arretierzylinder E und Zylinderseite D_1 entlüftet
			B_2–D_1–B_3 –E–B_4		
				B_1–D	Rücklauf Kolben D_2, gedrosselt durch J, Schaltklinke dreht Tischplatte in Richtung H, Arretierklinke wird gegen den Federdruck von E durch die Deckscheibe abgehoben.
Die abgehobene Arretierklinke drückt die Kolbenstange von Zylinder E in das Ventil B. Der Umsteuerkolben ist dadurch blockiert. Fehlschaltungen durch Startimpulse während des Teilvorganges sind somit ausgeschlossen.					

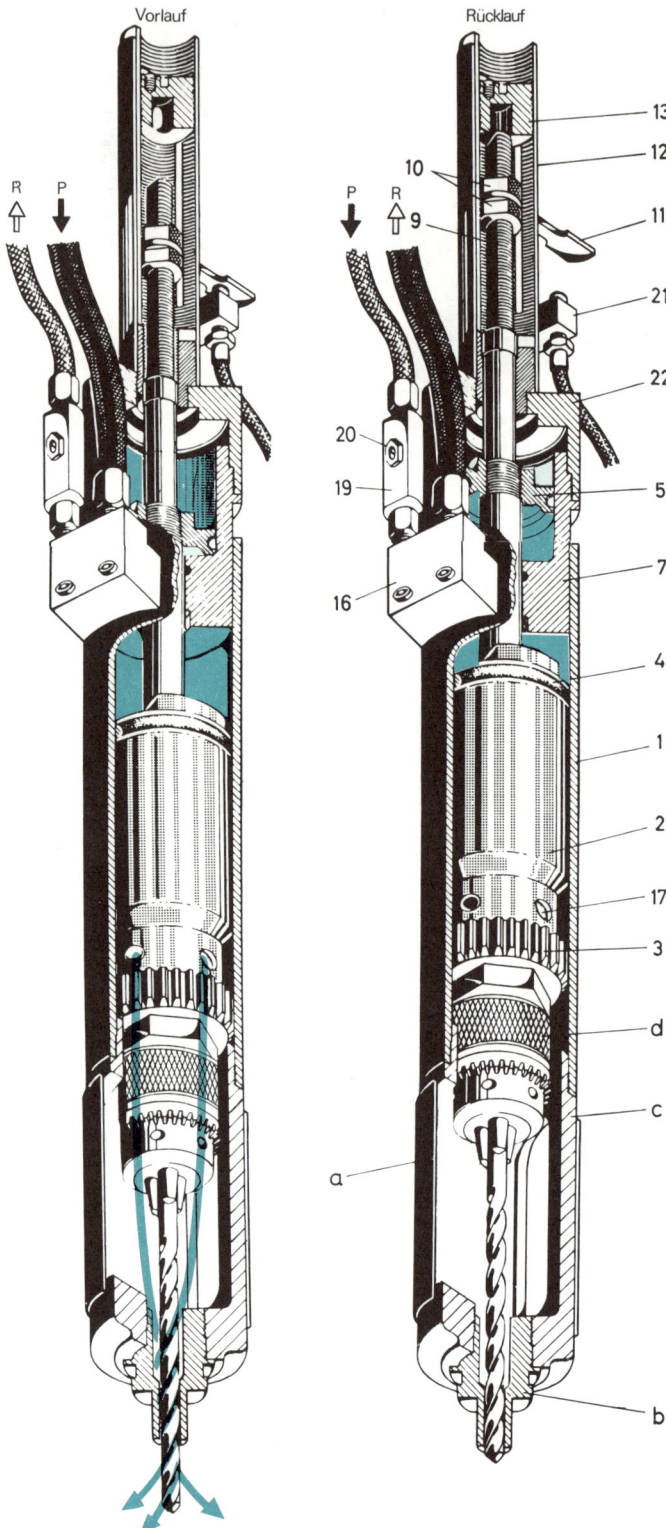

Bild 101 Schnittbilder einer pneumatischen Bohrvor-schubeinheit entsprechend den Funktionen Vorlauf und Rücklauf

a) *Schallschutz*

b) *Bohrführungsbüchse*

c) *Kopfstück*

d) *Bohrfutter*

Die Erläuterungen der Zahlen siehe Text

(Deutsche Gardner Denver GmbH)

Bohrvorschubeinheiten (Bild 105)

Eine noch weitergehende Zusammenfassung einzelner Funktionen innerhalb einer Baueinheit ist bei den sogenannten Bohrvorschubeinheiten gegeben. Diese Einheiten können nach dem Baukastensytem zusammengestellt sein, beispielsweise eine elektrische oder pneumatische Bohrmaschine wird mit einer pneumatischen oder pneumatisch-hydraulischen Vorschubeinheit kombiniert, oder aber sämtliche Einzelelemente sind konstruktiver Bestandteil einer Baueinheit. Eine pneumatische Bohrvorschubeinheit im Schnitt zeigt Bild 101.

Aufbau:

Das Hauptgehäuse (1) enthält den axial verschiebbaren Druckluft-Lamellenmotor (2) und das Motorgehäuse (3) mit Längsverzahnung zur Abluftführung. Im Motorgehäuse sind außer dem Druckluftmotor auch das ein- oder mehrstufige Planetengetriebe sowie die Abtriebswelle untergebracht. Im Vorschubaggregat mit Vorlaufkolben (4) und Rücklaufkolben (5), sind die Zylinderräume für Vorlauf- und Rücklaufkolben durch die Zwischenwand (7) getrennt. Die aus dem Vorschubaggregat herausragende Stopschraube (9) ist mit dem Rücklaufkolben direkt verbunden. Auf der Stopschraube sind zwei Muttern (10) mit Skalen, einschließlich der zwischenliegenden Umsteuerplatte (11) zur Bohrtiefeneinstellung und Umsteuerung von Vorlauf auf Rücklauf. Über der Stopschraube die Hülse (12) mit verstellbarer Schraube (13) zur Begrenzung des Rücklaufs und Bohrlängenausgleich.

Funktion Vorlauf:

Beaufschlagung der Druckluft-Bohrvorschubeinheit mit aufbereiteter Druckluft entweder über einen Luftanschlußblock (16) oder über Lufteinlaßstutzen mit anschließender Luftführung über ein angebautes 4-Wegeventil. Die in die Einheit geleitete Druckluft drückt Vorlaufkolben und Motorgehäuse nach vorn. Ein Teil der Druckluft wird über Bohrungen im Vorlaufkolben zum Drehen des Motors abgezweigt. Die entspannte Luft strömt durch Auspuffschlitze (17) des Motorgehäuses in Richtung des Bohrers aus und übernimmt dessen Luftkühlung.

Der Rücklaufkolben verdrängt beim Vorlauf die im unteren Zylinderraum befindliche Luft über das am Anschlußblock angebaute Drosselrückschlagventil (19). Durch Einstellen der Drossel mit der Vorschubeinstellschraube (20) wird die Vorschubgeschwindigkeit stufenlos geregelt.

Funktion Umsteuern und Rücklauf:

Bei Einheiten mit Luftanschlußblock wird der Umsteuer- und Motorstopimpuls, zugleich auch Rücklaufimpuls von einem 4-Wegeventil außerhalb der Einheit gegeben, bei Einheiten mit Lufteinlaßstutzen und nachgeschaltetem 4-Wegeventil durch das an der Einheit angebrachte 4-Wegeventil. Dadurch wird die Luftzufuhr zum Motor unterbrochen und gleichzeitig vom Vorlaufkolben auf den Rücklaufkolben (Eilrücklauf) umgesteuert.

Bohrtiefeneinstellung:

Die Bohrtiefe ist über die Umsteuerplatte und auch über das Umsteuerventil (21) einstellbar. Es ergeben sich dadurch viele Einstellmöglichkeiten für die Bohrtiefe, die in jedem Falle durch Auftreffen der mitvorlaufenden Umsteuerplatte auf das fixierte Umsteuerventil begrenzt ist.

Wird mikrometergenaue Bohrtiefe verlangt, sind Einheiten mit Luftanschlußblock zu wählen, bei denen die untere Skalenmutter auf dem Anschlag am Abschlußdeckel (22) des Hauptgehäuses läuft und dadurch den Vorschub genau begrenzt.

Neben diesen rein pneumatischen Bohrvorschubeinheiten gibt es auch solche mit hydraulischer Bremsung der Vorschubgeschwindigkeit. Dabei ist über dem Druckluftzylinder ein Ölbremszylinder innerhalb des Hauptgehäuses angeordnet, dessen Funktion genau derselben entspricht wie der eines einzelnen Ölbremszylinders (siehe Abschnitt 4.6). Die Ölbremsung tritt nur beim Vorlauf in Funktion, der Rücklauf erfolgt ungebremst, da das Öl über ein Rückschlagventil frei durchfließen kann. Ganz ähnlich aufgebaut sind auch die Gewindeschneideinheiten, die mit einer Leitspindel arbeiten. Die Gewindeschneideinheiten können für Rechts- oder Linksgewinde ausgerüstet sein.

Auch für diese Baueinheiten gilt, daß sie lageunabhängig ein- oder angebaut werden können (Bild 102), wobei gerade dieser Vorteil weitere Vorteile beim Bau von Sondermaschinen bringt. Das Werkstück behält beispielsweise seine horizontale Lage während der ganzen Bearbeitung bei und die Bohrvorschub- bzw. Gewindeschneideinheiten sind entsprechend der geometrischen Form des Werkstückes und entsprechend ihres Arbeitswinkels angeordnet. Die Leistungsdaten für Bohrvorschubeinheiten sind in Tabelle 12 zusammengefaßt.

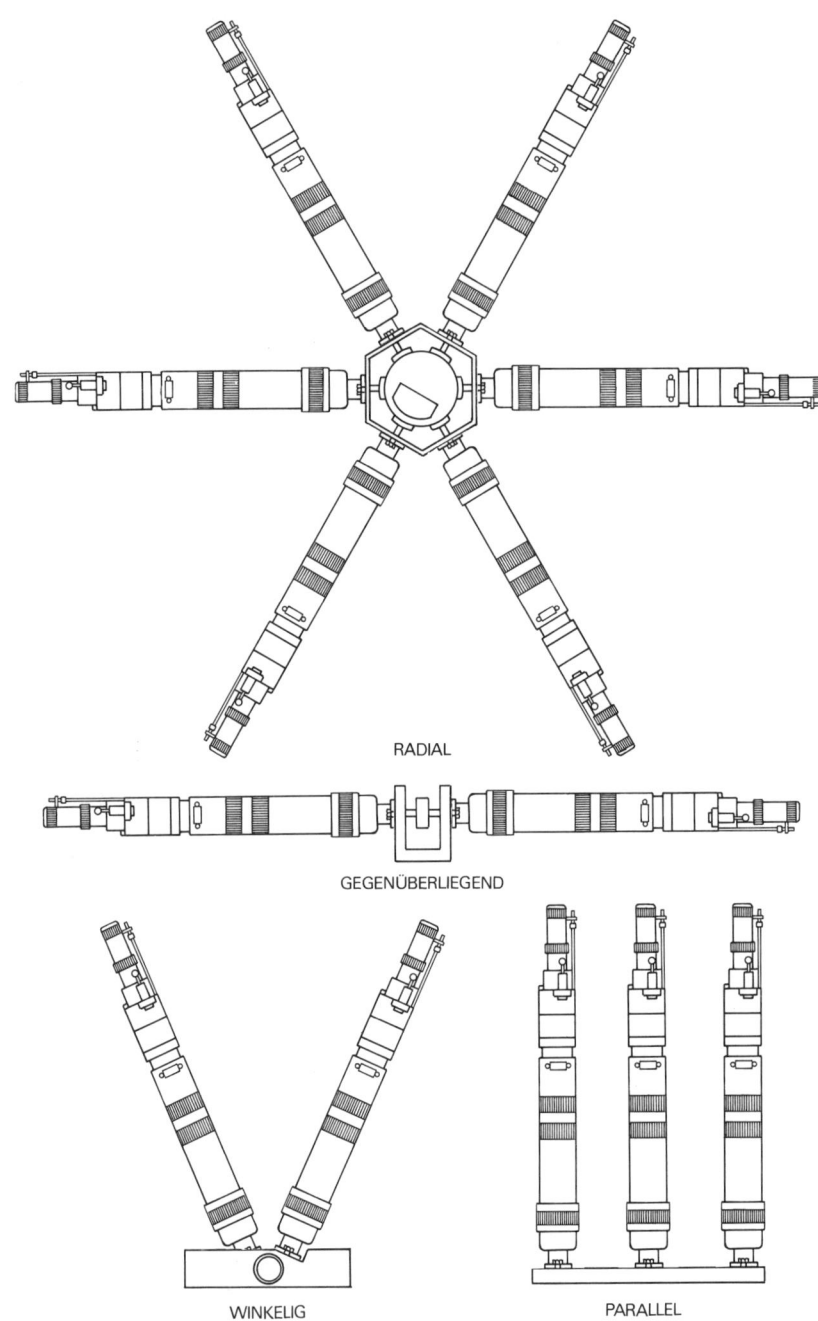

RADIAL

GEGENÜBERLIEGEND

WINKELIG

PARALLEL

Bild 102 Lageunabhängige Anordnung von pneumatischen Bohrspindeln, Bohrvorschub- und Gewindeschneideinheiten

Tabelle 12: *Leistungsdaten-Bereich üblicher Bohrvorschubeinheiten mit rein pneumatischem oder pneumatisch-hydraulischem Vorschub (Einzeldaten abhängig von der Maschinengröße/Typ)*

Motorleistung	0,2–1 kW
Leerlaufdrehzahlen je nach gewähltem Getriebe	$15000–300 \text{ min}^{-1}$
Bohrleistung in St 37 (Bohrdurchm.) abhängig von Leerlaufdrehzahl	1,5–25 mm
Vorschublänge	30–150 mm
Luftverbrauch	$0,4 – 1,3 \text{ m}^3/\text{min}$

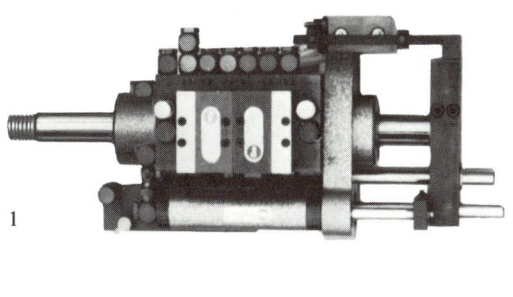

1

2

Bild 103   Pneumatisch-hydraulische Vorschubeinheiten mit Entspänesteuerung, 1 Vorschubeinheit für Linearantrieb, 2 Vorschubeinheit für Schwenkantrieb (FESTO)

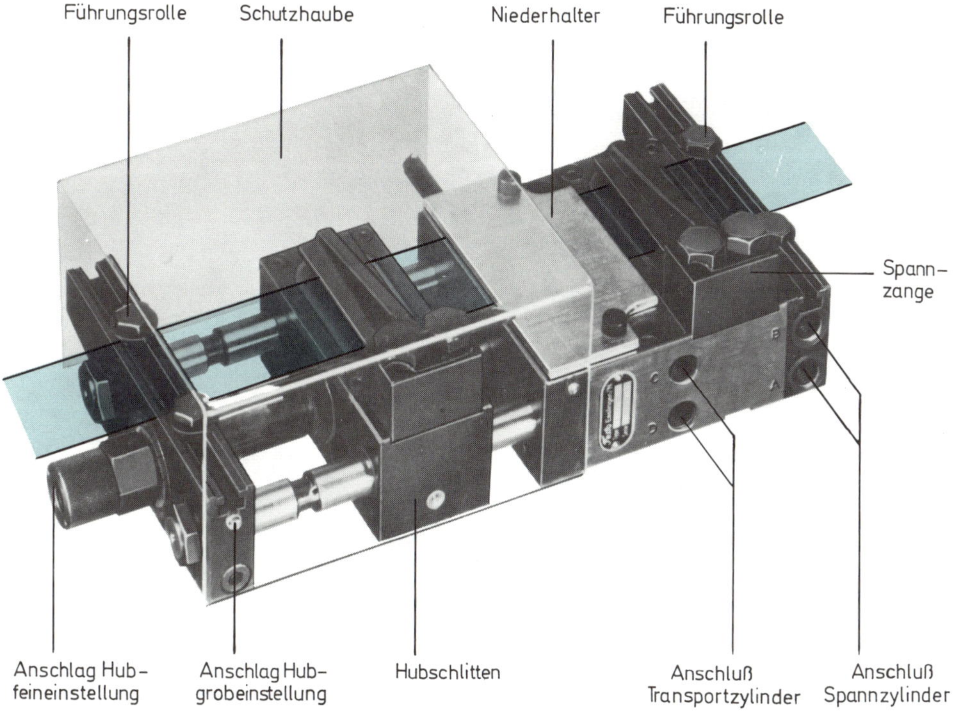

Führungsrolle   Schutzhaube   Niederhalter   Führungsrolle

Spann-zange

Anschlag Hub-feineinstellung   Anschlag Hub-grobeinstellung   Hubschlitten   Anschluß Transportzylinder   Anschluß Spannzylinder

Bild 104/1   Baueinheit für Lineartakt, Taktvorschubgerät für Bänder, Stangen und Streifen

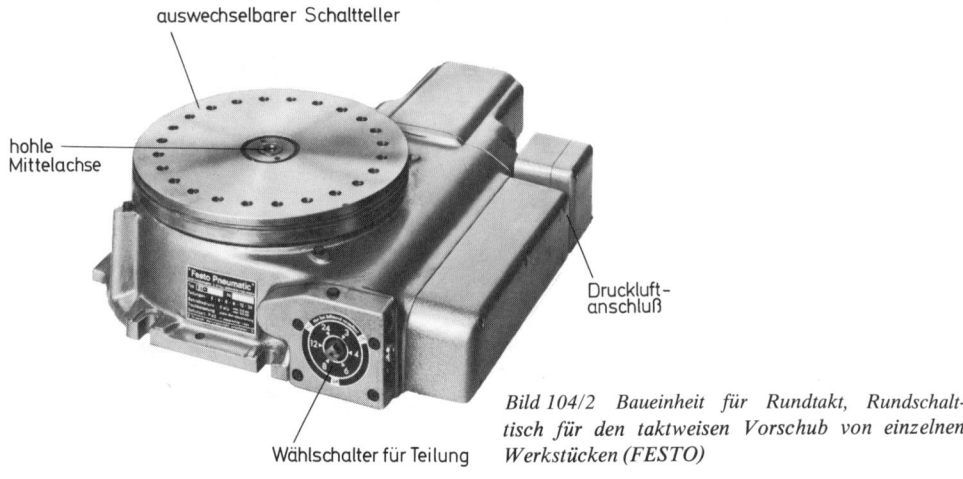

auswechselbarer Schaltteller

hohle Mittelachse

Druckluft-anschluß

Wählschalter für Teilung

Bild 104/2 Baueinheit für Rundtakt, Rundschalttisch für den taktweisen Vorschub von einzelnen Werkstücken (FESTO)

1

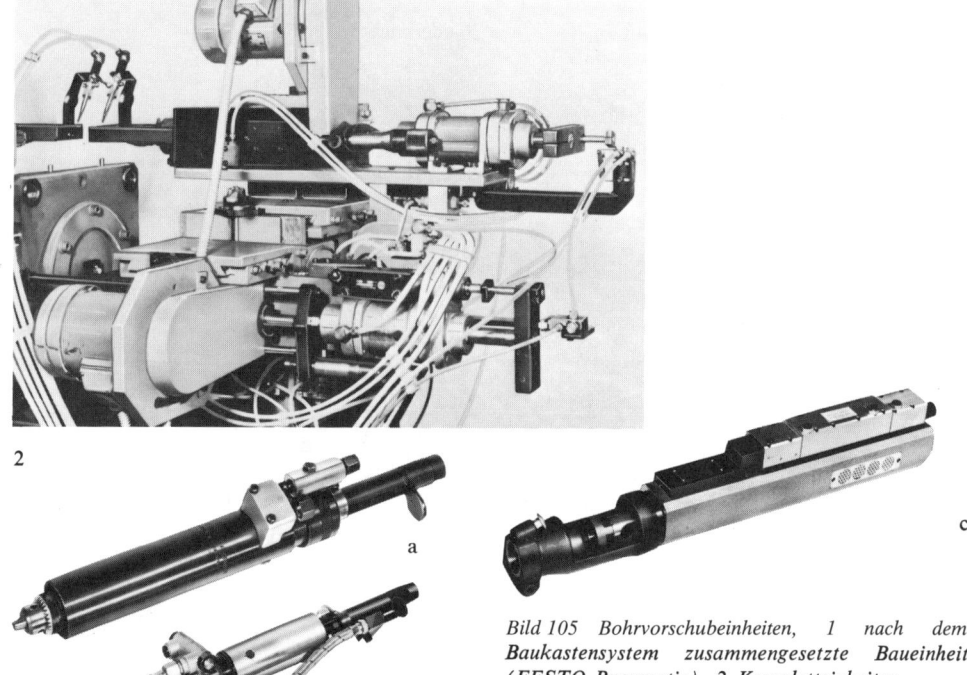

2

a

b

c

Bild 105 Bohrvorschubeinheiten, 1 nach dem Baukastensystem zusammengesetzte Baueinheit (FESTO-Pneumatic), 2 Kompletteinheiten

a) pneumatische Bohrvorschubeinheit, b) pneumatisch-hydraulische Bohrvorschubeinheit, c) Gewindeschneideinheit (Deutsche Gardner Denver GmbH)

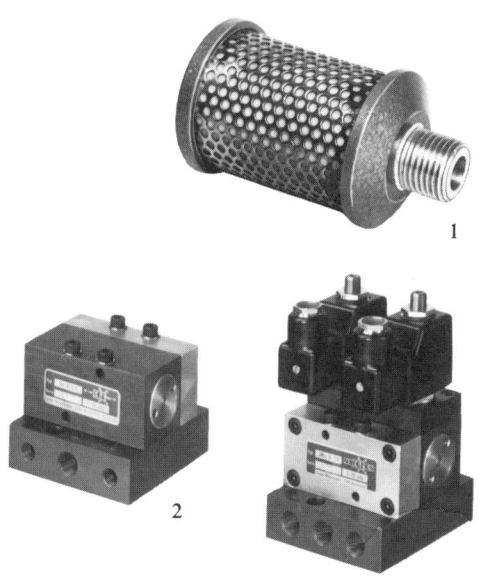

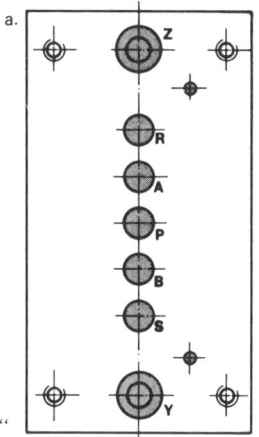

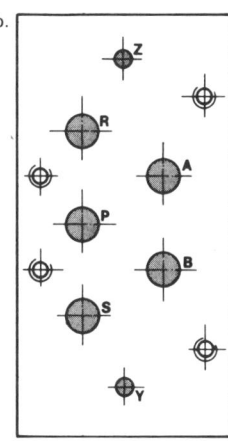

Bild 106   Zubehör, 1) Schalldämpfer, 2) Montage von Ventilen auf Anschlußplatten, 3) Montage von bis zu vier Ventilen auf Batterieleiste (FESTO)

4.8. Zubehör

Die Frage: „was ist Zubehör", ein Ergänzungsteil oder ein unentbehrlicher Ausrüstungsgegenstand, läßt sich nicht immer genau abgrenzen. In der Pneumatik kann es beides sein, als Ergänzungsteil unter dem Hinweis: wenn es dabei ist, kann es bestimmt nicht schaden; sowie auch als unentbehrlicher Ausstattungs- bzw. Ausrüstungsgegenstand. Üblicherweise werden unter „Zubehör für die Pneumatik" alle die Teile hinzugezählt, die sich nicht unter dem Begriff: Arbeits- oder Steuerelement zusammenfassen lassen. Dazu können dann natürlich auch solche Teile gehören, ohne die eine Anlage nicht betriebsbereit wäre. Teilt man die Pneumatik in die Hauptgruppen: Drucklufterzeugung, Verteilung, Steuerung und Arbeiten ein, so hat jede Gruppe ihr eigenes Zubehör ebenso wie

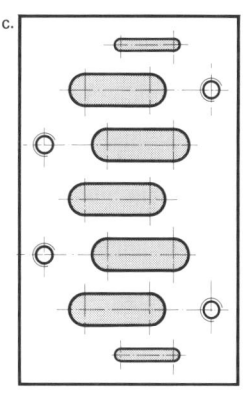

Bild 107   Lochbilder für Anschluß-platten a) nach „DIN-(VDMA-) Norm", b) nach „CETOP-Norm", c) nach „ISO-Norm"

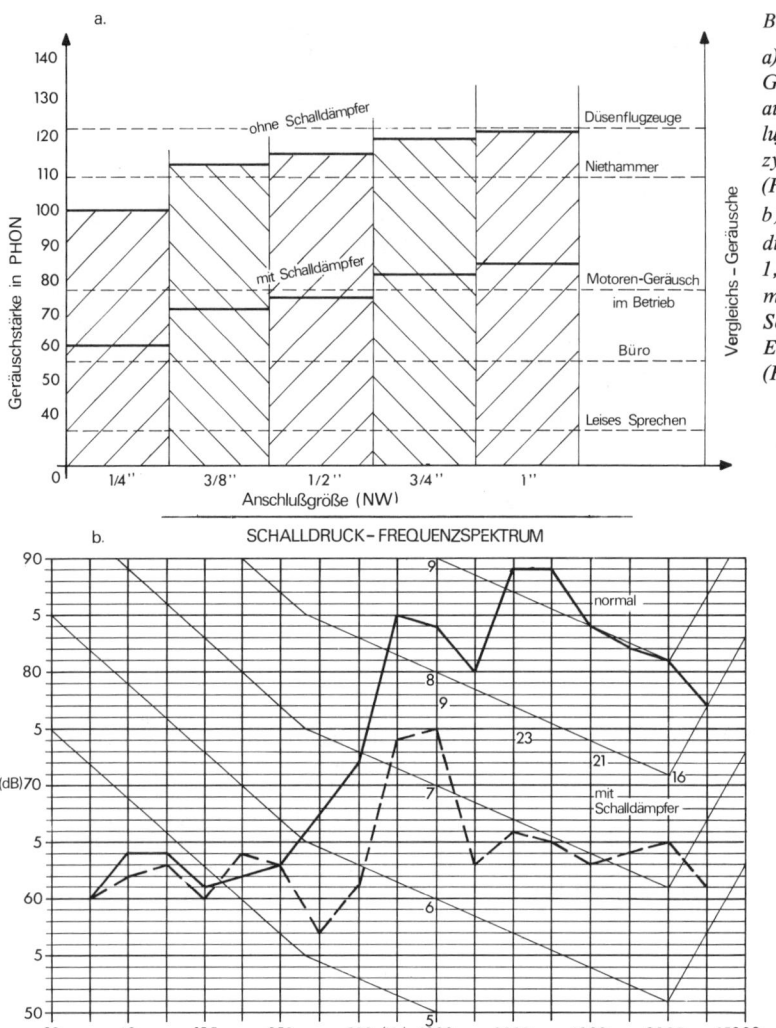

a.

Geräuschstärke in PHON

ohne Schalldämpfer

mit Schalldämpfer

Anschlußgröße (NW)

b. SCHALLDRUCK – FREQUENZSPEKTRUM

(dB)

normal

mit Schalldämpfer

(Hz)

Vergleichs – Geräusche

Düsenflugzeuge

Niethammer

Motoren-Geräusch im Betrieb

Büro

Leises Sprechen

Bild 108

a) Diagramm über die Geräuschminderung ausströmender Druckluft an Pneumatikzylindern (FESTO)
b) Schallmeß-diagramm eines 1,5-kW-Druckluftmotors ohne und mit Schalldämpfer am Entlüftungsausgang (FMA-Pokorny)

bestimmte Zubehörteile auch in mehreren Gruppen eingesetzt werden können. Ein großes Angebot von Zubehörteilen umfaßt die Gruppe Verteilung der Druckluft. Dabei ist das Rohrnetz selbst kein Zubehör, wohl aber alle Verbindungsteile, insbesondere auch bei der Verteilung der Luft innerhalb einer Anlage.

Auf solches Zubehör braucht hier nicht eingegangen zu werden, da in den Abschnitten 3.2 und 3.3 die einzelnen Teile bereits erwähnt wurden. Das wohl bekannteste Zubehör dieser Gruppe ist die Wartungseinheit.

Zu der Gruppe Steuerung gehören nur noch wenige Zubehörteile, da alle Teile, die an das Ventil angebaut werden können, um so seine bestimmte Funktion zu ermöglichen oder zu beeinflussen, kein Zubehör für pneumatische Steuerungen sind, sondern höchstens Zubehörteile des Ventils. Echte Zubehörteile sind **Anschlußplatten** und **Batterieleisten** (siehe Bild 106/2 und 106/3). Eine Anschlußplatte wird immer da eingesetzt, wo ein Ventil ohne Lösen der Druckluftleitungen ein- und ausgebaut werden soll, z.B. bei Reparaturen. Die Anschlußplatte enthält die notwendigen Anschlüsse für den Druckluftanschluß P, für die Zylinderleitungen A und B, für die Entlüftungen R und S, sowie notfalls für die Steuerleitungen Z und Y. Das Anschlußbild der Platte muß mit dem Anschlußbild des Ventils übereinstimmen. Damit in pneumatischen Steuerungen unabhängig von Fabrikat und Bauart ein Austausch von Ventilen möglich ist, sind die Lochbilder der Anschlußplatten festgelegt. Dabei ergeben sich bis jetzt noch Unterschiede zwischen der „DIN-(VDMA-) Norm", der „CETOP-Norm" und der „ISO-Norm" (Bild 107). Das Verwenden von Ventilen auf Anschlußplatten setzt voraus, daß entweder Ventil und Anschlußplatte eines bestimmten Farbikates verwendet, oder nur solche Ventile eingesetzt werden, deren Lochbild auf die nach DIN, CETOP bzw. ISO festgelegte Anschlußplattenform passen.

Batterieleisten sind praktisch Anschlußplatten, auf die mehr als ein Ventil, unter Ausnützung der gleichen Vorteile, montiert werden können. Batterieleisten sind besonders dort vorzusehen, wo viele gleichartige Ventile nebeneinander bzw. beieinander angeordnet werden müssen. Der Verrohrungsaufwand wird erheblich geringer, da alle Ventile einer Batterieleiste über eine Zuleitung P gespeist werden.

Ein weiteres Zubehörteil für Ventile ist der **Schalldämpfer** (Bild 106/1). Dieser wird normalerweise in die Abluftöffnungen der Ventile eingeschraubt, so daß die Entlüftungsluft nicht mehr direkt, sondern durch den Schalldämpfer ins Freie strömt. Von einem Zylinder über ein Ventil ausströmende Druckluft erreicht meist eine hohe Strömungsgeschwindigkeit, die dabei ein lästiges Geräusch hoher Frequenz bildet. Insbesondere an Schnellentlüftungsventilen macht sich die Geräuschbildung unangenehm bemerkbar. Der Schalldämpfer vermindert die Luftaustrittsgeschwindigkeit durch Vergrößern der Luftaustrittsfläche. Ein poröser Zylindermantel nimmt die Abluft vom Ventil auf

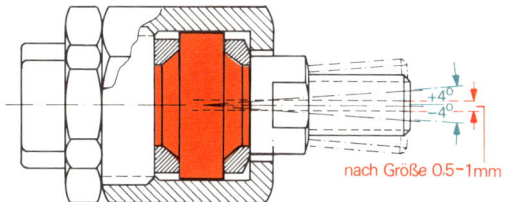

Bild 109   Schema einer Flexokupplung

und läßt sie an seiner gesamten Außenfläche abströmen. Die Geräuschminderung ist bei Verwendung von Schalldämpfern sehr erheblich (Bild 108). In der Gruppe „Arbeiten" zählen zu den Zubehörteilen die Befestigungsteile der Zylinder sowie die Verbindungsteile bei Baueinheiten. Diese wurden jeweils dort erwähnt. Als Zubehör gilt aber nur das Teil, das zusätzlich zu einer bestehenden Befestigungsart wahlweise verwendet werden kann. Fest angebaute Befestigungsteile am Zylinder sind Bestandteil des Zylinders.

Ein Zubehörteil verdient aber noch Erwähnung: die sogenannte **Flexokupplung**. Diese wird auf die Kolbenstange aufgeschraubt und stellt die Verbindung zwischen Kolbenstange und mechanischem Teil des angetriebenen Gliedes dar. Infolge flexiblen Einsatzes in der Flexokupplung (Bild 109) dient sie zum Ausgleich von Radial- und Winkelabweichungen. Der Radialausgleich kann je nach Größe 0,5–1,0 mm betragen, die Winkelabweichung $\pm$ 4°. Damit werden Seitenkräfte, die unter Umständen die Kolbenstangenführungsbüchse mit der Zeit beschädigen, wesentlich abgeschwächt oder sogar ganz eliminiert. Flexokupplungen sind entsprechend des Kolbenstangendurchmessers zu wählen.

5. Steuerungen

Unter dem Begriff „Pneumatische Steuerung" wird die Gesamtheit der miteinander durch Leitungen verbundenen pneumatischen Steuer- und Arbeitselemente verstanden, wobei die pneumatische Steuerung aus einer oder mehreren Steuerketten gebildet sein kann, die zur Lösung einer bestimmten Aufgabe eingesetzt werden. Die Unterteilung in rein pneumatische und beispielsweise elektropneumatische Steuerung ist zweitrangig, da in vielen Fällen eine Lösung der Aufgabe nach beiden Untergruppen möglich ist.

Steuerelement	= Informationsverarbeiter
Arbeitselement	= Energieumformer

Bei einer Steuerung wird eine Größe durch eine andere Größe beeinflußt, die Wirkrichtung ist entsprechend einem offenen, kettenförmigen System = **der Steuerkette.** Im Gegensatz dazu der **Regelkreis,** der eine in sich geschlossene Wirkrichtung hat (Bild 1). In der Pneumatik sind Regelkreis und Steuerkette anzutreffen, wobei pneumatische Regelkreise gegenüber den pneumatischen Steuerungen zahlenmäßig in der absoluten Minderheit sind.

Steuerkette:	System der Größenbeeinflussung mit offenem kettenförmigen Wirkungsablauf
Regelkreis:	System der Größenbeeinflussung mit geschlossenem Wirkungsablauf

Wie bereits zuvor schon unter „Ventile" erwähnt, ist Steuern die Einwirkung der Führungsgröße (Beeinflussung) auf eine Funktion oder Größe, um diese auszulösen, zu ändern, umzulenken oder aufzuheben. Um steuern zu können, ist eine Steuerenergie notwendig. Die Steuerenergie richtet sich nach der Betätigung der Ventile, die innerhalb einer Steuerkette eingesetzt sind, sie kann manuell, mechanisch, elektrisch, hydraulisch, pneumatisch oder fluidisch aufgebracht werden.

Eine pneumatische Steuerkette kann aus Wegeventil und Zylinder bestehen (Bild 2a) dabei vereinigt das Wegeventil alle Funktionen eines Signal-Steuer- und Stellgliedes. Sind mehrere Abhängigkeiten innerhalb einer Steuerkette zu befolgen, so bilden sich Steuerketten, die aus getrennten Stell-, Steuer- und Signalgliedern bestehen (Bild 2b). Infolge der notwendigen Abhängigkeiten innerhalb einer größeren pneumatischen Steuerung, wird die Steuerung geteilt in den Informationsteil = Steuerteil, bestehend aus den Signal- und Steuergliedern und dem Arbeitsteil = energetischer Teil, bestehend aus Stell- und Arbeitsglied. Dabei kann bei umfangreichen Steuerungen der Informationsteil mit niedrigen Drücken = geringer Steuerenergie arbeiten, während im Arbeitsteil die geringe Steuerenergie auf die Arbeitsenergie verstärkt wird. Die Verstärkung erfolgt im Stellglied, wo beispielsweise entsprechend Bild 2b ein positiver Impuls geringen Druckes die Arbeitsenergie mit z.B. 6 bar steuert. Bei einfachen und kleinen Steuerungen lohnt sich der Aufwand von zwei Druckluftnetzen mit unterschiedlichen Drücken nicht. Einen Kompromiß kann man dadurch bilden,

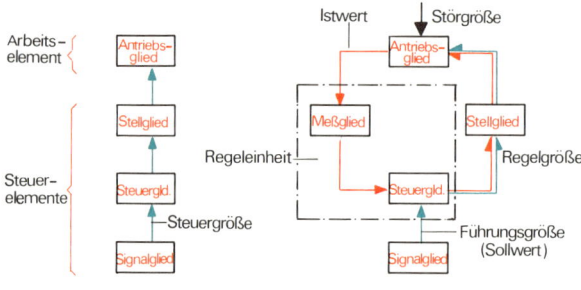

Bild 1   Steuerkette und Regelkreis

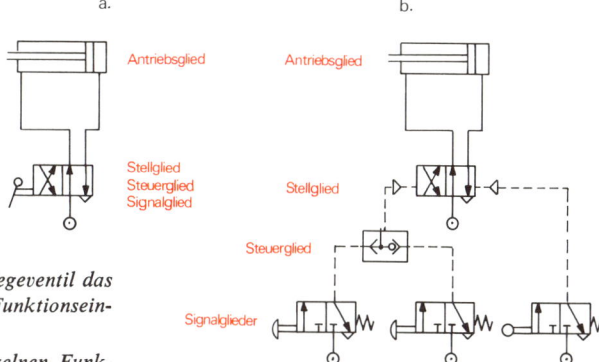

Bild 2 Steuerketten

a) einfache Steuerkette bei der ein Wegeventil das Stell-, Steuer- und Signalglied in Funktionseinheit ist

b) Steuerkette mit Aufteilung der einzelnen Funktionen

daß nur ein Druckluftnetz vorhanden ist, aus dem über Druckminderventile für den Informationsteil der Luftdruck herabgesetzt wird. Die Energiekosten des Informationsteils (Luftverbrauch) müssen dabei den Wert des eingesetzten Druckminderventiles rechtfertigen.

Der Informationsteil (Signal- und Steuerglieder) kann räumlich weit vom Arbeitsteil (Stell- und Antriebsglied) entfernt sein. Die Entfernung zwischen Stell- und Antriebsglied soll möglichst gering sein, um die Energiekosten zu verringern und höhere Schaltspielzahlen zu ermöglichen.

5.1. Allgemeine Hinweise für den Aufbau

Unabhängig von der gewählten Betätigungsart und dem Umfang einer pneumatischen Steuerung setzt der Aufbau einer solchen Steuerung die Kenntnis über die Möglichkeiten der Kombination von Stell- und Arbeitsglied voraus. Es ist wichtig zu wissen, mit welchen Wegeventilen verschiedene Druckluftzylinder oder Druckluftmotoren gesteuert werden können. In den gezeigten Beispielen gilt der Druckluftzylinder stellvertretend für alle Linearantriebe in der Pneumatik, beispielsweise auch für pneumatisch-hydraulische Vorschubeinheiten oder Bohrvorschubantriebe, ebenso der Druckluftmotor für alle echten Drehantriebe, beispielsweise auch für Bohreinheiten und andere rotierende Druckluftwerkzeuge.

Die Beispiele entsprechend den Bildern 3 bis 10 zeigen jeweils Steuerungen von einfachwirkenden Druckluftzylindern bzw. Druckluftmotoren mit einer Drehrichtung (Strömungsrichtung). Die Beeinflussung der Kolbengeschwindigkeit eines einfachwirkenden Druckluftzylinders in eine langsamere Geschwindigkeit ist mit einem Drosselrückschlag- bzw. Drosselventil möglich (Bild 4). Soll die Kolbengeschwindigkeit gesteigert werden,

im Vorlauf mit Ventilen größerer Nennweite in geringem Bereich möglich, so kann für den Rücklauf, bei dem ja keine Arbeit geleistet wird, im Schnellentlüftungsventil (Bild 5) eingesetzt werden. Bild 6 zeigt ein Beispiel für langsamen Vorlauf und schnellen Rücklauf des Kolbens mit einem Drosselrückschlagventil und einem Schnellentlüftungsventil. Bereits unter Sperrventilen wurde eine Steuerung vorgestellt, bei der ein Zylinder von

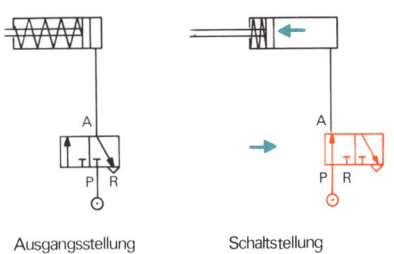

Ausgangsstellung   Schaltstellung

Bild 3 Steuerung eines einfachwirkenden Zylinders über ein 3/2-Ventil

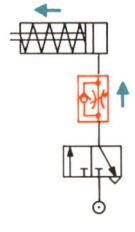 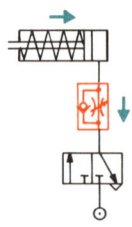 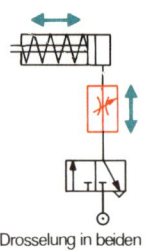

Zuluftdrosselung   Abluftdrosselung   Drosselung in beiden
                                                    Richtungen gleich

Bild 4 Beeinflussung der Kolben-geschwindigkeit eines einfachwirken-den Zylinders ins Langsamere mit Drosselrückschlag- bzw. Drosselven-til in beiden Richtungen

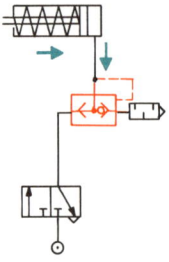

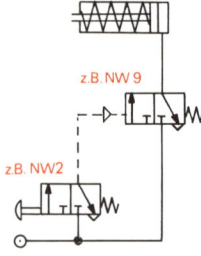

z.B. NW 9

z.B. NW 2

Bild 5 Beeinflussung der Kolbengeschwindigkeit eines einfachwirkenden Zylinders ins Schnelle mit Schnellentlüftungsventil, Wirkung im Rückhub

Bild 8 Indirekte Steuerung eines großvolumigen, einfachwirkenden Zylinders

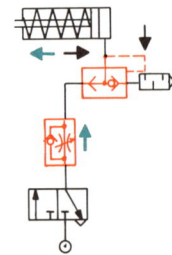

Druckluftzylinder   oder   Druckluftmotor

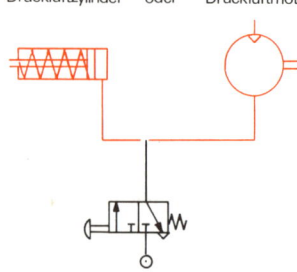

Bild 6 Beeinflussung der Kolbengeschwindigkeit eines einfachwirkenden Zylinders, Vorlauf über Drossel ins Langsame, Rücklauf über Schnellent-lüftungsventil ins Schnelle

Bild 9 Mit einem 3/2-Ventil kann ein einfach-wirkender Zylinder oder ein Druckluftmotor mit einer Strömungsrichtung (Rechts- oder Linkslauf) gesteuert werden

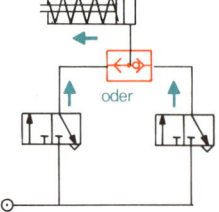

oder

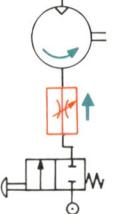

Bild 7 Steuerung des Vorlaufes eines einfachwir-kenden Zylinders von zwei Betätigungsstellen über ein Wechselventil

Bild 10 Beeinflussung der Drehzahl eines Druck-luftmotors mit einer Strömungsrichtung über ein Drosselventil

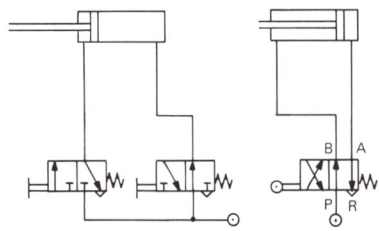

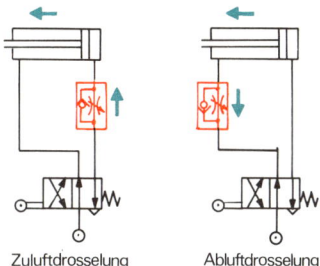

Zuluftdrosselung Abluftdrosselung

Bild 11 Steuerung eines doppeltwirkenden Zylinders über zwei 3/2-Ventile oder ein 4/2-Ventil. Bei der Steuerung mit zwei 3/2-Ventilen sind vier Schaltstellungen möglich, beim 4/2-Ventil nur zwei

Bild 12 Beeinflussung der Kolbengeschwindigkeit eines doppeltwirkenden Zylinders. Sollen beide Richtungen beeinflußt werden, ist möglichst Abluftdrosselung mit zwei Drosselrückschlagventilen vorzusehen

mehreren Stellen aus betätigt werden kann. Das Beispiel nach Bild 7 steht nur der Vollständigkeit wegen hier, der einfachwirkende Zylinder kann von zwei örtlich getrennten Stellen aus betätigt werden. Bei großvolumigen Zylindern muß auch das Stellglied eine große Nennweite mit entsprechendem Durchfluß besitzen. Um hier von entfernten Stellen betätigen zu können, wird meist ein Ventil kleiner Nennweite am Betätigungsort eingesetzt, das dann das Ventil großer Nennweite, das möglichst nah am Zylinder eingesetzt ist, betätigt (Bild 8). Es können dadurch erhebliche Luftmengen eingespart werden, da großvolumige und lange Steuerleitungen entfallen, bei Steuerleitungen kleiner Nennweite ergibt sich kein so großer Luftverbrauch. Bild 9 soll nur als Beispiel dafür stehen, daß anstelle eines einfachwirkenden Zylinders auch ein Druckluftmotor mit einer Strömungsrichtung über ein 3/2-Wegeventil gesteuert werden kann. Eine Drehzahlregelung des Motors ist über ein Drosselventil möglich (Bild 10). Die Steuerung eines Druckluftmotors entsprechend den Beispielen nach Bild 3 bis 10 ist nur in den Fällen entsprechend Bild 7 bis 10 möglich. Die anderen Beispiele sind nur für einfachwirkende Druckluftzylinder gültig.

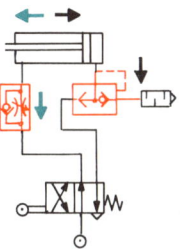

Bild 13 Beeinflussung der Kolbengeschwindigkeit eines doppeltwirkenden Zylinders, im Vorlauf über Drosselrückschlagventil ins Langsame, im Rücklauf über Schnellentlüftungsventil ins Schnelle

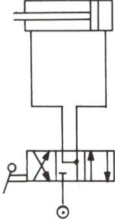

Bild 14 Steuerung eines doppeltwirkenden Zylinders über ein 4/3-Ventil. In Mittelstellung des Ventils sind beide Zylinderleitungen entlüftet, der Kolben ist frei beweglich

> Ein einfachwirkender Druckluftzylinder oder ein Druckluftmotor mit einer Strömungsrichtung kann über ein 3-Wegeventil als Stellglied gesteuert werden, bei Steuerung über ein 4-Wegeventil ist eine Verbraucherleitung blind zu schließen.

Doppeltwirkende Zylinder können über zwei 3-Wegeventile oder über ein 4-Wegeventil gesteuert werden (Bild 11). Bei Steuerung über zwei 3-Wege-

ventile ergeben sich die Vorteile eines Vierstellungsventils, dementsprechend können beide Kolbenseiten entlüftet oder belüftet werden. Die Beeinflussung der Kolbengeschwindigkeit ins Langsamere ist durch Zu- oder Abluftdrosselung möglich (Bild 12), zu empfehlen ist aber immer die Ab-

107

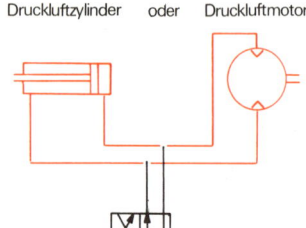

Druckluftzylinder oder Druckluftmotor

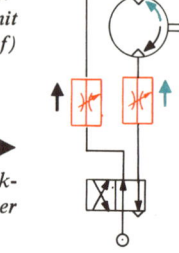

Bild 15 Mit einem 4/2-Ventil kann ein doppelt-wirkender Zylinder oder ein Druckluftmotor mit zwei Strömungsrichtungen (Rechts- oder Linkslauf) gesteuert werden

Bild 16 Beeinflussung der Drehzahl eines Druck-luftmotors mit zwei Strömungsrichtungen über Drosselventile für Rechts- und Linkslauf

luftdrosselung, damit der Kolben zwischen zwei Luftpolstern eingespannt ist und dadurch eine gleichmäßigere Bewegung erzielt werden kann. Eine Beeinflussung ins Langsamere beim Vorlauf und ins Schnellere beim Rücklauf zeigt das Bei-spiel nach Bild 13. Die Steuerung über ein Drei-stellungsventil, bei dem in Mittelstellung alle Ver-braucherleitungen entlüftet sind, ist in Bild 14 dar-gestellt. Die Bilder 15 und 16 zeigen Steuerungen von Druckluftmotoren mit zwei Strömungsrich-tungen. Die Umsteuerung der Drehrichtung er-folgt dabei über das Wegeventil. Eine Drehzahl-beeinflussung ist dabei nur ins Langsamere über Drosselventile möglich.

> Ein doppeltwirkender Zylinder oder ein Druckluftmotor mit zwei Strömungsrich-tungen kann über zwei 3-Wegeventile oder über ein 4-Wegeventil als Stellglied gesteuert werden.

5.2.   Logische Verknüpfungen

Jede Steuerung, gleich welchen Mediums, muß so aufgebaut sein, daß die am Eingang eingegebene Information (Signal) folgerichtig die Steuerkette durchläuft und damit jedes Element der Kette mit-einander verknüpft. Die miteinander verknüpften Steuerelemente dienen dabei je nach Einsatz der Informationserfassung, der Informationsverarbei-tung oder der Informationsweiterleitung oder auch aller drei Notwendigkeiten innerhalb eines einzel-nen Elements. Da jedes Element bzw. Gerät seine bestimmte Funktion hat und dementsprechend auch nur diese Funktion ausüben kann, müssen auch die einzelnen Elemente folgerichtig innerhalb der Steuerkette angeordnet sein, damit der Infor-mationsdurchlauf ebenfalls folgerichtig ist. Ein folgerichtiger Informationsdurchlauf ist logisch, da er auf eine Aktion oder Ursache seine be-stimmte Reaktion oder Wirkung folgen läßt. Wird am Beginn der Steuerkette die Information „ein" gegeben, so muß auch am Ende der Steuerkette die Information „ein" ankommen. Größere pneu-matische Steuerung sind aber aus mehreren Steuerketten zusammengesetzt, die deshalb eben-falls logisch (folgerichtig) miteinander verknüpft sein müssen. Die eingegebene Information „ein" kann also nur dann am Ende der Steuerkette an-kommen, wenn alle miteinander verknüpften Ele-mente bzw. Steuerketten eine logische Entschei-dung treffen und damit die Information bis zum Ende durchlassen. Ist ein Teil der Steuerung ge-stört, dann wird die Information auf ihrem Durch-lauf gesperrt.

In Abschnitt 5 wurde bereits erwähnt, daß jede pneumatische Steuerung in einen Informationsteil und einen energetischen Teil getrennt ist. Der In-formationsteil enthält alle für die Informations-erfassung und -verarbeitung notwendigen Ele-mente. Er ist damit gleichzeitig auch der Logikteil (Bild 17). Da erst am Ende der Steuerkette, im An-triebsglied, die volle Leistung verlangt wird, kann der Informationsteil mit geringer Energie arbeiten, innerhalb einer pneumatischen Steuerung also mit kleinsten Nennweiten und geringen Drücken. Das führte in der Pneumatik zur Miniaturisierung der Signal- und Steuerglieder, gleichzeitig aber auch zur Entwicklung der **Fluidik-Elemente.** Fluidiks er-möglichen innerhalb eines Elements logische Funktionen, die mit pneumatischen Elementen nur in zusammengesetzten Geräten möglich sind. Die Anwendung der Fluidiks beschränkt sich meist aber nur auf große, komplexe Steuerungen.

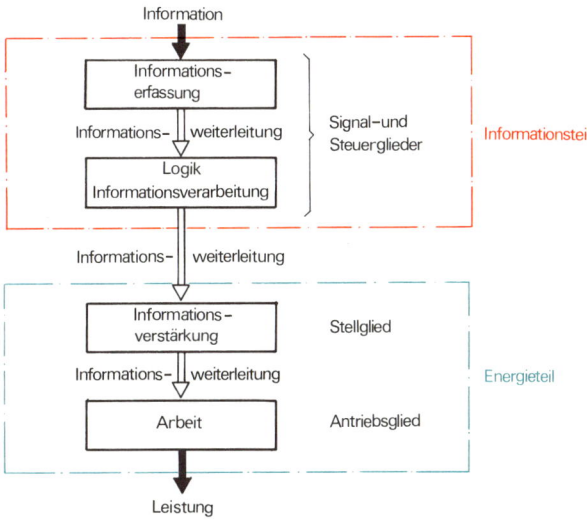

Bild 17 Aufteilung einer pneumatischen Steuerung in den Informationsund den energetischen Teil

Pneumatische Ventile sind entsprechend ihrer Funktion ebenfalls für den Aufbau logischer Schaltungen geeignet, da sie aufgrund der Eingangssignale zwei verschiedene Ausgangssignale ermöglichen, z.B. „Drucklos" – „Überdruck", „aus" – „ein", „0" – „1". Die beiden möglichen Ausgangssignale sind **digital** (einzeln) und können niemals gleichzeitig auftreten. Da die Aussage, nämlich „0" und „1", zweiwertig ist, handelt es sich hierbei um eine **diskrete (binäre) Aussage.** Diskrete Signale haben einen festen „0"- und „1"-Wert. Im Gegensatz dazu die **analogen Signale,** die innerhalb eines bestimmten Bereiches unendlich viele Zwischenwerte einnehmen können (Bild 18). Ein analoges Signal kann beispielsweise in der Pneumatik aus dem Druckverlauf innerhalb eines Gliedes abgenommen werden, z.B. für eine Regelung. Pneumatische Steuerungen arbeiten normalerweise ausschließlich mit diskreten Signalen = Schaltsystemen. Die Umwandlung analoger Signale in digitale Signale bzw. umgekehrt ist durch eine entsprechende Schaltung möglich.

Grundfunktionen

Die von Boole und später von Shannon geleisteten Arbeiten bilden die Grundlage der rechnerisch zu erfassenden logischen Zusammenhänge in der Steuerungstechnik. Ausgehend von der sogenannten Booleschen Algebra, die, im Gegensatz zur allgemeinen Algebra mit unendlich vielen Zahlen, nur mit den beiden Zahlen (Werten) 0 und 1 arbeitet, lassen sich logische Funktionen rechnerisch ermitteln und später dann in die Gerätetechnik

(pneumatische Steuerung) übertragen. Logische Grundfunktionen bilden dabei die Verknüpfungen **UND, ODER** und **NICHT.**

Eine **UND-Funktion** ist dann gegeben, wenn alle Eingangssignale (Beispiel X **und** Y) vorhanden sind und dadurch ein Ausgangssignal A ausgelöst wird. Fehlt eines der Eingangssignale, dann erfolgt kein Ausgangssignal. Die UND-Funktion kann auf n-Glieder (Bild 19) erweitert werden entsprechend den Abhängigkeiten des Ausgangssignals A. Die UND-Funktion, auch **Konjunktion** genannt, läßt sich innerhalb einer pneumatischen Steuerung durch die Reihenschaltung von 3/2-Wegeventilen erreichen, fehlt auch nur ein Eingangssignal bei n-Gliedern, dann fehlt sofort

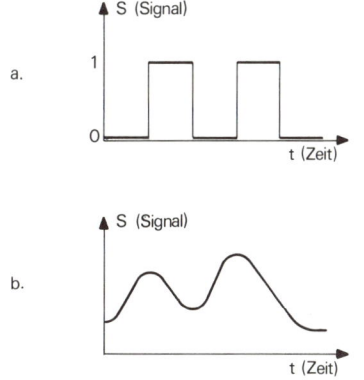

Bild 18 a) Binäres Signal, b) Analoges Signal

109

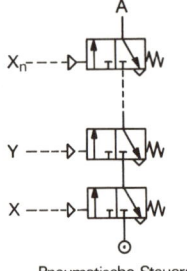
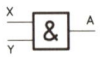

Pneumatische Steuerung	Logikzeichen	

X	Y	A
0	0	0
1	0	0
0	1	0
1	1	1

Funktionstabelle
(Wahrheitstabelle)

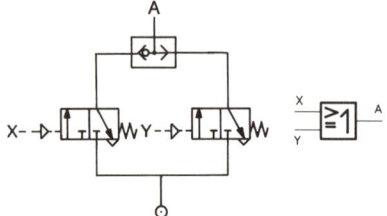
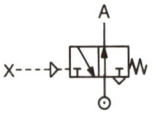
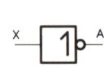

X	Y	A
0	0	0
1	0	1
0	1	1
1	1	1

X	A
0	1
1	0

auch das Ausgangssignal A. Eine UND-Funktion mit zwei Eingängen und einem Ausgang ist auch mit einem Zweidruckventil möglich. UND-Funktionen sind vorwiegend Sicherheitsschaltungen.

UND-Funktion (AND):

$X \wedge Y = A \ (X \wedge Y \ldots \wedge X_n = A)$

Bei der **ODER-Funktion** ist ein Ausgangssignal A nur dann vorhanden, wenn mindestens ein Eingangssignal von mehreren möglichen vorhanden ist (Bild 20). Die ODER-Funktion, auch **Disjunktion** genannt, läßt sich ebenfalls auf n-Glieder erweitern (siehe Bild 61, Abschnitt 4.2.2). Die Funktion läßt sich auch so erklären: Es muß das Eingangssignal X **oder** Y (auch mehrere gleichzeitig) vorhanden sein, damit das Ausgangssignal A vorhanden ist. Mit den Wechselventilen ist auf einfache Weise eine ODER-Funktion zu erreichen.

ODER-Funktion (OR):

$X \vee Y = A \ (X \vee Y \ldots \vee X_n = A)$

Bei der **NICHT-Funktion** ist ein Ausgangssignal A nur dann vorhanden, wenn kein Eingangssignal vorhanden ist (Bild 21). Das läßt sich ganz einfach mit einem als Schließer arbeitenden 3/2-Wegeventil erreichen. Ist das Eingangssignal **nicht** vorhanden (keine Betätigung des Ventils), dann ist das Ausgangssignal A vorhanden, die Druckluft strömt durch das Ventil. Die NICHT-Funktion wird auch mit **Negation** bezeichnet.

NICHT-Funktion (NOT): $\overline{X} = A$

(Der – über dem Signal besagt „nicht" bzw. deutet die Umkehrung an)

Bei der NICHT-Funktion spricht man auch von Umkehrung, da die Aussagen X bzw. A nur dann gegeben sind, wenn eine davon nicht gegeben ist, d. h. ist eine Aussage wahr, muß die andere falsch sein. Ist X nicht gegeben, dann ist A vorhanden und umgekehrt, ist X gegeben, dann ist A nicht vorhanden.

Ergänzende Funktionen

Eine Steuerung und selbstverständlich auch eine

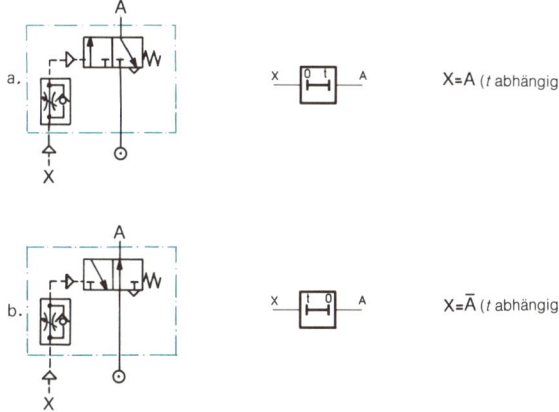

$X = A$ (*t* abhängig)

$X = \overline{A}$ (*t* abhängig)

pneumatische, muß neben den einzelnen Schaltfunktionen, die innerhalb ihrer konstruktionsbedingten Schaltzeit ablaufen auch zeitliche Komponenten berücksichtigen. Dies geschieht mit Hilfe reiner Zeitglieder und Speicher.

Das abhängige Zeitverhalten bzw. die abhängige **Zeitfunktion** läßt sich in pneumatischen Steuerungen innerhalb bestimmter Grenzen mittels Zeitverzögerungsventilen (siehe Bild 42 und 43 Abschnitt 4.2.1.1) erreichen. Dabei können zwei Arten ausgeführt werden:

1. Bei gegebenem Signal X erscheint verzögert Signal A (Bild 22 a)

2. Bei gegebenem Signal X wird verzögert Signal A gelöscht (Bild 22 b)

Die Zeitfunktion ist dabei abhängig von der Drosselstellung und dem Speichervolumen, beide Werte ergeben die Zeit *t*.

Eine zeitunabhängige Schaltung wird mit einem Speicher erreicht, der in seinem Verhalten aber ebenfalls eine Zeitfunktion beinhaltet.

> Die **Speicherfunktion** verhält sich entsprechend einer unabhängigen Zeitfunktion.

Ein Impulsventil entspricht innerhalb einer pneumatischen Steuerung dem zeitunabhängigen Speicher (Bild 23), da die Schaltstellung jeweils solange beibehalten wird, bis ein Gegenimpuls eintrifft. Die Speicherfunktion innerhalb pneumatischer Steuerungen ist mit pneumatisch- und elektrisch betätigten Impulsventilen möglich. Je nachdem, ob ein 3/2- oder 4/2-Wegeventil eingesetzt wird, entstehen verschiedene Funktionen.

> Speicherfunktion (FLIP-FLOP):
>
> mit 3/2-Ventil
>
> $X \wedge \overline{Y} = A \, / \, \overline{X} \wedge Y = \overline{A}$
>
> mit 4/2-Ventil
>
> $X \wedge \overline{Y} = A \, / \, \overline{X} \wedge Y = B$

> Abhängige Zeitfunktion:
>
> 1. $X = A$ in Abhängigkeit von *t*
>
> 2. $X = \overline{A}$ in Abhängigkeit von *t*

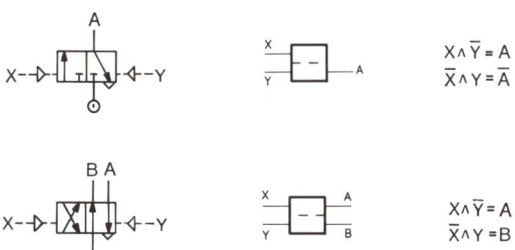

$X \wedge \overline{Y} = A$
$\overline{X} \wedge Y = \overline{A}$

$X \wedge \overline{Y} = A$
$\overline{X} \wedge Y = B$

Bild 23   Speicher-Funktionen

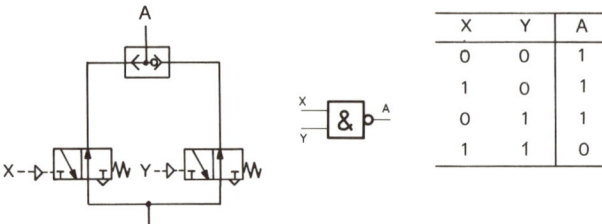

Bild 24   KEIN-Funktion

X	Y	A
0	0	1
1	0	1
0	1	1
1	1	0

Es ist noch zu bemerken, daß in pneumatischen Steuerungen nur sehr wenige 3/2-Impulsventile eingesetzt werden. Dementsprechend sind solche Ventile kaum auf dem Markt. Durch Blindschließen einer Verbraucherleitung (A oder B) an einem 4/2-Impulsventil ist aber bereits die Funktion eines 3/2-Impulsventils erreicht.

Kombinierte Funktionen

Die NICHT-Funktion bzw. Umkehr-Funktion kann mit der UND- und mit der ODER-Funktion zu jeweils einer neuen Funktion kombiniert werden. Dabei wird das Glied der NICHT-Funktion mit den Gliedern der beiden anderen Funktionen zusammengeschaltet.
Durch Umkehrung der UND-Funktion entsteht die **KEIN-Funktion.** Sie ist dadurch gekennzeichnet, daß ein Ausgangssignal A nur dann vorhanden ist, wenn ein oder alle Eingangssignale nicht gegeben sind (Bild 24). In der pneumatischen Steuerung sind dazu zwei 3/2-Schließventile mit einem Wechselventil verbunden. Wird das Wegeventil 1 oder 2 betätigt, so ist immer noch über das andere das Ausgangssignal A vorhanden. Werden beide Ventile betätigt, verschwindet das Ausgangssignal. Die KEIN-Funktion kann auf n-Glieder erweitert werden. Die pneumatischen Wegeventile sind parallel zu schalten, deren Ausgänge über n – 1

Wechselventile miteinander verbunden sind und so ein Ausgangssignal A zulassen.

KEIN-Funktion (NAND):

$$X \wedge Y = \overline{A} \, / \, \overline{X} \wedge Y \ldots \wedge X_n = A$$

Die **WEDER/NOCH-Funktion** entsteht dadurch, daß zwei 3/2-Schließventile in Reihe geschaltet sind (Bild 25). Auch diese Funktion kann auf n-Glieder ausgedehnt werden. Die WEDER/NOCH-Funktion ist dadurch gekennzeichnet, daß ein Ausgangssignal A nur dann vorhanden ist, wenn weder bei X noch bei Y (noch bei … X_n) ein Eingangssignal gegeben ist.

WEDER/NOCH-Funktion (NOR):

$$X \vee Y = \overline{A} \, / \, \overline{X \vee Y} = A$$

Logische Verknüpfungen innerhalb pneumatischer Steuerungen entstehen vielfach unbewußt bei der Ausarbeitung eines Pneumatik-Schaltplanes. Wenn dies mit normalen Pneumatikelementen gelingt, so spricht das nur für die Vielseitigkeit der Pneumatik. Innerhalb großer komplexer Steuerungen wird man aber sicherlich den Aufwand normaler Pneumatikelemente scheuen und auf **Fluidiks** übergehen. Fluidiks sind reine Steuerelemente, um auf das Antriebsglied zu kommen, ist grundsätzlich

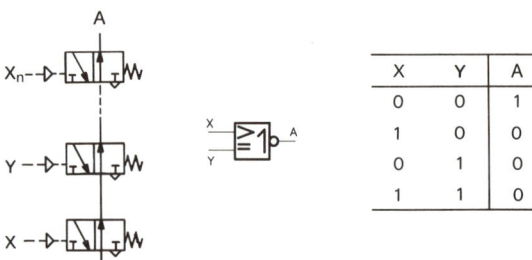

X	Y	A
0	0	1
1	0	0
0	1	0
1	1	0

Bild 25   WEDER-NOCH-Funktion

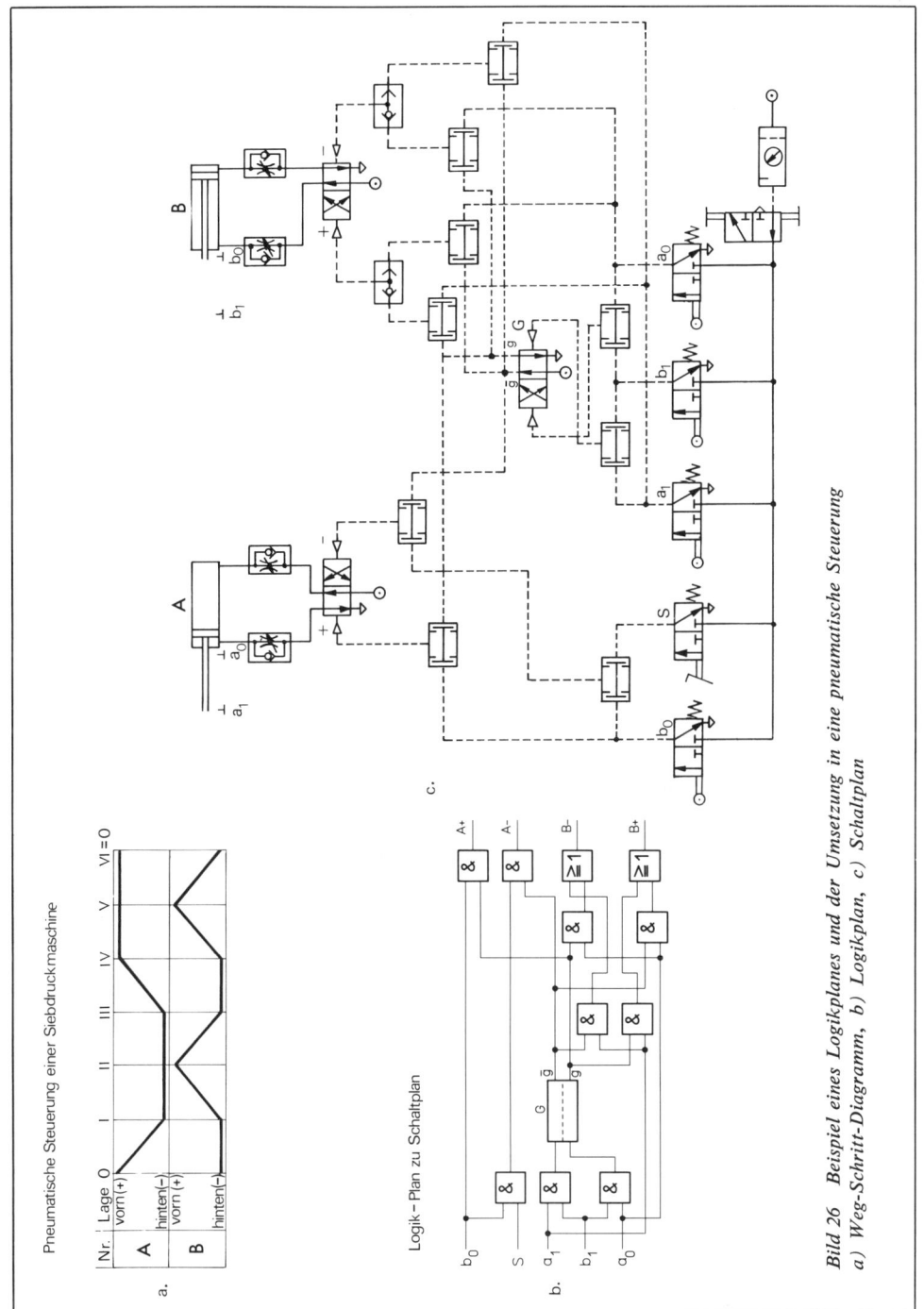

Bild 26 Beispiel eines Logikplanes und der Umsetzung in eine pneumatische Steuerung
a) Weg-Schritt-Diagramm, b) Logikplan, c) Schaltplan

die Verstärkung z.B. über ein pneumatisches Impulsventil notwendig. Fluidiks werden vorwiegend als Logikelemente angeboten. Dabei unterscheidet man diese in solche mit bewegten mechanischen Teilen (Kölbchen- und Membranelemente) und solche ohne bewegte mechanische Teile (Wandstrahlelemente).

Kölbchenelemente sind miniaturisierte Pneumatikelemente unter besonderer Berücksichtigung der Logikfunktion.

Komplexe Steuerungen lassen sich einfacher realisieren, wenn anhand der Aufgabe das Funktionsdiagramm auch Weg-Schritt-Diagramm genannt

(siehe Abschnitt 5.3.2) erstellt wird und nach diesem der Logikplan. Das Beispiel eines Logikplanes und der entsprechenden pneumatischen Auslegung zeigt Bild 26.

Verschiedentlich wurde dabei auch von **Pneulogik** (Pneumatik und Logik) und von **Pneumonik** (Pneumatik ähnlich Elektronik) gesprochen. Beide Wortschöpfungen sind aber wieder verschwunden, dafür wird jetzt das aus dem Englischen stammende Wort — Fluidics — bzw. — Fluidische Steuerungen — benützt. Die Pneulogik ist durchaus eine vertretbare Wortschöpfung, da sie eine deutliche Aussage bildet, während das Wort Pneumonik nicht vertretbar ist. Es gibt wohl Elektronen (deshalb Elektronik), aber keine „Pneumonen".

Verwendete Begriffe und Zeichen:				
Element	Logische Funktion	englische Bezeichnung	Logik-Bildzeichen	Gleichungszeichen
UND-Glied	Konjunktion	AND		$\wedge$
ODER-Glied	Disjunktion	OR		$\vee$
NICHT-Glied	Negation	NOT		$\neg$
KEIN-Glied	Nandfunktion	NAND		
WEDER/ NOCH-Glied	Norfunktion	NOR		
Zeitglied	Zeitfunktion	TIME		
Speicher	Speicherfunktion	Flip-Flop		

5.3. Schaltplanerstellung

Die Grundlage jeder in der Praxis verwirklichten pneumatischen Steuerung ist der Pneumatikplan bzw. Schaltplan. Genau wie der Konstrukteur in einer Zeichnung die Form und Größe einer Maschine festlegt, so legt der Steuerungstechniker den „Inhalt" einer pneumatischen Steuerung im Schaltplan fest. Dabei kommt es nicht auf die Längen der Verbindungsleitungen an, sondern auf die gegenseitige Verknüpfung der einzelnen Elemente, deren Funktionsaussage und Größe (Anschlußgröße, Nennweiten, Kolbendurchmesser, Hub, Leistung). Für die richtige Ausführung eines Schaltplanes sind die DIN-, VDMA- bzw. CETOP- und VDI-Festlegungen einzuhalten. (Die einzelnen Festlegungen dafür werden an entsprechender Stelle genannt).

5.3.1. Bildzeichen

Während bisher vom Symbol oder Sinnbild gesprochen wurde, soll zukünftig das Wort „Bildzeichen" dafür stehen. Die Festlegungen sind in DIN ISO 1219, Benennungen und Bildzeichen, enthalten. Gültig ist jeweils die neueste Ausgabe. DIN ISO 1219 enthält gleichzeitig die Empfehlungen von CETOP (Comité Européen des Transmissions Oléohydrauliques et Pneumatiques), dem die Fachverbände für Ölhydraulik und Pneumatik fast aller europäischen Länder angehören. Ein pneumatischer Schaltplan ist damit international, ohne weitere Erklärungen verständlich.

Die Bildzeichen bestehen aus einem oder mehreren Grundzeichen und im allgemeinen aus einem oder mehreren Funktionszeichen, z. B. wird ein Wegeventil aus, entsprechend den möglichen Schaltstellungen, zwei oder mehreren zusammenhängenden Quadraten (Grundzeichen) und den entsprechend der Schaltstellung gegebenen Durchflußrichtungen bzw. Sperrungen (Funktionszeichen) gebildet. Die links oder rechts angehängten Betätigungen sagen ebenfalls über die Funktion aus. Die Bildzeichengröße kann beliebig gewählt werden, doch ist der Größenvergleich einzelner Geräte untereinander in einer Empfehlung festgelegt. Bild 27 zeigt eine Übersicht gebräuchlicher Pneumatik-Bildzeichen nach DIN ISO 1219, gleichzeitig soll es eine Zusammenstellung der in diesem Buch verwendeten Bildzeichen sein.

5.3.2. Weg-Schritt-Diagramm

Der erste Schritt zur Lösung einer Aufgabe, für die eine pneumatische Steuerung eingesetzt werden soll, ist die Definition der Aufgabe in die technische Durchführungsmöglichkeit, z. B. werden geradlinige oder rotierende Antriebsglieder benötigt und ist die Aufgabe mit pneumatischen Mitteln zu lösen. Die Funktionen der Antriebsglieder sind in Einzelschritte zu zerlegen, z. B. vor – zurück, langsam – schnell, Einzeltakt – Dauerlauf, Rechtslauf – Linkslauf, in Abhängigkeit der Zeit bzw. des Maschinentaktes. So entsteht das Weg-Schritt-Diagramm für jedes benötigte Antriebsglied, als Beispiel zeigt Bild 28 ein solches Diagramm für eine pneumatisch-hydraulische Vorschubeinheit im Eilvorlauf, Arbeitshub und Eilrücklauf. Ein vereinfachtes Weg-Schritt-Diagramm für sieben Antriebsglieder ist in Bild 29 dargestellt (der zugehörige Schaltplan in Bild 31).

Das Weg-Schritt-Diagramm der Antriebsglieder muß aber mit den notwendigen Steuerelementen kombiniert werden, es entsteht das **Bewegungsdiagramm oder Funktionsdiagramm**. Der Bewegungsablauf und die dazugehörenden Steuerungsabläufe sollen nach der Richtlinie VDI 3260 dargestellt werden. Ein solches Diagramm zeigt Bild 30.

5.3.3. Schaltpläne

In der Richtlinie VDI 3226 sind alle Daten zusammengefaßt, die ein pneumatischer Schaltplan aufweisen sollte. Grundsätzlich wird man natürlich von der Größe und Umfang der pneumatischen Steuerung ausgehen, z. B. für relativ einfache Steuerung mit zwei oder drei Antriebsgliedern wird nicht der Aufwand getrieben, der für eine umfangreiche Steuerung mit vielen Antriebsgliedern und vielen Abhängigkeiten, dementsprechend auch vielen Signal-, Steuer- und Stellgliedern, notwendig sein wird.

> Eine pneumatische Steuerung ist in einzelne Steuerketten aufzuteilen, die möglichst in der Reihenfolge der Betätigung nebeneinander gezeichnet werden.

Bild 27
Zusammenstellung der verwendeten und gebräuchlichen Pneumatik-Bildzeichen nach DIN ISO 1219

Energieübertragung

 ⊙—	Druckquelle
 ——	Arbeitsleitung
 – – – –	Steuerleitung
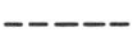 – – – – –	Entlüftungsleitung
 — · — · —	strichpunktiert umgrenztes Feld: zur Darstellung einer Baugruppe oder zu einem blockvereinigten Teil
⚡	elektrische Leitung
 ⌣	biegsame Leitung
 ⊥ +	Leitungsverbindungen
 +	Leitungskreuzung: Leitungen sind nicht miteinander verbunden

Entlüftungsstellen

Ш	ohne Rohranschluß
Ш	mit Rohranschluß

Druckanschlußstellen

—✕	mit Verschlußstopfen
 —✕←	mit Anschlußleitung

Schnellkupplungen

 →┼←	gekuppelt, ohne mechanisch geöffneten Sperrventilen
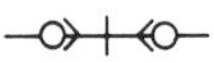 —◇┼◇—	gekuppelt, mit mechanisch geöffneten Sperrventilen
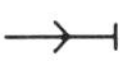 →┤	entkuppelt, Leitung offen
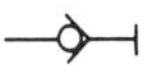 —◇┤	entkuppelt, Leitung durch Sperrventil geschlossen

Drehbare Leitungsverbindungen

 ⊖	mit einem Weg
 ⊜	mit drei Wegen
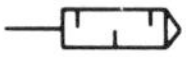 —▭	Schalldämpfer
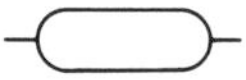 ⬭	Druckluftspeicher (wird liegend gezeichnet)

Wartungsgeräte

 ◇	Filter
 ◇	Wasserabscheider handbetätigt
 ◇	Wasserabscheider mit automatischer Entleerung
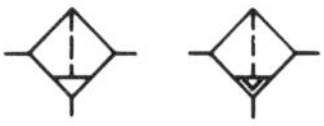 ◇ ◇	Filter mit Wasserabscheider
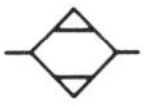 ◇	Trockner
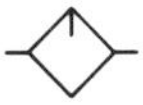 ◇	Öler
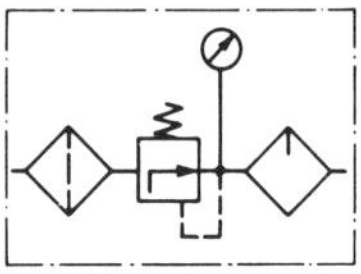 [Filter, Druckregelventil und Öler]	Wartungseinheit, bestehend aus Filter, Druckregelventil und Öler strichpunktiert umgrenztes Feld: zur Darstellung einer Baugruppe oder zu einem blockvereinigten Teil
 —▭⊘▭—	vereinfachte Darstellung einer Wartungseinheit
 ◇	Kühler ohne Darstellung der Leitungen für Kühlflüssigkeit
 ◇	Kühler mit Darstellung der Leitungen für Kühlflüssigkeit

116

Betätigungsarten

Mechanische Bestandteile

	Welle: drehbar in einer Richtung drehbar in zwei Richtungen
	Raste: wird zur Aufrechterhaltung einer bestimmten Geräte- schaltstellung hinzugefügt
	Sperre: wird hinzugefügt, wenn ein Gerät in bestimmter Stellung und Richtung gesperrt wird • Sinnbild der Betätigungs- mittel
	Sprungwerk: wenn das Gerät über einen Totpunkt in die eine oder andere Stellung springt
	Gelenkverbindungen

Betätigungsmittel

manuelle Betätigung		mechanische Betätigung	
	allgemein		durch Taster
	durch Knopf		durch Tastrolle
	durch Hebel		durch Tastrolle mit Leerrücklauf
	durch Pedal		durch Feder
elektrische Betätigung		pneumatische Betätigung	
	durch Elektro- magnet		durch Druckbe- aufschlagung
			durch Druck- entlastung
	durch Elektro- magnet und pneuma- tischem Vorsteuer- ventil		durch Differential- Druckbetätigung

Energieumformung

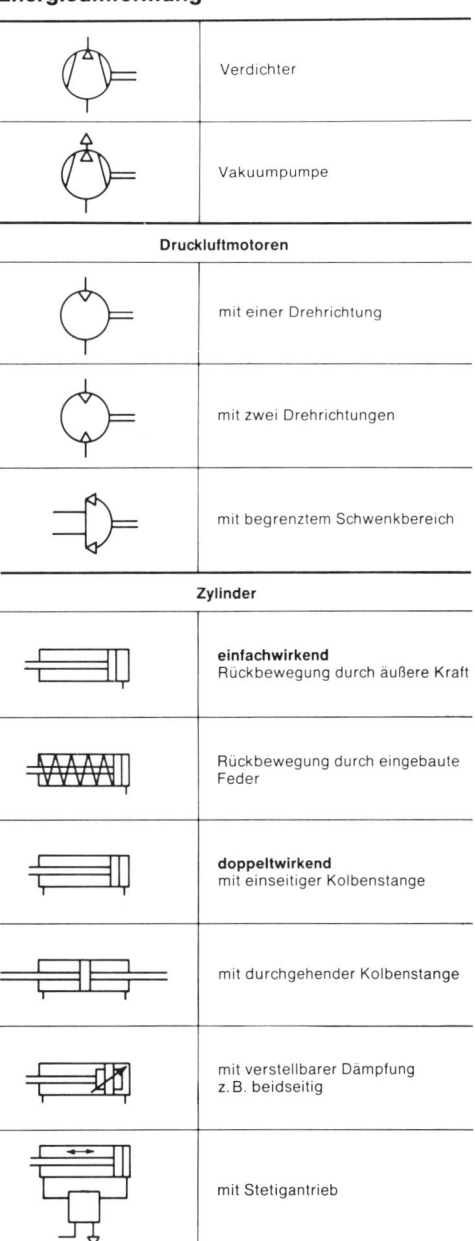

	Verdichter
	Vakuumpumpe

Druckluftmotoren

	mit einer Drehrichtung
	mit zwei Drehrichtungen
	mit begrenztem Schwenkbereich

Zylinder

	einfachwirkend Rückbewegung durch äußere Kraft
	Rückbewegung durch eingebaute Feder
	doppeltwirkend mit einseitiger Kolbenstange
	mit durchgehender Kolbenstange
	mit verstellbarer Dämpfung z.B. beidseitig
	mit Stetigantrieb

	Vorschubeinheit mit Stetigantrieb und Ölbremszylinder
	Druckübersetzer
	Druckmittelwandler

Energie-Steuerung und -Regelung

Wegeventile

	2/2-Wegeventil in Ausgangsstellung P→A gesperrt
	2/2-Wegeventil in Ausgangsstellung P→A offen
	3/2-Wegeventil in Ausgangsstellung P→A gesperrt
	3/2-Wegeventil in Ausgangsstellung P→A offen
	3/3-Wegeventil in Mittelstellung alle Leitungen gesperrt
	4/2-Wegeventil
	4/3-Wegeventil in Mittelstellung alle Leitungen gesperrt
	4/3-Wegeventil in Mittelstellung Arbeitsleitungen B, A entlüftet. P gesperrt

Sperrventile

	Rückschlagventil

	Wechselventil
	Drosselrückschlagventil mit verstellbarer Drossel (Geschwindigkeitsregulier-Ventil)
	Schnellentlüftungsventil
	Zweidruckventil

Druckventile

	Druckbegrenzungsventil
	Zuschaltventil
	Druckregelventil ohne Abflußöffnung
	Druckregelventil mit Abflußöffnung

Stromventile

	Drosselventil
	Blendenventil
	Drosselventil verstellbar
	Drosselventil mechanisch verstellbar mit Tastrolle und Federrückstellung

Absperrventil

	vereinfachte Darstellung

Kennzeichnung der Anschlüsse

Arbeitsleitungen	A, B, C . . .
Zufluß, Druckluftnetzanschluß	P
Abfluß, Entlüftung	R, S, T . . .
Leckflüssigkeit	L
Steuerleitungen	Z, Y, X . . .

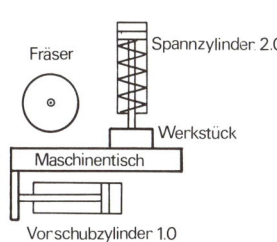

Baueinheit Arbeitselement		Zustand			Weg in mm	Winkel Grad	Zeit (s) Schritt
Nr.	Benennung	Bewegung Funktion	Lage				
1.0	Vorschub- zylinder	Vorschub / Eilgang / Rücklauf	vorn	50			
			hinten				
2.0	Spann- zylinder	Spannen	vorn	20			
			hinten				

Bild 28   Weg-Schritt-Diagramm für eine pneumatisch-hydraulische Vorschubeinheit und Spann-Zylinder

Arbeitselem.	Funktion	Weg	Schritt 1	2	3	4	5
Zylinder 1	Auswerfen	vorne 1 / hinten 0					
" 2	Bördeln	1 / 0					
" 3	Kitten	1 / 0					
" 4	Stempeln	1 / 0					
" 5	Absenken	1 / 0					
" 6	Eindrücken	1 / 0					
Tisch	Teilen	Teilen / Verriegelt					

Weg–Schritt–Diagramm

Bild 29   Vereinfachtes Weg-Schritt-Diagramm für eine Rundtakt-Sondermaschine mit sieben Antriebsgliedern

Ein sehr wichtiger Punkt dabei ist die Aufteilung der Steuerung in einzelne Steuerketten, die möglichst in der Reihenfolge des Bewegungsablaufes nebeneinander anzuordnen sind. Bild 30 zeigt einen Schaltplan bei dem dies verwirklicht wurde. Es handelt sich dabei um eine Rundtakt-Montagemaschine, das vereinfachte Weg-Schritt-Diagramm der Antriebsglieder wurde in Bild 29, Abschnitt 5.3.2, vorgestellt. Bei elektropneumatischen Steuerungen ist der Schaltplan in einen Pneumatik- und einen Elektroplan aufzuteilen. Auch hier gilt natürlich wieder der Umfang und die Übersichtlichkeit für die Aufteilung. Bei dem Beispiel nach Bild 31 wurde der Pneumatik- und Elektroplan zusammengezeichnet, da dadurch die Übersichtlichkeit nicht leidet. Die Reihenfolge: Signalglieder – Steuerglieder – Stellglieder – Antriebsglieder geht von unten nach oben. In diesem Fall sind alle Signalglieder rein elektrisch, die Steuerglieder elektrisch betätigte Wegeventile und erst die Stellglieder rein pneumatisch. Damit ist jede Steuerkette von unten nach oben in Richtung des Energieflusses gezeichnet.

> Jede Steuerkette ist von unten nach oben in Richtung des Energieflusses zu zeichnen, ganz unten Signalglieder, ganz oben Antriebsglieder.

Da eine Steuerkette normalerweise aus den vier Gliedern, Signal-, Steuer-, Stell- und Antriebsglied, übereinander gebildet ist, ergibt sich beim Zeichnen keine große Zeichnungshöhe. Eine umfangreiche Steuerung, die aber aus mehr als beispielsweise zehn Steuerketten besteht, erfordert einen breiten Platz. Dies kommt im empfohlenen Schaltplanformat zum Ausdruck, wobei die Höhe vorzugsweise 297 mm (Höhe von DIN A 4) und die Länge bis zu 1189 mm (Länge DIN A 0) betragen kann (zu empfehlen ist auch bei Zwischenlängen ein DIN-Format).

> **Schaltplanformat:**
> Höhe vorzugsweise 297 mm (Höhe DIN A 4)
> Länge bis zu   1189 mm (Länge DIN A 0)

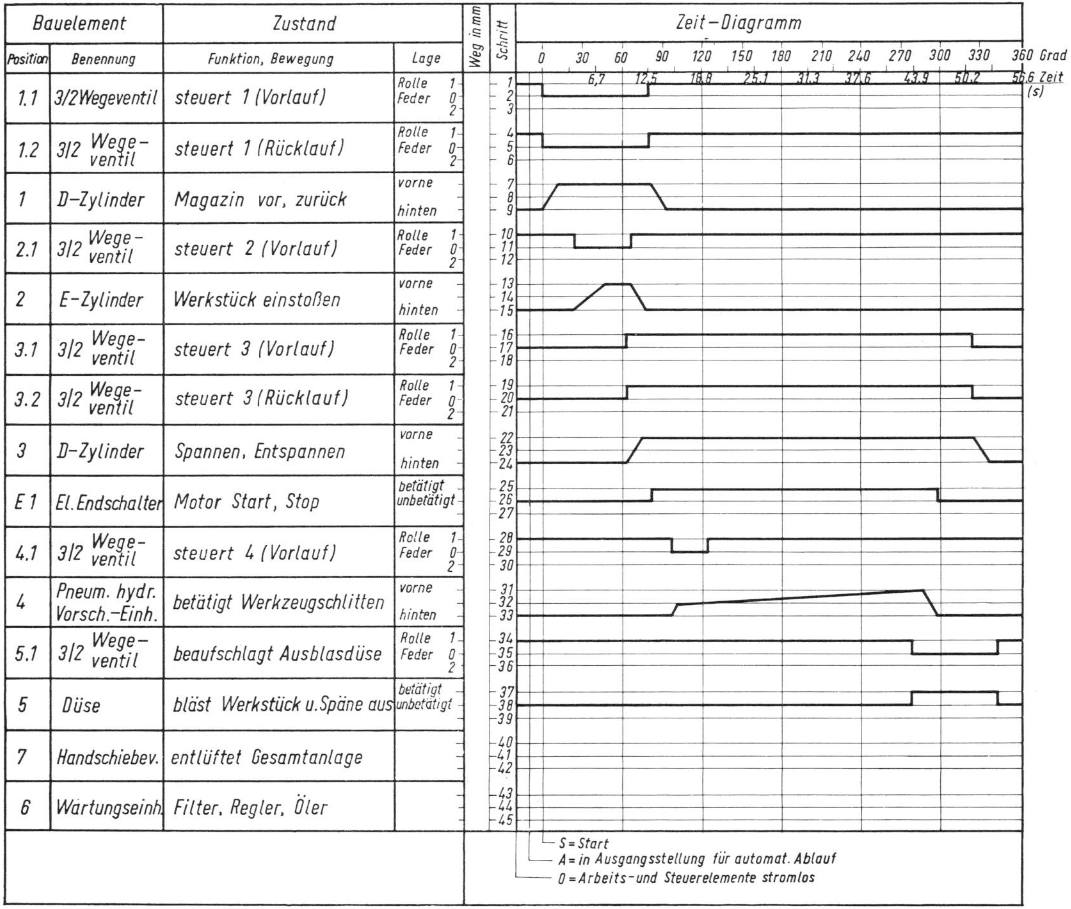

Zeit–Diagramm

| Bauelement | | Zustand | | | Weg in mm | Schritt |
Position	Benennung	Funktion, Bewegung	Lage			
1.1	3/2 Wegeventil	steuert 1 (Vorlauf)	Rolle / Feder	1 / 0 / 2		1, 2, 3
1.2	3/2 Wege-ventil	steuert 1 (Rücklauf)	Rolle / Feder	1 / 0 / 2		4, 5, 6
1	D-Zylinder	Magazin vor, zurück	vorne / hinten			7, 8, 9
2.1	3/2 Wege-ventil	steuert 2 (Vorlauf)	Rolle / Feder	1 / 0 / 2		10, 11, 12
2	E-Zylinder	Werkstück einstoßen	vorne / hinten			13, 14, 15
3.1	3/2 Wege-ventil	steuert 3 (Vorlauf)	Rolle / Feder	1 / 0 / 2		16, 17, 18
3.2	3/2 Wege-ventil	steuert 3 (Rücklauf)	Rolle / Feder	1 / 0 / 2		19, 20, 21
3	D-Zylinder	Spannen, Entspannen	vorne / hinten			22, 23, 24
E 1	El.Endschalter	Motor Start, Stop	betätigt / unbetätigt			25, 26, 27
4.1	3/2 Wege-ventil	steuert 4 (Vorlauf)	Rolle / Feder	1 / 0 / 2		28, 29, 30
4	Pneum. hydr. Vorsch.-Einh.	betätigt Werkzeugschlitten	vorne / hinten			31, 32, 33
5.1	3/2 Wege-ventil	beaufschlagt Ausblasdüse	Rolle / Feder	1 / 0 / 2		34, 35, 36
5	Düse	bläst Werkstück u. Späne aus	betätigt / unbetätigt			37, 38, 39
7	Handschiebev.	entlüftet Gesamtanlage				40, 41, 42
6	Wartungseinh.	Filter, Regler, Öler				43, 44, 45

Zeitachse: 0 30 60 90 120 150 180 210 240 270 300 330 360 Grad
6,7 12,5 18,8 25,1 31,3 37,6 43,9 50,2 56,6 Zeit (s)

S = Start
A = in Ausgangsstellung für automat. Ablauf
0 = Arbeits- und Steuerelemente stromlos

Bild 30 Weg-Schritt-Diagramm (Funktionsdiagramm) für die pneumatische Programmsteuerung einer Drehmaschine

120

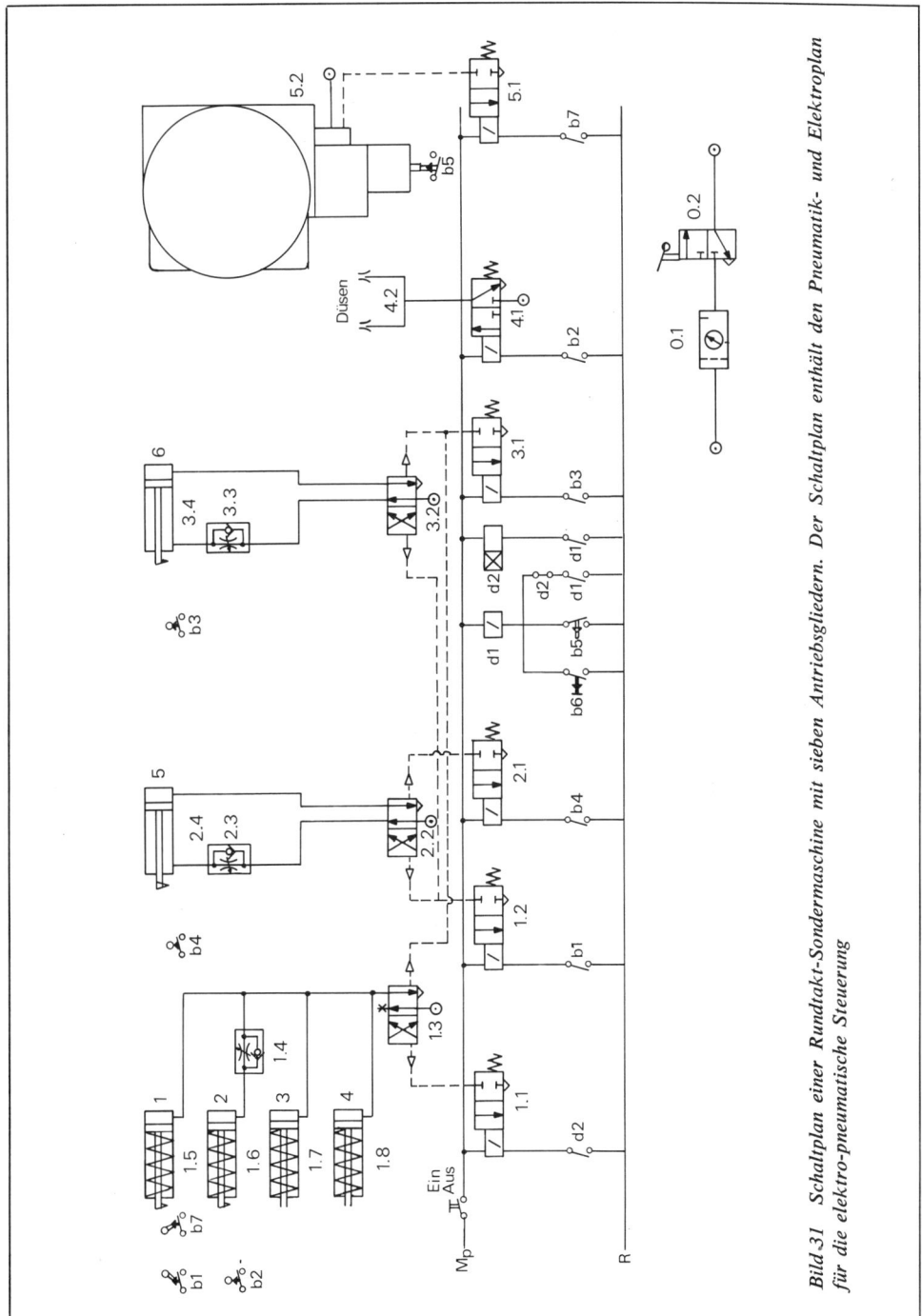

Bild 31 Schaltplan einer Rundtakt-Sondermaschine mit sieben Antriebsgliedern. Der Schaltplan enthält den Pneumatik- und Elektroplan für die elektro-pneumatische Steuerung

121

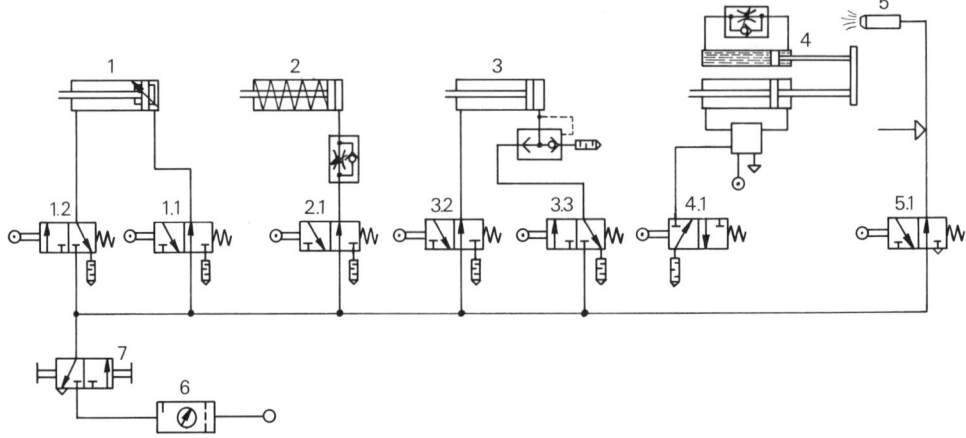

Bild 32 Schaltplan für die pneumatische Programmsteuerung einer Drehmaschine entsprechend dem Funktionsdiagramm nach Bild 30. Ventil 1.1 und 2.1 muß wegen der Programmsteuerung so gezeichnet werden, die Ventile sind über die Nockenscheiben gedrückt und damit auf Schaltstellung „kein Durchgang"

Im Schaltplan sind die Geräte in Ausgangsstellung zu zeichnen. Abweichungen davon sind möglich, erfordern aber einen Hinweis. Die Geräte sind notfalls mit den technischen Angaben zu versehen, bei Vorhandensein einer Geräteliste kann dies auch entfallen.

Funktionsdiagramm

Ausgehend vom Funktionsdiagramm wird der Schaltplan aufgestellt. Für das Beispiel soll das

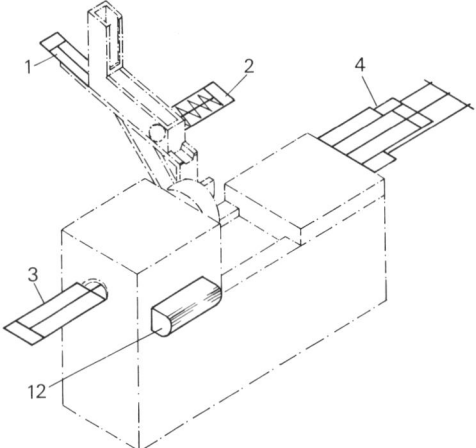

Bild 33 Lageplan für die Antriebsglieder an einer Drehmaschine

Funktionsdiagramm Bild 30, Abschnitt 5.3.2 als Grundlage dienen und weiter vervollständigt werden.

Schaltplan

Bild 32 zeigt den dazugehörenden Schaltplan, der unter Berücksichtigung der VDI-Richtlinie 3226 gezeichnet wurde.

Lageplan

Sofern es für das Verständnis einer pneumatischen Steuerung wesentliche Vorteile bringt, ist der Schaltplan mit einem Lageplan zu ergänzen, aus dem die räumliche Anordnung der Antriebsglieder zu ersehen ist. Der Lageplan soll übersichtlich sein und sich auf das Wesentliche beschränken (Schemazeichnung, räumliche Skizze). Den Lageplan für dieses Beispiel zeigt Bild 33.

Geräteliste

Die auf dem Schaltplan eingezeichneten Geräte sind mit folgenden Angaben zusammenzufassen:

Fortlaufende Nummer

Stückzahl

Typenbezeichnung

Lieferant

Entsprechend dem Beispiel ergibt sich folgende Geräteliste:

Geräteliste

Position	Anzahl	Benennung	Typ	Lieferfirma
EL	1	Elektro-Endschalter	ER–318	
12	1	Programmschaltwerk	PWG–8–2–1,1	
11	6	Schalldämpfer	$U–1/8$	
10	1	Schalldämpfer	$U–3/8$	
9	1	Geschw.-Regulierventil	$GR–1/8$	
8	1	Schnellentlüftungsventil	$SE–3/8$	
7	1	Handschiebeventil	$W–3–3/8$	
6	1	Wartungseinheit	$FRO–3/8$	
5	1	Düse		
4	1	Vorschubeinheit	XYd–100–250/250	
3	1	doppeltwirkender Zylinder	DF–50–70	
2	1	einfachwirkender Zylinder	EF–35–70	
1.2, 3.1	2	Rollenhebelventil	$RS–3–1/8$	
1.1, 2.1, 3.2, 4.1, 5.1	5	Rollenhebelventil	$ROS–3–1/8$	
1	1	doppeltwirkender Zylinder	DH–50–300 PPv	

Mit Funktionsdiagramm, Schaltplan, Lageplan und Geräteliste ist eine pneumatische Steuerung, auch wenn sie noch so umfangreich ist, eindeutig definiert. Die VDI-Richtlinie 3226 besagt, daß diese einzelnen Unterlagen nicht unbedingt auf getrennten Blättern festgehalten werden müssen, sondern gegebenenfalls auf dem Schaltplan mit untergebracht werden können.

Aus der Praxis heraus hat sich ein sogenannter **Schrittfolge-Zeit-Schaltplan** entwickelt, der alle die zuvor genannten Unterlagen enthält. Bereits im Vordruck sind die Abschnitte für die einzelnen Unterlagen gegliedert. Entsprechend dem vorher genannten Beispiel ergibt sich ein Schritt-Zeit-Schaltplan wie er in Bild 34 dargestellt ist. Lediglich der Schaltplan hat sich dabei etwas geändert, da er in Verlängerung der Funktionslinien gezeichnet wurde und nicht in der Aufteilung von unten nach oben (in Bild 34 von links nach rechts).

5.4. Steuerungsart

Das Grundsätzliche und damit Kennzeichnende einer Maschine oder eines Gerätes ist die Steuerung. Durch die Steuerung läßt sich bereits viel über die Maschine aussagen, z. B. ob eine Maschine für Einzelteile oder für Serienfertigung geeignet, ob halb- oder vollautomatische Bearbeitung möglich ist und nicht zuletzt auch über die Leistungsfähigkeit. Das Kernstück jeder Maschine ist die Steuerung und deshalb muß ihr besondere Aufmerksamkeit und Sorgfalt gewidmet werden, ganz gleich, um welche Steuerungsart es sich hierbei handelt.

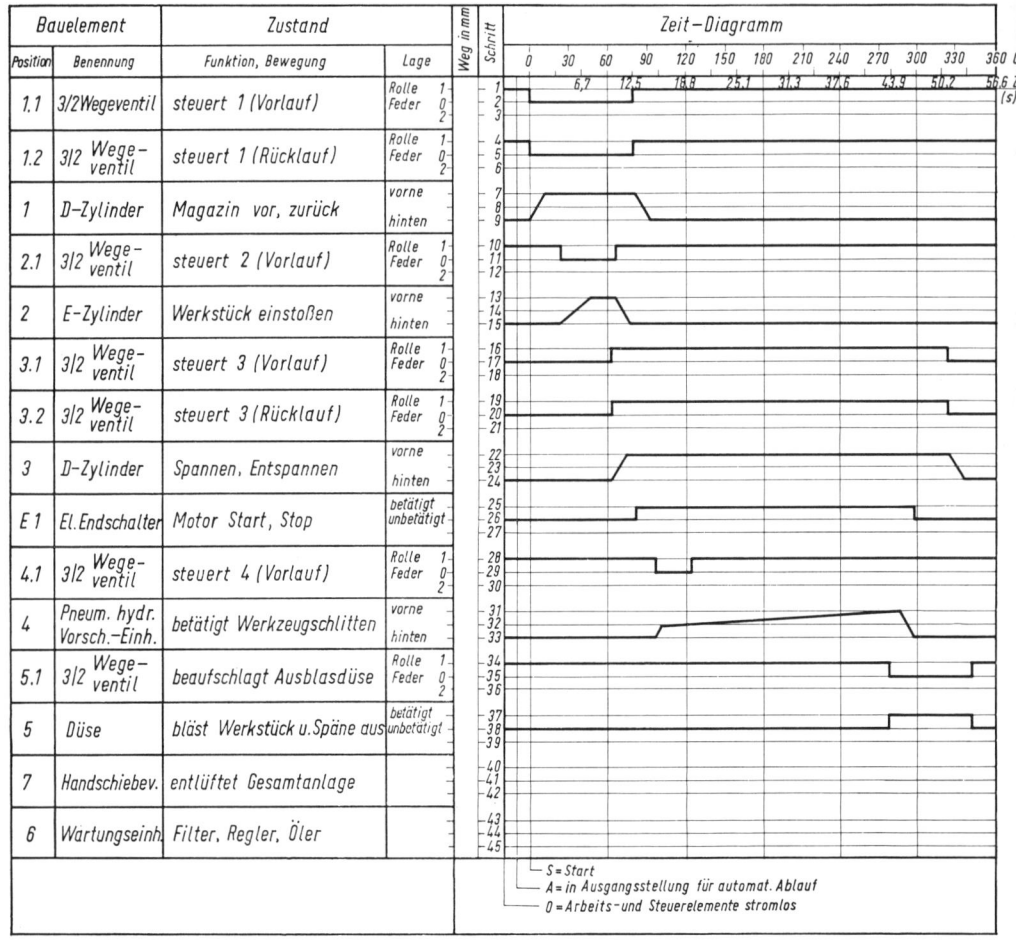

Bild 34   Schrittfolge-Zeit-Schaltplan (SZS) für die Programmsteuerung einer Drehmaschine entsprechend den Bildern 30, 32 und 33 (FESTO)

5.4.1. Willensabhängige Steuerung

Bereits aus den Namen geht das Wesentliche einer solchen Steuerungsart hervor, sie ist vom Willen der Bedienungsperson abhängig. Sämtliche Hand- bzw. Fußsteuerungen sind willensabhängig. Bei der willensabhängigen, pneumatischen Steuerung sind die Signalglieder manuell betätigte Ventile. Dabei wird der Vor- und Rücklauf (Rechts- und Linkslauf) eines Antriebsgliedes einzeln angesteuert. In Bild 35 sind einige Schaltbilder von willensabhängigen Steuerungen dargestellt. Bild

35a zeigt dabei die einfachste Form, der doppeltwirkende Druckluftzylinder wird über ein 4/3-Handhebelventil gesteuert, z.B. Handhebelventil entsprechend Bild 32, Abschnitt 4.2.1. Anstelle des 4/3-Ventils kann auch ein 4/2-Ventil treten, wenn nur Vor- und Rücklauf des Kolbens ohne Zwischenhalt verlangt wird. Der Zylinderkolben bleibt so lange in seiner Endstellung, bis der Hebel des Ventils auf die Gegenrichtung umgeschaltet wird. Im 3. Beispiel bleibt der Zylinderkolben nur

124

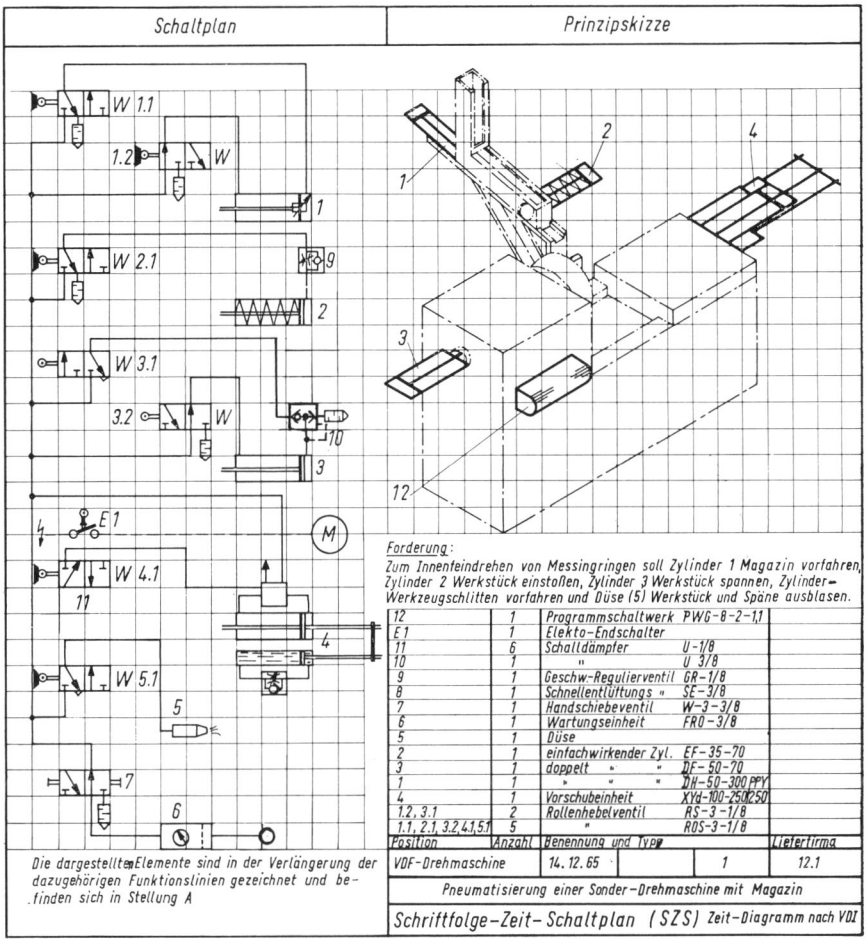

Schaltplan	Prinzipskizze

Forderung:
Zum Innenfeindrehen von Messingringen soll Zylinder 1 Magazin vorfahren, Zylinder 2 Werkstück einstoßen, Zylinder 3 Werkstück spannen, Zylinder-Werkzeugschlitten vorfahren und Düse (5) Werkstück und Späne ausblasen.

Position	Anzahl	Benennung und Typ		Lieferfirma
12	1	Programmschaltwerk	PWG-8-2-1,1	
E 1	1	Elekto-Endschalter		
11	6	Schalldämpfer	U-1/8	
10	1	"	U 3/8	
9	1	Geschw-Regulierventil	GR-1/8	
8	1	Schnellentlüftungs "	SE-3/8	
7	1	Handschiebeventil	W-3-3/8	
6	1	Wartungseinheit	FRO-3/8	
5	1	Düse		
2	1	einfachwirkender Zyl.	EF-35-70	
3	1	doppelt "	DF-50-70	
1	1	" " "	DH-50-300 PPY	
4	1	Vorschubeinheit	XYd-100-250/250	
1.2, 3.1	2	Rollenhebelventil	RS-3-1/8	
1.1, 2.1, 3.2,4.1,5.1	5	"	ROS-3-1/8	
Position	Anzahl	Benennung und Typ		Lieferfirma
VDF-Drehmaschine	14.12.65		1	12.1
Pneumatisierung einer Sonder-Drehmaschine mit Magazin				

Die dargestellten Elemente sind in der Verlängerung der dazugehörigen Funktionslinien gezeichnet und befinden sich in Stellung A

Schriftfolge-Zeit-Schaltplan (SZS) Zeit-Diagramm nach VDI

so lange in der vorderen Endstellung, so lange der Betätigungsknopf des Ventils gedrückt wird; Drücken des Betätigungsknopfes = Vorlauf, Loslassen des Betätigungsknopfes = Rücklauf. Für die willensabhängigen Steuerungen nach Bild 35b und c wurden zusätzliche Stellglieder in die Steuerung eingebaut. Dies ist z.B. da denkbar, wo von einem Steuerpult aus der Druckluftzylinder gesteuert wird. Es genügt dabei ein kurzzeitiger Impuls für Vor- oder Rücklauf. Die jeweilige End-

stellung wird solange einbehalten, bis ein Gegenimpuls die Umsteuerung auslöst. Das Beispiel c hat zusätzlich noch eine ODER-Verknüpfung, um beispielsweise eine Bewegungsrichtung von Hand oder mit Fuß auszulösen. Alle willensabhängigen Steuerungen erfordern den Menschen zur Bedienung, denn die Signalauslösung bzw. das Einleiten einer Funktion muß in beiden Bewegungsrichtungen manuell geschehen. Die willensabhängige Steuerung ist überall da angebracht, wo keine verbin-

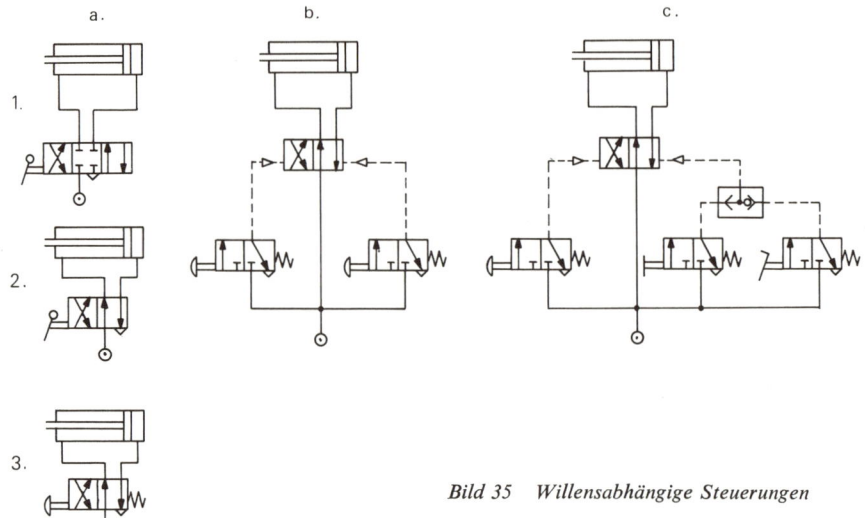

Bild 35   Willensabhängige Steuerungen

dende Funktion zu einer Maschine und kein selbsttätiger Ablauf des Arbeitstaktes zu berücksichtigen ist. Diese Steuerungsart ist deshalb ausschließlich für Einfachst-Vorrichtungen, z. B. Spannvorrichtungen und ähnlichem geeignet. Gleichzeitig ist die willensabhängige Steuerung aber die primäre Steuerungsart, auf der sich andere, komplizierte Steuerungen aufbauen. Zum Einleiten jeder Maschinensteuerung oder als Notbetätigung bei automatischen Steuerungen ist das Detail einer willensabhängigen Steuerung unbedingt notwendig.

> Die Vorbedingung jeder willensabhängigen Steuerung ist der Mensch in seiner Eigenschaft als Bedienungsperson.

5.4.2. Wegabhängige Steuerung

Bei der wegabhängigen Steuerung betätigt das Antriebsglied selbst oder die mit ihm verbundene und bewegliche Vorrichtung in Abhängigkeit des zurückgelegten Weges das Signalglied zur Umschaltung in die Gegenrichtung oder zur Ein- bzw. Ausschaltung weiterer Steuerketten. Im gezeigten Beispiel (Bild 36) wird die Wegabhängigkeit direkt an der Kolbenstange des Druckluftzylinders abgenommen, und zwar jeweils in den Endstellungen. Wegabhängige Signale können aber auch innerhalb der Wegstrecke abgenommen werden, je nach Einsatz und Forderung. Das Beispiel nach Bild 36 a entspricht dem **Stetigantrieb.** Sobald die Druckluft über das Ventil 0.1 eingeschaltet wird, beginnt der Druckluftzylinder seine oszillierende Bewegung

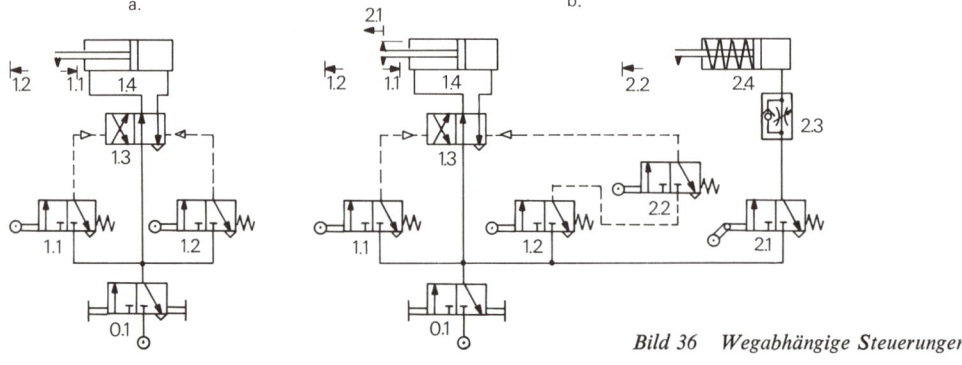

Bild 36   Wegabhängige Steuerungen

vor/zurück, und zwar solange, bis die Druckluft wieder abgeschaltet wird. Die Rollenhebelventile 1.1 und 1.2 sind so angeordnet, daß sie von einem an der Kolbenstange befestigten Nocken oder Anschlag betätigt werden. Das 4/2-Impulsventil 1.3 übernimmt hier eine Speicherfunktion während der Kolbenstangenbewegung bis zur Auslösung des Gegenimpulses.

Bei dem Beispiel nach Bild 36 b ist die oszillierende Bewegung des doppeltwirkenden Zylinders nur in Abhängigkeit eines zweiten Zylinders möglich. In der hinteren Endstellung des doppeltwirkenden Zylinders 1.4 wird Ventil 1.1 betätigt und mit dem beginnenden Vorlauf auch das Rollenhebelventil mit Leerrücklaufrolle 2.1. Beide Zylinder gehen in Vorlauf, wobei der Vorlauf von Zylinder 2.4 über das Drosselrückschlagventil verzögert wird. Zylinder 1.4 kann nur zurückfahren, wenn er seine vordere Endstellung erreicht hat und damit das Ventil 1.2 betätigt und wenn auch Zylinder 2.4 seine vordere Endstellung erreicht und das Ventil 2.2 betätigt. Ist Ventil 1.2 und 2.2 betätigt, geht der doppeltwirkende Zylinder in den Rücklauf. Gleichzeitig wird Ventil 2.1 über die Leerrücklaufrolle nicht mehr betätigt und Zylinder 2.4 fährt ebenfalls zurück. Damit kann eine Wiederholung des Arbeitstaktes beginnen. Auch hier läuft die Steuerung solange selbsttätig ab, bis die Druckluft über Ventil 0.1 abgeschaltet wird.

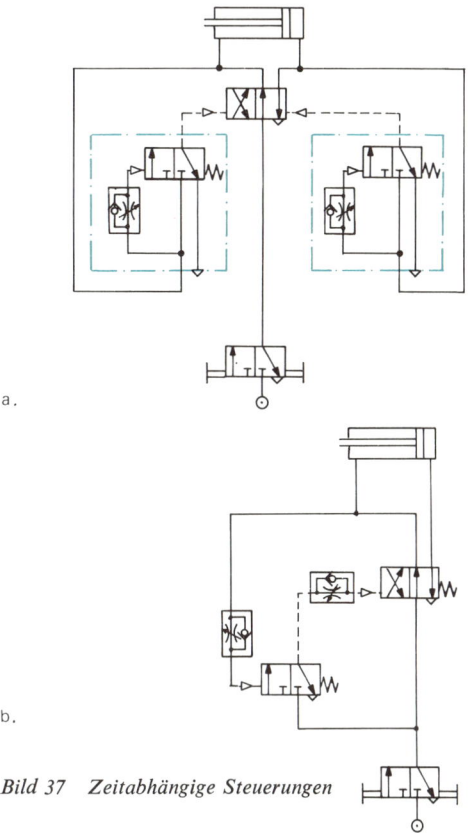

a.

b.

Bild 37   Zeitabhängige Steuerungen

> Die wegabhängige Steuerung ist die Grundlage für selbsttätig ablaufende Folgesteuerungen. Die Steuerung wird sofort unterbrochen, wenn ein vorgeschriebener Weg nicht zurückgelegt wurde bzw. zurückgelegt werden konnte (Sicherheit).

5.4.3. Zeitabhängige Steuerung

Entsprechend den zuvor genannten Steuerungen läßt sich durch Auswechseln der Signalglieder auch eine in beiden Bewegungsrichtungen wirkende zeitabhängige Steuerung aufbauen. Analog den Beispielen Bild 35 b und 36 a entsteht eine ebenfalls oszillierende Bewegung in Zeitabhängigkeit (Bild 37). Die Zeitabhängigkeit wirkt nur in den beiden Endlagen des Druckluftzylinders. Voraussetzung ist allerdings, daß die Vor- bzw. Rücklaufzeit des Zylinderkolbens weniger als die Zeitverzögerung des Signalgliedes beträgt. Die hierfür eingesetzten Zeitverzögerungsventile wurden bereits vorgestellt (siehe Bild 42, Abschnitt 4.2.1.1). Die Verzögerung zwischen Signaleingang und Aus-

lösen der Steuerung, im Beispiel bis zur Signalgabe und damit Umsteuerung des 4/2-Impulsventils, ist stufenlos innerhalb eines Maximalwertes einstellbar. Das Beispiel nach Bild 37 a zeigt eine endschalterlose Umsteuerung der beiden Bewegungsrichtungen. Mit der Druckbeaufschlagung der Zylinderkolbens zum Vorlauf wird auch die zeitabhängige Steuerung für den Rücklauf eingeleitet. Die Verzögerungszeit (Stillhaltezeit) in den Endlagen ist demnach die Gesamtverzögerungszeit abzüglich der Bewegungszeit für den Vor- bzw. Rücklauf. Während die Stillhaltezeit in den beiden Endlagen im Beispiel a genau einstellbar ist, ist dies im Beispiel, Bild 37 b, nicht möglich bzw. in engen Grenzen nur in der hinteren Endlage. Auch hier entsteht eine oszillierende Bewegung, die jeweils endschalterlos gesteuert wird.

> Die zeitabhängige Steuerung kann für einfache Folgesteuerungen eingesetzt werden bzw. für Selbsthalte-Steuerungen innerhalb der maximal einstellbaren Zeit.

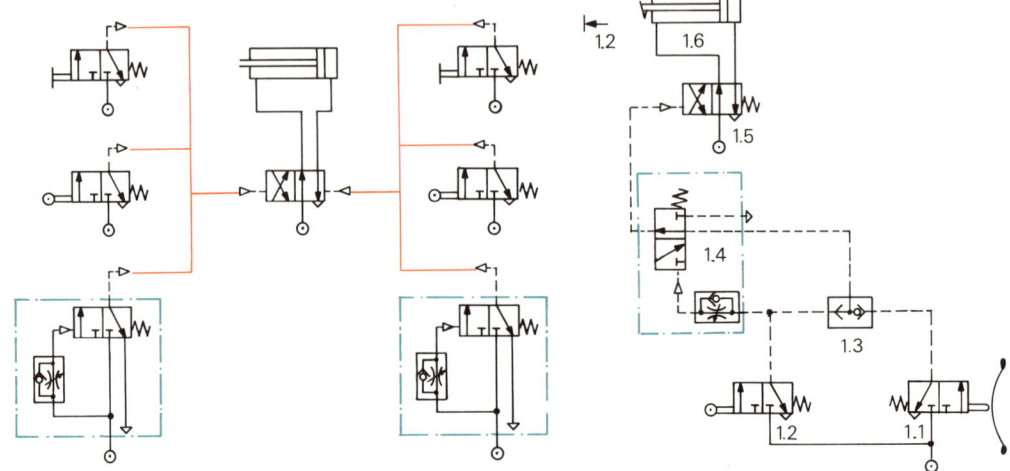

Bild 38 Wahlweise Kombination von willens-, weg- und zeitabhängigen Gliedern

Bild 39 Kombinierte Steuerung. Zweihandsteuerung mit Selbsthaltung des Kolbens in der vorderen Endstellung und zeitabhängig einstellbarem Rücklauf

5.4.4. Kombinierte Steuerung

Größere pneumatische Steuerungen für Maschinen und Anlagen sind meist eine Kombination der von einzelnen Kriterien abhängigen Glieder. Genau wie bei einem Baukasten, können Glieder bestimmter Funktion in Abhängigkeit von Weg, Zeit oder Willen gegeneinander ausgetauscht werden. Wird die Grundeinheit, bestehend aus doppeltwirkendem Druckluftzylinder und 4/2-Impulsventil, beibehalten, so können wahlweise Kombinationen aus den willens-, weg- und zeitabhängigen Signalen und deren Verarbeitungsgliedern (Signalglieder) entstehen (Bild 38).

Bei dem Beispiel einer Steuerung nach Bild 39 wurden die willens-, weg- und zeitabhängigen Glieder zu einer Steuerung bestimmter Funktion vereinigt. Die Forderung für einen Preßvorgang lautet: Für die Dauer des Vorlaufes einer Kolbenstange muß eine Zweihandbetätigung gedrückt werden, in der vorderen Endlage soll der Kolben stehen bleiben und zeitabhängig dann selbsttätig wieder zurückfahren. Zur Sicherheit der Bedienungsperson muß die Zweihandeinrückung während des ganzen Vorlaufes betätigt werden. Um Ausschuß zu vermeiden, muß mit Sicherheit die vordere Endlage erreicht werden und erst dann darf der Kolben nach Ablauf der Verzögerungszeit wieder zurückfahren.

Diese Forderung wurde folgendermaßen erfüllt: Solange das Ventil 1.1 mit beiden Händen betätigt wird, strömt die Druckluft über die Ventile 1.3 und 1.4 zum Ventil 1.5, steuert dieses um und die Kolbenstange fährt aus. Wenn die vordere Endlage und damit das Ventil 1.2 erreicht ist, kann die Zweihandsteuerung 1.1 losgelassen werden, da der Steuerdruck zum Ventil 1.5 jetzt von Ventil 1.2 über die Ventile 1.3 und 1.4 aufrecht erhalten wird. Gleichzeitig bekommt das Verzögerungsteil des Ventils 1.4 Steuerdruck von Ventil 1.2. Je nach eingestellter Verzögerungszeit schließt das Ventil 1.4 den Durchgang und entlüftet die Steuerluft zum Ventil 1.5. Durch Federkraft wird das Ventil 1.5 in die Ausgangsstellung geschaltet, der Kolben fährt zurück.

Die Zweihandeinrückung 1.1 stellt die willensabhängige Funktion dar, während das Rollenhebelventil 1.2 die wegabhängige und das Verzögerungsventil 1.4 die zeitabhängige Funktion darstellt.

5.4.5. Programmsteuerung

Bei vollselbsttätig ablaufenden Steuerungen in Maschinen unterscheidet man nach der Art des Aufbaues Programmsteuerungen und Folgesteuerungen. Beide Systeme haben ihre Vorteile und es läßt sich nicht ohne weiteres die eine oder andere hervorheben.

Bei der Programmsteuerung läuft die Steuerung nach einem vorgegebenen Programm ab. In der Regel handelt es sich dabei um eine elektrisch angetriebene Welle, auf der eine Anzahl von Nockenscheiben entsprechend viele Ventile steuern. Die pneumatische Programmsteuerung unterscheidet sich dabei grundsätzlich nicht von Programmsteuerungen anderer Arten. Die Welle mit den genau eingestellten Nockenscheiben in Verbindung mit ihrer Umdrehungsgeschwindigkeit beinhaltet das Programm. Diese Steuerungsart ist damit ebenfalls zeitabhängig. Bild 40 zeigt den schematischen Aufbau einer pneumatischen Programmsteuerung, wie sie in jedem Betrieb selbst aufgebaut werden kann. Der Drehzahl des Synchronmotores entspricht die Zeitdauer des mit jeder Umdrehung einmal vollständig ablaufenden Arbeitstaktes. Jedem doppeltwirkenden Druckluftzylinder ist ein 4/2-Rollenhebelventil mit Federrückstellung zugeordnet, durch die das Ventil jeweils sofort wieder in die Ausgangsstellung gebracht wird, sobald die Nockenbetätigung beendet ist.

Ein anderes Beispiel einer Programmsteuerung zeigt Bild 41, bei dem der Schwenkwerkzeugträger eines Einspindel-Drehautomaten zwangsläufig über Kurvenscheiben pneumatisch betätigt wird. Die Kurvenscheibe K 1 steuert den Druckluft-Schwenkzylinder des Werkzeugträgers, wobei in der vorderen Endstellung des Zylinders die Pinole 1 in der Arbeitsstellung steht und in der hinteren Endlage die Pinole 2. Der Vorschub des gesamten Werkzeugträgers wird über die beiden um 90° ver-

setzt angeordneten Kurven K 2 und K 3 gesteuert. Die Programmsteuerung bietet sich hierbei geradezu an, da auch die übrige mechanische Steuerung des Einspindelautomaten über Kurvenscheiben erfolgt.

Neben den einzeln konstruierten und gebauten Programmsteuerungen, sind pneumatische Programmschaltgeräte auch serienmäßig als Baueinheiten erhältlich (siehe Bild 80, Abschnitt 4.5). Dabei sind die Nockenscheiben (Doppelscheibe) einzeln einstellbar bzw. bei Programmbändern die Länge der Nocken frei wählbar, um eine exakte Einzelzeit zu ermöglichen.

> Die Programmsteuerung arbeitet zeitabhängig, bedingt durch die Drehzahl der Programmwelle. Diese Steuerungsart ist einfach, da die einzelnen Steuerketten sehr kurz sind und Signalglieder meist entfallen.

5.4.6. Folgesteuerung

Die Folgesteuerung arbeitet wegabhängig, zusätzlich können auch Zeitglieder enthalten sein. Bei der Folgesteuerung löst eine Funktion (zurückgelegter Weg oder Bewegung) die nächste Funktion aus. Fällt eine Funktion aus irgendwelchen Gründen aus, wird die nachfolgende nicht ausgelöst und die gesamte Steuerung verharrt in der Störposition. Die Steuerung ist in eine Folge von Einzeltakten gegliedert, die nacheinander und gleichzeitig ablaufen können. Eine Folgesteuerung erfordert mehr

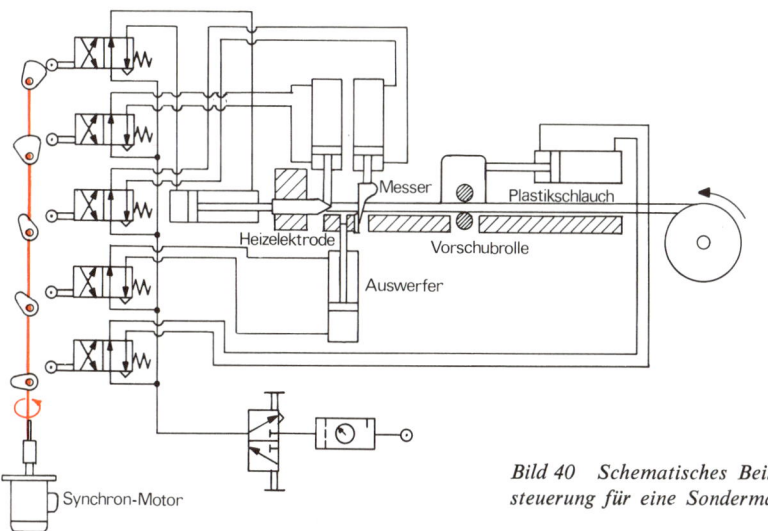

Bild 40 Schematisches Beispiel einer Programmsteuerung für eine Sondermaschine

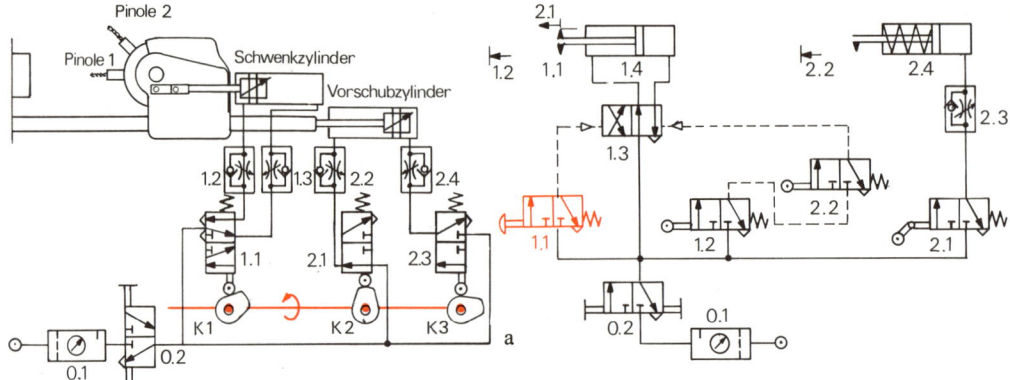

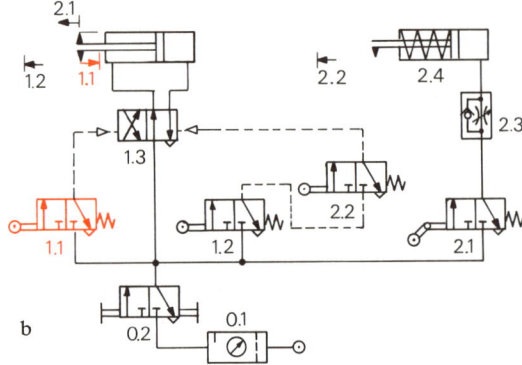

Bild 41 *Pneumatische Programmsteuerung an einem Drehautomaten, die Programmwelle dient gleichzeitig auch der mechanischen Steuerung des Drehautomaten*

Signalglieder als jede andere Steuerungsart. Dafür ist aber der vorgeschriebene Funktionsablauf sicher einzuhalten.

Folgesteuerungen können halb- oder vollautomatisch ablaufen. Eine halbautomatische Steuerung liegt dann vor, wenn für jeden Durchlauf das Startsignal manuell gegeben werden muß. Anhand der wegabhängigen Steuerung aus Abschnitt 5.4.2, Bild 36b soll dieses Beispiel näher untersucht werden.

Vorausgesetzt wird eine Montagevorrichtung, in die ein Werkstück von Hand eingelegt und nach beendetem Arbeitsgang auch wieder von Hand entnommen wird. In dieses eingelegte Werkstück sollen zwei weitere Teile nacheinander eingepreßt werden. Diese beiden Teile werden über Topfförderer zugeführt und von mechanischen Vereinzelvorrichtungen durch die Einpreßzylinder entnommen und eingepreßt. Nach dem Einlegen des Werkstückes gibt die Bedienungsperson das Startsignal.

Der pneumatische Schaltplan könnte beispielsweise so, wie Bild 42a zeigt, aussehen. Nach dem Einschalten der Druckluft (vor Arbeitsbeginn)

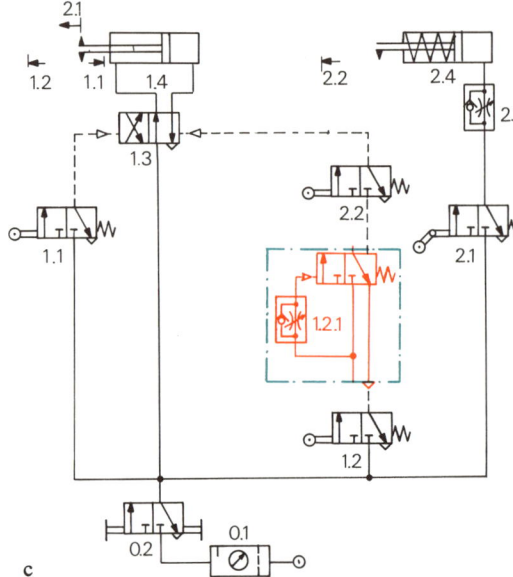

Bild 42 *Folgesteuerung, a) für halbautomatischen Arbeitsablauf b) für vollautomatischen Arbeitsablauf c) für vollautomatischen Arbeitsablauf mit zusätzlichem Zeitglied*

(Die Änderungen sind jeweils in rot eingezeichnet)

über Ventil 0.2 und Einlegen des Werkstückes wird das Startventil 1.1 kurzzeitig gedrückt. Über das Impulsventil 1.3 wird Zylinder 1.4 auf Vorlauf geschaltet. Während des Vorlaufes schaltet der Zylinder 1.4 über Ventil 2.1 den Zylinder 2.4 mit verzögertem Vorlauf über ein Drosselrückschlagventil 2.3 ebenfalls auf Vorlauf. Zylinder 1.4 preßt zuerst sein vorgesehenes Teil ein, anschließend Zylinder 2.4. Zylinder 1.4 muß solange in seiner vorderen Endlage verbleiben, bis auch Zylinder 2.4 seine vordere Endlage erreicht hat. Erst dann, da jetzt Ventil 1.2 und 2.2 betätigt ist, wird das Impulsventil 1.3 (Speicher) umgeschaltet und damit Zylinder 1.4 in den Rücklauf geschaltet. Mit dem beginnenden Rücklauf wird die Leerrücklaufrolle von Ventil 2.1 nicht mehr betätigt und damit Zylinder 2.4 entlüftet; der dann ebenfalls zurückfährt. Damit ist die Ausgangsstellung wieder erreicht und das Werkstück kann von Hand entnommen werden. Erst nach erneutem Startsignal von Ventil 1.1 beginnt ein neuer Arbeitstakt. Diese Anlage arbeitet halbautomatisch.

Für eine vollautomatische Arbeitsweise müßte eine weitere Zuführeinrichtung für das Hauptwerkstück hinzugeführt werden. Vom eingelegten Werkstück müßte dann das Signal auf das Impulsventil 1.3 gegeben werden, um den Arbeitstakt einzuleiten. Am Ende des Arbeitstaktes muß ein Aus-

werfer hinzugeschaltet werden, um das fertige Teil auszuwerfen und ein Signal zum Wiederbeladen zu geben. Erst dann arbeitet diese Anlage vollautomatisch.

Um nun bei diesem Schaltplan zu bleiben, wird eine andere Arbeit vorausgesetzt. Lediglich durch Auswechseln des Ventil 1.1 entsteht ein Schaltplan (Bild 42b), der einen vollautomatischen Arbeitsablauf ermöglicht. Sobald über das Ventil 0.2 die Druckluft eingeschaltet wird, beginnt die Anlage zu arbeiten. Zylinder 1.4 betätigt in seiner hinteren Endlage das Ventil 1.1, das den Startimpuls gibt und damit den Ablauf einleitet. Die Wiederholung des Arbeitsablaufes erfolgt solange, bis die Druckluft wieder abgeschaltet wird.

Zuvor wurde schon erwähnt, daß innerhalb von Folgesteuerungen auch zeitabhängige Glieder eingesetzt werden können. Um wiederum bei dem gleichen Grundschaltplan zu bleiben, wurde hier nur zusätzlich ein Zeitverzögerungsventil 1.2.1 eingefügt. Ein Zeitglied könnte beispielsweise bei Schweißvorrichtungen notwendig sein. Der Zylinder 1.4 in Bild 42c betätigt wie zuvor Ventil 1.2. Diesem Ventil ist das Zeitglied nachgeschaltet. Damit ist die Haltezeit in der vorderen Endlage des Zylinders 1.4 einstellbar (z.B. Erwärmungszeit bei einer Kunststoff-Schweißvorrichtung). Die UND-Verknüpfung, Ventil 1.2 und 2.2, ist eben-

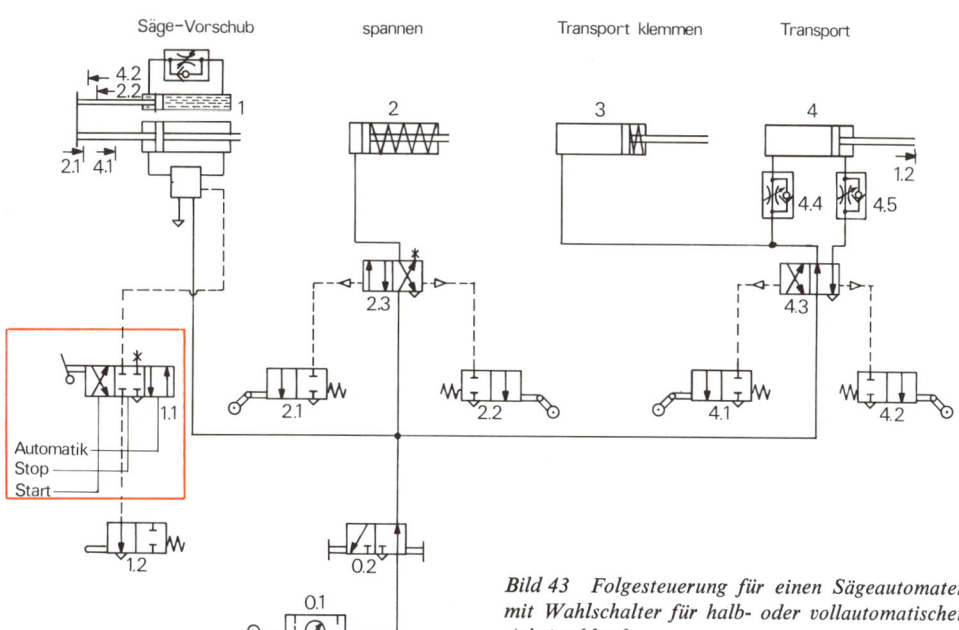

Bild 43   *Folgesteuerung für einen Sägeautomaten mit Wahlschalter für halb- oder vollautomatischen Arbeitsablauf*

falls geblieben. Auch hier ist vollautomatischer Arbeitsablauf gegeben.

Daneben wird bei vollautomatischen Folgesteuerungen manchmal auch die Forderung erhoben, daß neben der Vollautomatik mit ständiger Wiederholung des Arbeitsablaufes ein Einzeldurchlauf (halbautomatischer Ablauf) ohne Wiederholung möglich ist. Hier wird die pneumatische Steuerung mit einem zusätzlichen Wahlventil ausgerüstet, mit dem auf Halb- oder Vollautomatik umgeschaltet werden kann. Eine solche Folgesteuerung zeigt der Schaltplan nach Bild 43. Dieser Schaltplan wurde für einen Sägeautomaten entwickelt, auf dem Stangenmaterial automatisch je Teilstück vorgeschoben, gespannt und gesägt wird. Das Dreistellungsventil 1.1 ist der Wahlschalter. Der Sägevorschub, eine pneumatisch-hydraulische Vorschubeinheit, steuert alle weiteren Arbeitstakte zum Spannen und Transportieren. Die Ventile 1.1 und 2.1 könnten 3-Wegeausführungen sein, in diesem Beispiel wurden 4-Wegeausführungen verwendet, wobei eine Verbraucherleitung jeweils blindgeschlossen wurde.

> Die Folgesteuerung arbeitet wegabhängig, die vorhergehende Funktion löst die nachfolgende aus. Bei Störung bleibt die Steuerung in der gestörten Funktion stehen.

5.4.7. Elektropneumatische Steuerung

Die aus der Elektrotechnik und der Pneumatik kombinierte Steuerung stellt eine Wahlmöglichkeit neben der rein pneumatischen Steuerung dar. Die Elektrik wird im Informationsteil zur Signalübertragung und -verarbeitung eingesetzt, die Pneumatik im energetischen Teil für die Verstärkung und die eigentliche Arbeitsleistung. Das Bindeglied ist das Elektro-Magnetventil, das sowohl als Steuerglied oder auch als kombiniertes Steuer- und Stellglied eingesetzt wird. Das Elektro-Magnetventil stellt gleichzeitig auch die Verstärkerfunktion dar. Der elektrische Teil solcher Steuerungen arbeitet üblicherweise mit Gleich- oder Wechselspannungen von 12 oder 24 Volt, nur in Ausnahmefällen auch mit 220 V. Der pneumatische Teil der Elektro-Magnetventile entspricht den anderen Pneumatikventilen, der Unterschied liegt lediglich in der Betätigungsart. Elektro-Magnetventile gibt es in den Ausführungen für Dauer- und Momentsignal.

Der große Vorteil elektropneumatischer Steuerungen liegt in der Schnelligkeit des Signaldurchlaufes und in der Möglichkeit, zusammengehörende Steuerglieder auch über größte Entfernungen hinweg miteinander zu verbinden. In feuer- und explosionsgefährdeten Räumen ist die rein pneumatische Steuerung vorzuziehen, elektrische Steuerelemente erfordern dabei einen besonderen Schutz.

Die Schnelligkeit im elektrischen Informationsteil, verbunden mit der Schnelligkeit des pneumatischen Energieteils läßt eine der schnellsten Arbeitssteuerungen zu, wobei eine Vielzahl von Varianten, die sich aus den beiden Medien ergeben, steuerungstechnischer Möglichkeiten sich ergeben. Die beiden Bilder 44 und 45 stellen eine rein pneumatische und eine elektropneumatische Steuerung unter gleichen Voraussetzungen vor.

> Die elektropneumatische Steuerung bringt die Vorteile beider Medien (Elektrik und Pneumatik) bei richtiger Anwendung voll zur Geltung. Bei einer elektropneumatischen Steuerung sind die Kriterien wie große Entfernungen, Vielzahl von miteinander verknüpften Steuerketten, umfangreiche Schaltkombinationen, Umwelteinflüsse und Ex-Schutz gegeneinander abzuwägen.

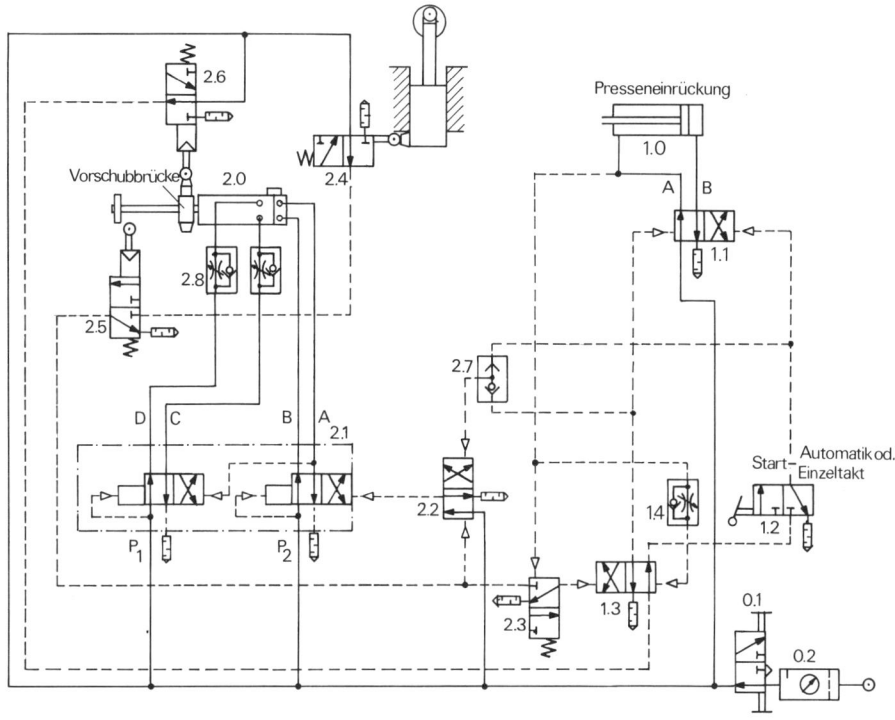

Pneumatische Steuerung

Forderung: *Ein Taktvorschubgerät soll zweimal vorschieben und dann einen Pressenhub auslösen. Die Steuerung ist rein pneumatisch auszulegen.*

Ablauf: *0.1 Be- bzw. entlüften der Gesamtanlage*
0.2 Luft wird gereinigt, auf konstanten Druck geregelt und mit Ölnebel versehen (Wartungseinheit)

durch	Betäti-gung von	zu Ventil	löst aus	Arbeitsgang
				Ausgangsstellung: BV-Vorschubbrücke bei unbetätigtem VL-8-Ventil (2.1) in vorderer Stellung. Dadurch 2.6 gedrückt.
Hand	1.2	1.1	1.0	Vorlauf, Presseneinrückung, Presse läuft im Einzelhub.
	1.2	2.7, 2.2, 2.1	2.0	Wechsel der Klammern, Rücklauf
2.0	2.5			
Presse im O.T.	2.4	2.5, 2.3, 1.3		Da Leitung „A" bei 1.1 entlüftet, ist bei 2.3 Durchgang, 1.3 wird umgesteuert.
	2.4	2.5, 2.2, 2.1	2.0	Wechsel der Klammern, 1. Vorschub
2.0	2.6	1.3, 1.1	1.0	Rücklauf, belüften der Leitung „A" dadurch umsteuern von 2.3 und, über 1.4 verzögert, von 1.3.
	2.6	1.3, 2.7, 2.2, 2.1	2.0	Wechsel der Klammern, Rücklauf
2.0	2.5	2.2	2.0	Wechsel der Klammern, 2. Vorschub
2.0	2.5	1.3, 1.2, 1.1	1.0	Vorlauf, Presseneinrückung, erneuter Ablauf
Hand	2.8			Regulierung d. Vor- u. Rücklaufgeschwindigkeit von 2.0

Bild 44   Pneumatische Steuerung in Gegenüberstellung zur elektro-pneumatischen Steuerung in Bild 45

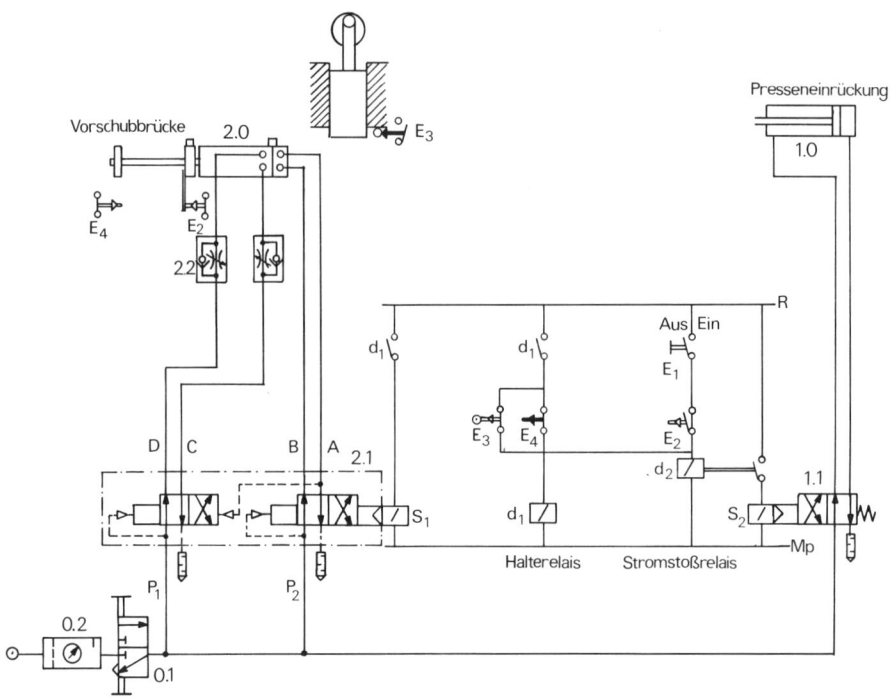

Elektropneumatische Steuerung

Forderung: *Ein an die Presse angebautes Taktvorschubgerät soll zweimal vorschieben und dann einen Pressenhub auslösen.*

Ablauf:　　*0.1 Be- bzw. entlüften der Gesamtanlage*
　　　　　0.2 Luft wird gereinigt, auf konstanten Druck geregelt und mit Ölnebel versehen (Wartungseinheit)

durch	Betäti-gung von	zu Ventil Element	löst aus Zylinder	Arbeitsgang
				Ausgangsstellung: BV-Vorschubbrücke bei unbetätigtem ML-8-Ventil (2.1) in vorderer Stellung. Dadurch E 2 gedrückt.
Hand	E 1	d 2, S 2, 1.1	1.0	Presse einrücken (Einzeltakt)
	E 1	d 1, S 1, 2.1	2.0	Selbsthaltung zieht an, Wechsel der Klammern, Rücklauf der Vorschubbrücke.
2.0	E 4			Unterbrechen von E 4
Presse im O.T.	E 3	S 1, 2.1		Unterbrechen der Selbsthaltung wenn Presse im oberen Totpunkt, Wechsel der Klammern, Vorschub von 2.0
2.0	E 2	d 2, S 2, 1.1	1.0	Rücklauf
	E 2	d 1, S 1, 2.1	2.0	Selbsthaltung zieht an, Wechsel der Klammern, Rücklauf der Vorschubbrücke
2.0	E 4	S 1, 2.1	2.0	Unterbrechen der Selbsthaltung da E 3 gedrückt, Wechsel der Klammern, Vorlauf von 2.0
2.0	E 2			Erneuter Ablauf
Hand	2.2			Regulierung der Vor- und Rücklaufgeschwindigkeit von 2.0

Bild 45　Elektro-pneumatische Steuerung in Gegenüberstellung zur rein pneumatischen Steuerung in Bild 44

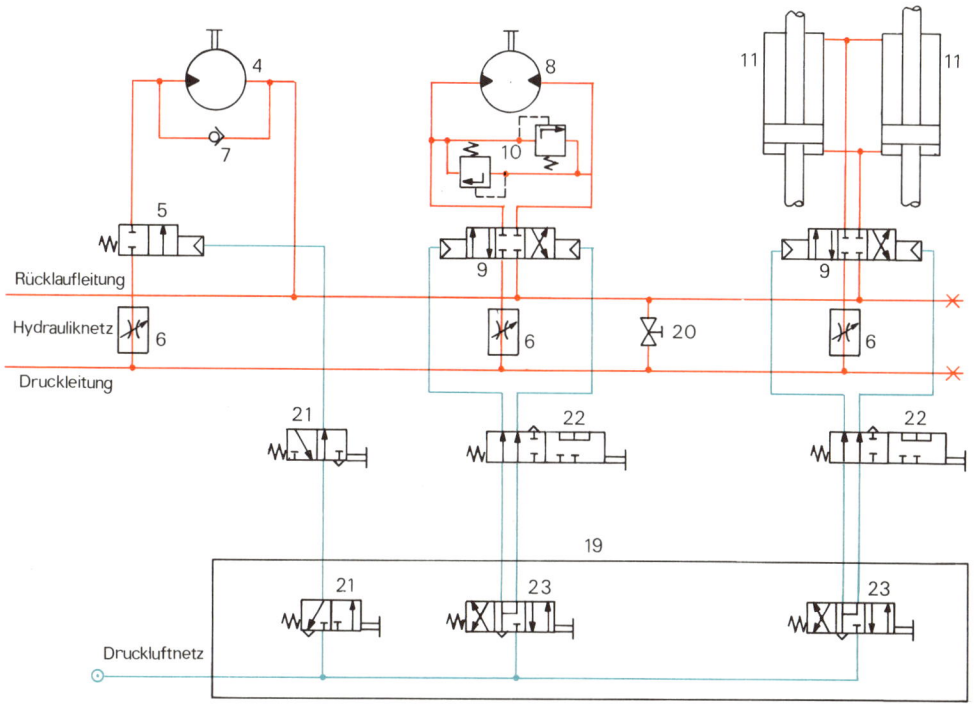

Bild 46 Pneumatische Fernsteuerung hydraulischer Sekundär-Aggregate, Ausschnitt einer Schiffs-hydraulik-Steuerung (Hydromatik)

5.4.8. Pneumatisch-hydraulische Steuerung

Bei dieser Steuerungsart muß zwischen den soge-nannten unechten und echten pneumatisch-hydrau-lischen Steuerungen unterschieden werden.

Zu den unechten pneumatisch-hydraulischen Steue-rungen zählen all diese, die mit Druckmittelwandlern, Druckübersetzern und pneumatisch-hydraulischen Baueinheiten aufgebaut sind (siehe Abschnitt 4.6, Bil-der 76 bis 82). Hier bleibt die Pneumatik Arbeits- und Steuerenergie, lediglich für bestimmte Aufgaben, die von der Pneumatik nicht so gut oder gar nicht gelöst werden können, wird die Hydraulik mit eingesetzt. Der Einsatz beschränkt sich dabei meist nur auf die Ge-schwindigkeitsregulierung des Arbeitsweges, in weni-gen Fällen auch auf große Kräfte bei kleinsten Bauein-heiten.

Die echte pneumatisch-hydraulische Steuerung verbindet ähnlich der elektropneumatischen Steue-rung, beide Medien unter Ausnützung aller Vor-teile der Pneumatik und Hydraulik miteinander. Hierbei ist die Pneumatik im Informationsteil und die Hydraulik im energetischen Teil zu finden. Die Umsetzung und meist gleichzeitig auch Verstär-kung ist mit einem pneumatischen direkt- oder vorgesteuerten Hydraulikventil möglich. Obwohl bisher noch nicht so stark verbreitet, bietet bei umfangreichen Steuerungen mit geringerer Steuer-energie die Pneumatik eine wesentliche Ergänzung der Hydraulik. Pneumatisch-hydraulische Steue-rungen finden sich vorwiegend als sogenannte pneumatische Fernsteuerungen hydraulischer An-lagen. Den Ausschnitt aus einer Groß-Hydraulik-anlage auf einem Schiff zeigt Bild 46. Verschiedene hydraulische Sekundäraggregate werden über eine pneumatische Fernsteuerung bedient. Bei den beiden Pneumatikventilen (22) handelt es sich um Sonderkonstruktionen, die speziell für solche Fernsteuerungen entwickelt wurden. In der Schalt-stellung werden die Anschlüsse A und B zur Ent-lüftung miteinander verbunden, während die Zu-leitungen (2 × P) gesperrt sind.

5.5. Steuerungssysteme

Aus der Praxis heraus haben sich **Steuerungssysteme** entwickelt, die in ihrem Aufbau die wesentlichsten Merkmale der unter Abschnitt 5.4 genannten Steuerungsarten zulassen oder zumindest je nach Fabrikat bestimmte Teilbereiche davon umfassen. Pneumatische Steuerungssysteme stellen demnach eine Weiterentwicklung der freien Zusammenstellung nach individuellen Gesichtspunkten dar, wobei der Grad der individuellen, freien Zusammenstellbarkeit zugunsten einer Systematik im Aufbau der Steuerung teilweise eingeschränkt wird. Dies bedeutet in der Praxis nicht eine Verminderung der Steuerungsmöglichkeiten, sondern eine Vereinfachung in bezug auf Aufbau, Installation, Funktionssicherheit und Wartung.

Während beim Aufbau einer individuellen pneumatischen Steuerung der Entwurf durch rechnerische Methoden nach Boole, Shannon und Karnaugh optimiert werden kann, um beispielsweise einen geringstmöglichen Komponentenaufwand zu erhalten, hat die Entwicklung von pneumatischen Steuerungssytemen eine andere Richtung eingeschlagen. Hier wird das Ziel verfolgt, mit einem Minimum von Bausteintypen den Informationsteil einer Steuerung für die verschiedensten Bereiche und Problemstellungen einheitlich aufzubauen.

Je nach Fabrikat sind bei den angebotenen Steuerungssystemen gewisse Unterschiede vorhanden, die sich größtenteils aufgrund der eingesetzten Einzelkomponenten (Ventile) und der Verschaltung ergeben. Das Ergebnis des jeweiligen gleichen Steuerungssystems ist jedoch miteinander vergleichbar, auch wenn die Prioritäten bei den einzelnen Fabrikaten unterschiedlich gesetzt sind.

5.5.1. Taktstufensteuerung

Bei der **Taktstufensteuerung** erfolgt die Signalverarbeitung in einzelnen vorgegebenen **Taktschritten** innerhalb des Informationsteiles der Steuerung. Dieser Informationsteil besteht aus der Aneinanderreihung von **Taktstufenbausteinen,** das sind kombinierte Ventile mit mehreren Einzelfunktionen; es entsteht damit eine **Taktkette** (Bild 47 und 48).

Die **Taktkette** ist die gerätetechnische Ausführung eines Schaltwerkes, das den schrittweisen Ablauf der Steuerung ermöglicht. Eine (Taktkette kann n-Glieder **Taktstufenbauweise),** entsprechend der benötigten Anzahl der Einzelschritte umfassen.

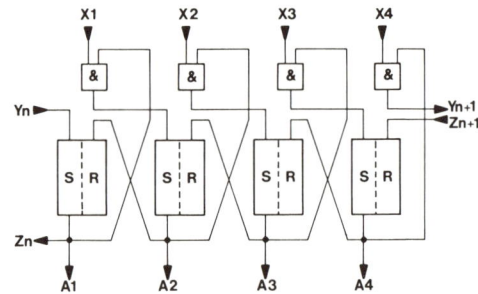

Signal-Eingänge

Signal-Ausgänge

Bild 47   Logikplan einer Taktkette mit Taktstufenbausteinen (Schaltzeichen nach DIN 40700)

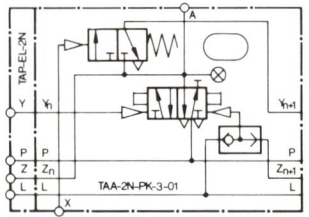 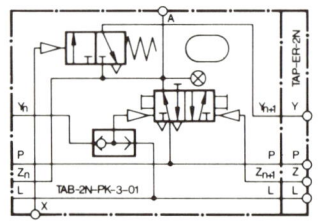 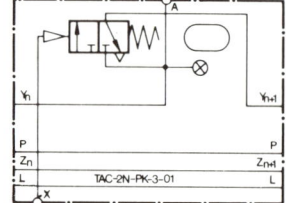

Bild 48   Taktstufenbausteine A, B und C für die Bildung beliebiger Taktketten

136

Jede **Taktkette** wird aus einer Anzahl von einzelnen **Taktstufenbausteinen** gebildet, wobei einer bestimmten Anzahl von Antriebsgliedern eine bestimmte Anzahl von informationsverarbeitenden Taktstufenbausteinen, entsprechend den Schaltschritten zugeordnet weden muß. Der einzelne Taktstufenbaustein ist ein integriertes Logik-Speicherelement, das einen Speicher, UND-Glied und ein ODER-Glied enthält. Hinzu kommt in der Regel eine optische Anzeige, die die Stellung des Speichers anzeigt. Das UND-Glied wird zum Setzen des Taktes und das ODER-Glied zum Richten der Taktkette in Ausgangsstellung eingesetzt. Mit drei Bausteinen A, B und C lassen sich mit Hilfe der entsprechenden Verbindungselemente und Montagehilfsmittel pneumatische Steuerungen nach Wahl aufbauen.

Beim Baustein A wird das Startsignal über Y_n gegeben, wodurch der Speicher umschaltet, wenn Luft am Anschluß P ansteht. Damit werden folgende Funktionen ausgelöst:

1. das Ausgangssignal A wird gesetzt,

2. der Eingang des UND-Gliedes wird für den nächsten Takt vorbereitet,

3. die optische Anzeige wird beaufschlagt,

4. der Speicher des vorher geschalteten Taktes (des davor liegenden Bausteines) wird über den Anschluß Z_n gelöscht.

Baustein B unterscheidet sich von Baustein A nur dadurch, daß dieser ein Signal, z.B. als Startvoraussetzung für den ersten Takt der Kette, ausgibt. Dabei wird der Speicher über das ODER-Glied angesteuert.

Entfällt innerhalb einer Taktkette das Löschen der vorgeschalteten Taktstufe, und bleibt das Rückmeldesignal der vorangegangenen Aktion während der Dauer des neuen Schrittes erhalten, dann kann der wesentlich einfachere Baustein C zum Einsatz kommen. Dieser Baustein enthält keinen Speicher. Über das UND-Glied wird wie bei den Bausteinen A und B das Startsignal für die nachgeschaltete Taktstufe gegeben, wenn das Rückmeldesignal X des durch A eingeleiteten Schaltvorganges eintrifft und damit die UND-Bedingung erfüllt ist.

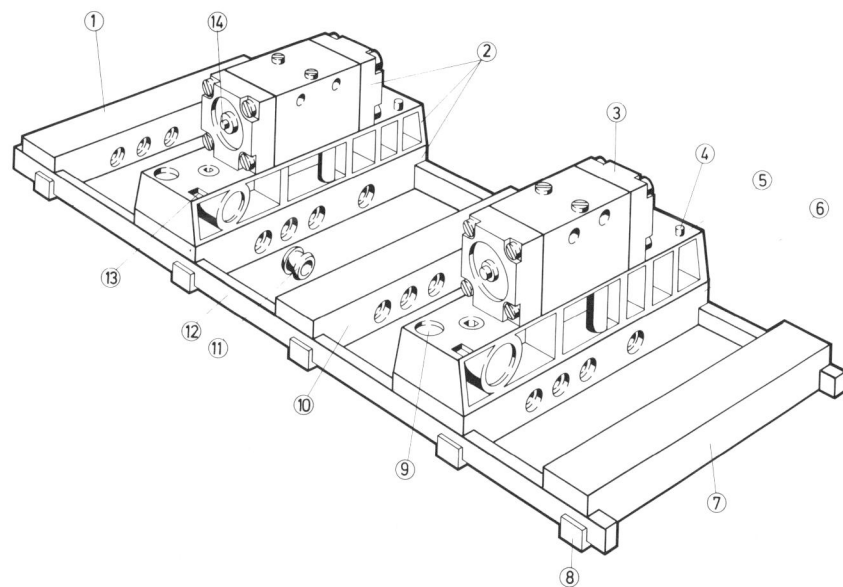

Bild 49   Aufbau einer Taktstufensteuerung in Blockbauweise auf Montagerahmen mit zentraler Versorgungsleitung und Richtsignaleingang

  1 Endplatte links (Bausatz)
  2 Taktstufen-Baustein
  3 Pneumatik-Impulsventil
  4 Druckanzeige
  5 Logikplatte
  6 Anschlußplatte
  7 Endplatte rechts (Bausatz)

  8 Befestigungswinkel
  9 Codebezeichnung für Taktstufe
  10 Verzweigungsplatte
  11 Dichthülse
  12 Montagerahmen
  13 Nut für Bezeichnungsschild
  14 Handbetätigung und Stellungsanzeige des Speichers

Über den Anschluß L kann durch ein externes Signal die ganze Taktkette gerichtet werden, alle Funktionen gehen in ihre Ausgangsstellung. Da dabei auch das Signal des letzten Bausteines gerichtet würde, dieses Signal aber als Startvoraussetzung gebraucht wird, ist hierfür ein Baustein B vorzusehen. Durch das Richtsignal wird der Speicher des Baustein B nicht gesetzt und das Startsignal bleibt vorhanden.

Durch die Aneinanderreihung der Bausteine A und C, je nach Einsatzfall, und eines Bausteines B als Abschluß, ist ein ständig wiederholbarer Steuerungsablauf bis zum gewünschten Stop möglich.

Die einzelnen Taktstufenbausteine werden auf einem Montagerahmen aufgereiht (Bild 49) und bilden so die Taktkette. Verzweigungs- und Endplatten vervollständigen den einfachen Aufbau. Innerhalb der Taktkette entfällt die Verschlauchungsarbeit. Die fertig montierte Taktkette stellt die fertige Informationsverarbeitung einer pneumatischen Steuerung dar. Damit ist der erste Schritt zu einer vormontierten Komplettsteuerung vollzogen.

> Jedem Schaltschritt ist ein Taktstufenbaustein zugeordnet, die einzelnen Schaltschritte sind gegenseitig verriegelt.

Die Anzahl der innerhalb einer pneumatischen Steuerung notwendigen Bewegungsschritte, diese sind in einem Weg-Schritt-Diagramm festzulegen bzw. aus diesem zu entnehmen, ist gleich der Anzahl der benötigten Taktstufenbausteine. Durch das Aneinanderreihen der Bausteine und Anschließen an die Luftversorgung sowie an die Steuerleitungen ist die Taktstufenkette entstanden. Die Verbindung der Taktstufenkette mit den Antriebsgliedern führt zur funktionsfähigen **Ablaufsteuerung.**

In einem Blockschaltbild kann auf einfache Art die Taktstufenkette mit der Aussage ihrer Funktion dargestellt werden (Bild 50). Zum besseren Verständnis der Funktion soll das schrittweise Durchschalten einer Taktstufenkette demonstriert werden (Bild 51):

1. Schritt
Das Startsignal wird gegeben (dies kann extern durch manuelle oder automatische Signalgabe erfolgen oder als Durchschaltsignal vom letzten Baustein), damit wird Takt 1 gesetzt und ein Ausgangsbefehl z.B. A+ ausgelöst, gleichzeitig wird Takt 2 vorbereitet und der letzte Takt der Kette gelöscht.

2. Schritt
Wird über den Grenztaster a_1 die Rückmeldung gegeben (z.B. Zylinder A ist ausgefahren =A+), dann erhält der bereits vorbereitete Takt 2 das zweite Signal für das UND-Glied und der Ausgangsbefehl z.B. B+ wird ausgelöst, gleichzeitig wird Takt 3 vorbereitet und Takt 1 gelöscht, der Zylinder A bleibt ausgefahren (A+).

3. Schritt
Rückmeldung durch Grenztaster b_1, daß Zylinder B ausgefahren ist (B+), setzt Takt 3 und löst damit Ausgangsbefehl, z.B. B− aus (Zylinder B fährt ein), Takt 2 wird gelöscht.

4. Schritt
Analog diesem Ablauf werden nacheinander alle Takte der Kette durchgeschaltet, bis das n-Glied die Wiederholung des 1. Taktes einleitet. Dabei kann der Rücklauf von Zylinder A erst zum Schluß bzw. von jedem der nachfolgenden Takte ausgelöst werden.

Bleibt der Ablauf an irgendeinem Takt stehen, so wird dies zwangsläufig über die Sichtanzeige angezeigt. Über ein zentrales Richtsignal L kann der im Moment aktivierte Takt gelöscht werden, so daß die Ausgangsposition erreicht wird. Mit weiteren Signalgliedern kann dieses Richtsignal zusätzlich entsprechend der jeweiligen Steuerung von bestimmten Anforderungen

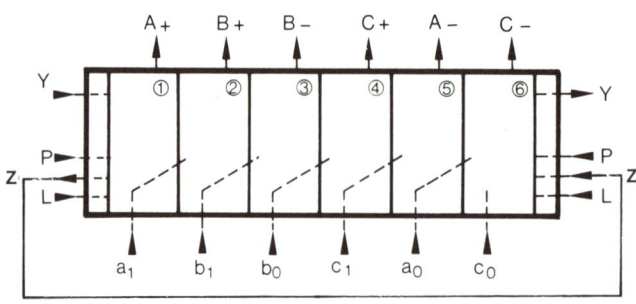

Bild 50 Blockschaltbild, vereinfachte gerätetechnische Darstellung einer Taktkette mit sechs Taktstufenbausteinen

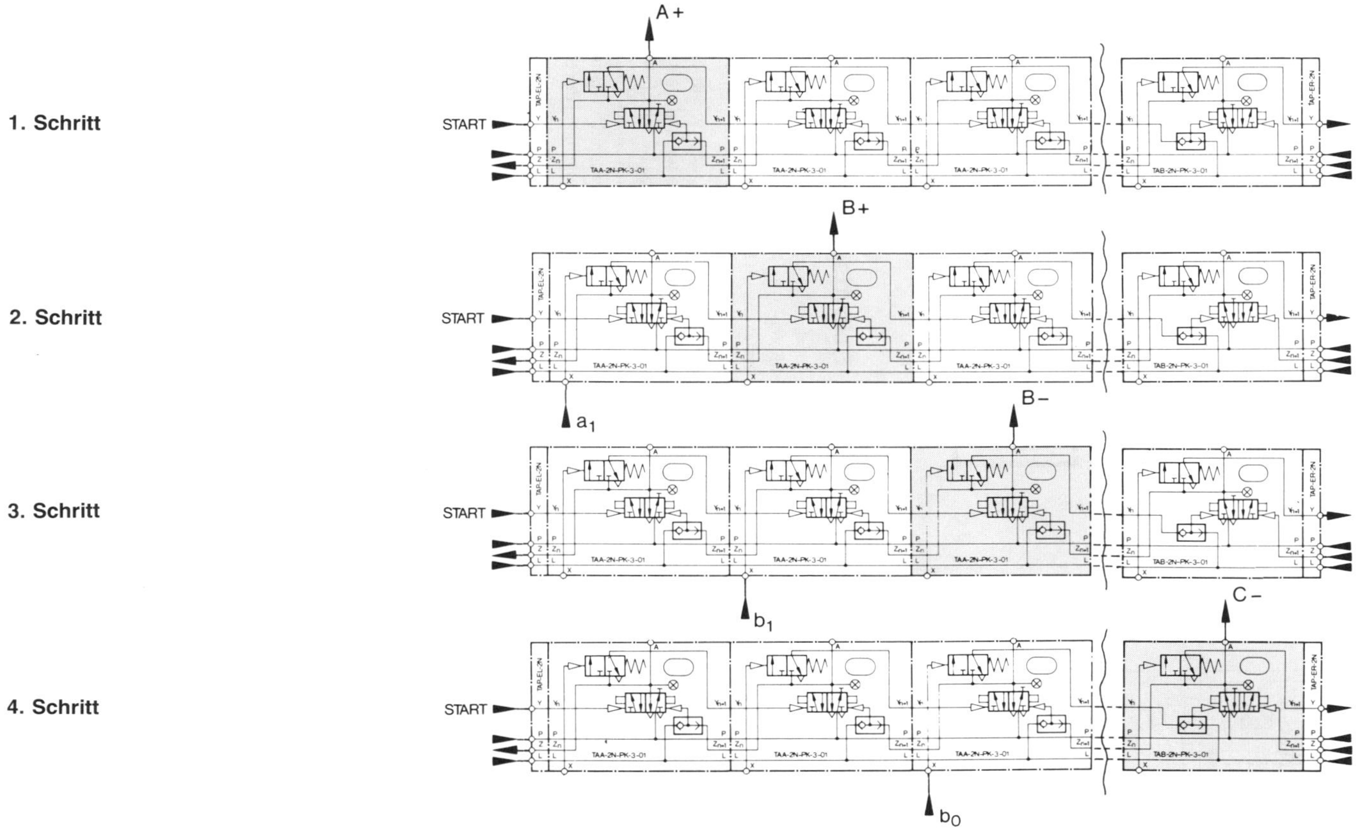

1. Schritt

2. Schritt

3. Schritt

4. Schritt

Bild 51a   Taktschritte einer Taktstufensteuerung

139

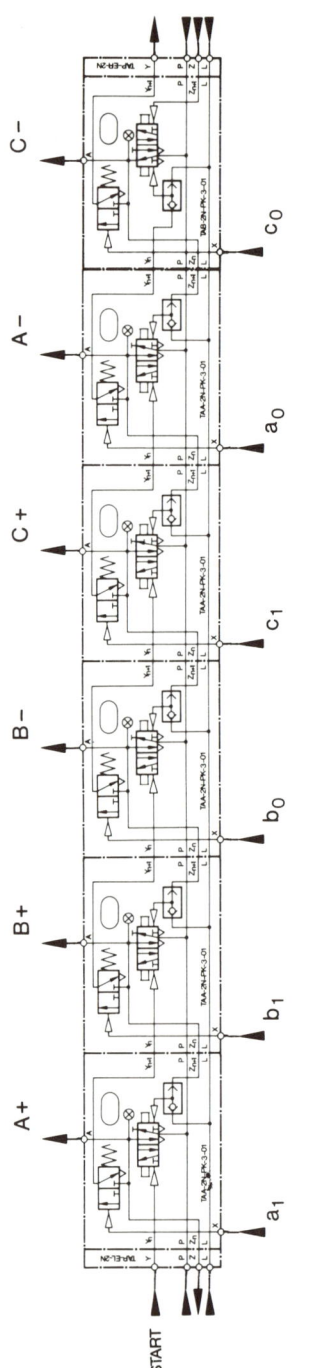

Bild 51b
Gerätetechnische Darstellung einer Taktstufenkette

abhängig gemacht werden, um so definierte Funktionspositionen anstelle der allgemeinen Ausgangsposition bei einem ungewollten Stop zu erreichen. Auftretende Fehler in der Steuerung durch den Betrieb können dadurch schnell lokalisiert und behoben werden. Die Wartung wird wesentlich vereinfacht.

> Die Taktstufensteuerung mit ihren eingebauten, zwangsläufigen Rückmeldungen stellt eine Folgesteuerung dar, die Sicherheit gegen Fehlschaltungen beinhaltet.

> Die Taktstufensteuerung ist flexibel, bei Änderung des arbeitsseitigen Bewegungsablaufes kann die Steuerung angepaßt, geändert, verringert bzw. erweitert werden.

5.5.2. Schrittschaltersteuerung

Während innerhalb einer Taktstufensteuerung die erforderliche Folge von Ausgangssignalen durch eine Kette von Bausteinen (Logik-/Speicherelemente) erzeugt wird, geschieht dies bei der Schrittschaltersteuerung mit einem einzigen Baustein, dem Schrittschalter. Prinzipiell könnte ein **Schrittschalter** und damit eine **Schrittschaltersteuerung** beispielsweise mit einem Programmschaltwerk und zusätzlichen Ventilen (siehe Abschnitt 4.7, Bild 84) aufgebaut werden. Um damit eine sichere Steuerung zu erhalten, müßte dabei der Schrittantrieb (z.B. ein Druckluftzylinder mit Klinkenschaltung) so gesteuert werden, daß die außerhalb jeden Schaltschrittes ausgeführte Lastfunktion (z.B. Zylinder ausgefahren) ein Rückmeldesignal an den Schrittantrieb gibt, bevor dieser weiterschalten darf. Über UND-Glieder müssen dann alle Rückmeldesignale auf den Schrittantrieb führen.

Ein einfaches Beispiel einer solchen Schrittschaltersteuerung wäre mit einem manuell zu betätigenden Programmschaltwerk (Bild 52) ausführbar, wobei nach Sichtkontrolle des ausgeführten Schaltschrittes und der damit ausgelösten Lastfunktion der nächste Schaltschritt eingeleitet wird.

> Mit Programmschaltwerken kann eine einfache Schrittschaltersteuerung aufgebaut werden.

Schrittschaltersteuerungen werden als komplette Steuereinheiten angeboten, die intern vollständig verschaltet sind, so daß nur die Speiseluft- sowie die Ausgangs- und Eingangssignalleitungen angeschlossen werden müssen. Basis der Schrittschaltersteuerung ist

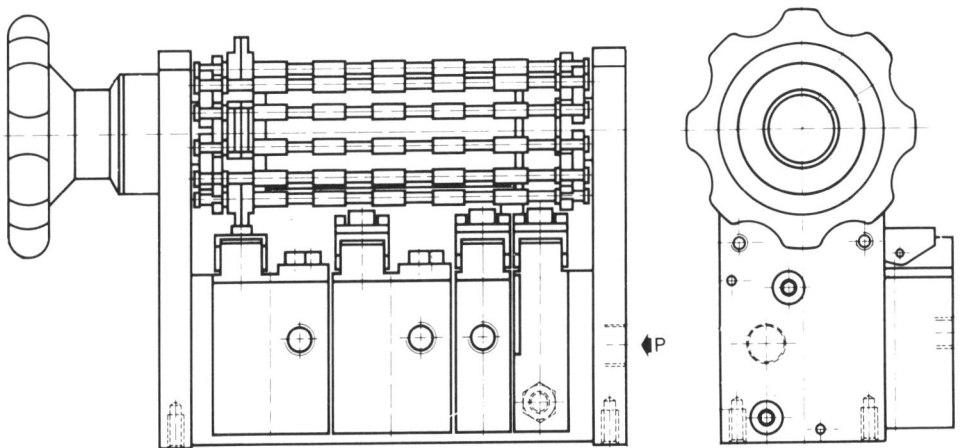

Bild 52   Manuell betätigtes Programmschaltwerk, Steuerorgan einer einfachen Schrittschaltersteuerung mit sechs Ausgängen

Bild 53   Schrittschalter-Modul ohne Rückstellung für den Einsatz im Niederdruckbereich, maximal 10 Schritte

Anschlüsse 1 bis 10:   *Ausgangssignale*
Anschlüsse 11 bis 17:   *Rückmeldesignale*
Anschluß 18:   *Rückstellung (manuell oder pneumatisch je nach Bautyp)*
Anschlüsse 19 und 20:   *Netzanschlüsse 0,1 bis 0,2 bar*

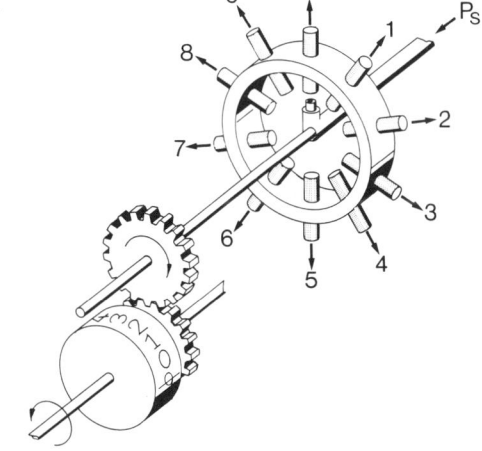

141

der Schrittschalter, der in der Regel aus einem pneumatisch-mechanischen Zähler besteht.

Der pneumatisch-mechanische Zähler ist mit einer axial gespeisten Rotordüse ausgerüstet (Bild 53), die während einer vollen Umdrehung an 10 innerhalb des Stators angeordneten Fangdüsen vorbeidreht. Die Rotordüse ist über ein Zahnrad 1:1 mit dem Einerrädchen des Zählers gekoppelt. Das Zahnrad besitzt 20 Zähne, ebenso auch das Einerrädchen. Beim Durchschalten des Schrittschalters wird die Rotordüse jeweils auch zwischen die einzelnen Fangdüsen geschaltet, um so eine klare Trennung zwischen den einzelnen Schritten zu haben. Dies ergibt sich zwangsläufig, da ja der pneumatisch-mechanische Zähler so gesteuert wird, daß bei Eingang des Signales ein Halbschritt erfolgt und erst bei Signalende der zweite Halbschritt ausgeführt wird.

Den maximal möglichen 10 Schritten sind 10 Ausgangssignale (Bild 53, Anschlüsse 1–10) zugeordnet. Bei jedem Schaltschritt wird nur das zugeordnete Ausgangssignal gegeben, wobei die anderen neun Ausgänge entlüftet und nicht betätigt sind.

Mit dem Ausgangssignal wird über einen in der Schrittschaltersteuerung eingebauten Verstärker eine Funktion der Steuerung auf der Lastseite (z.B. Zylinder ausfahren) bewirkt. Die ausgeführte Funktion löst nun ein Rückmeldesignal aus, das in der Schrittschaltersteuerung weiter verarbeitet und zum Weiterschalten des Schrittschalters zum nächsten Schritt führt.

> Die **Schrittschaltersteuerung** entspricht einer **Ablaufsteuerung** mit zwangsläufigem, schrittweisem Steuerungsablauf, bei dem das Weiterschalten von einem Schritt auf den programmgemäß folgenden Schritt (Taktschritt) in Abhängigkeit bestimmter Bedingungen (z.B. Rückmeldung) erfolgt.

Durch Unterteilung der Ausgangssignale mit zusätzlichen UND-Gliedern können zusätzliche Funktionen (**Subroutineschaltung**) ausgelöst werden, so daß sich mit einer 10-Schritt-Steuerung auch mehr als 10 Einzelfunktionen steuern lassen. Neuere Entwicklungen von Schrittschaltern arbeiten auch mit zwei Rotordüsen und zwei Statoren, so daß bei fast gleichen Baumassen unter Verwendung eines pneumatisch-mechanischen Zählers eine 20-Schritt-Steuerung möglich ist.

> Der **Schrittschalter** ist die gerätetechnische Ausführung eines Schaltwerkes, das den schrittweisen Ablauf einer Steuerung ermöglicht, wobei ein pneumatisch-mechanischer Zähler die Basis des Schrittschalters bildet.

Eine Schrittschaltersteuerung kann wahlweise mit Verstärkern für Niederdruck oder Normaldruck bestückt werden. Der interne Betriebsdruck beträgt 0,1–0,15 bar. Aktive Rückmeldesignale werden ohne besondere Maßnahmen im Bereich von 0,05 bis 6 bar angenommen.

Reichen für komplexe Anlagen die 10 Taktschritte eines Schrittschalters nicht aus, kann durch die Reihenschaltung weiterer Schrittschalter die Steuerung vergrößert werden. Nicht benötigte Schaltschritte werden übersprungen, indem die betreffenden Ausgangs- und Rückmeldeanschlüsse verschlossen werden. Durch Verschließen der Rückmeldeanschlüsse sind passive Rückmeldesignale möglich.

> Beim Einsatz einer Schrittschaltersteuerung kann meistens auf den Schaltplan verzichtet werden, da es genügt, die externen Anschlüsse direkt nach dem Schrittfolgediagramm herzustellen.

Die Entwicklung eines neuartigen, pneumatisch-mechanischen Schrittschalters ermöglicht eine kompakte Ablaufsteuerung für 12 Schaltschritte im Sinne einer Blackbox und ist damit die einfachste Komplettsteuerung. Diese Schrittschaltersteuerung ist im Druckbereich von 2,5 bis 6 bar einsetzbar. Parallel- oder Reihenschaltung von zwei und mehr Steuerungen sind möglich. Ein modularer Ausbau für höhere Sicherheit und Bedienungskomfort kann serienmäßig erfolgen.

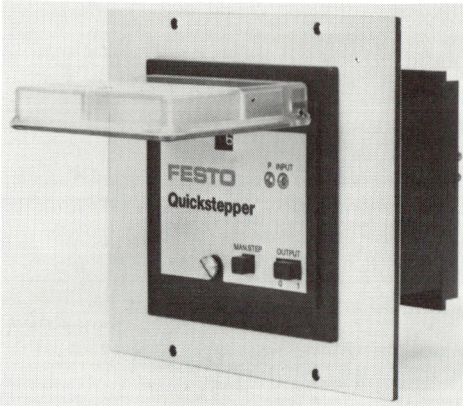

Bild 54 Pneumatisch-mechanischer Schrittschalter für eine Ablaufsteuerung mit 12 Schaltschritten (FESTO)

5.6. Komplettsteuerung

Wie der Name bereits aussagt, versteht man unter einer **Komplettsteuerung** eine komplett installierte Steuerungsanlage, wobei man hier Beifügungen des Mediums braucht. Pneumatische Komplettsteuerungen waren bisher nicht üblich. Für serienmäßig hergestellte Maschinen und Anlagen sowie auch bei Einzelprojektionen hat sich aber der Einsatz von pneumatischen Komplettsteuerungen aus den verschiedensten Gründen als vorteilhaft erwiesen. Die Komplettsteuerung kann nicht universell sein, denn sie wird ausschließlich zweckgerichtet konzipiert und gebaut. Dabei kann eine Komplettsteuerung aus nur wenigen Einzelkomponenten bestehen oder aber auch mehrere große Schaltschränke umfassen. Für den Bau von Komplettsteuerungen werden bevorzugt standardisierte Komponenten verwendet, die Steuerelemente sind ja bereits standardisiert, so daß vorwiegend Montagehilfsmittel, Montageträger, Anschlußleisten und nicht zuletzt auch die Schaltschränke selbst zu standardisieren sind. Die Pneumatikhersteller bieten dafür geeignetes Material zum Selbstbau oder bauen die Komplettsteuerungen anschlußfertig. Für eine Komplettsteuerung ist nicht unbedingt ein Schaltschrank notwendig, eine Komplettsteuerung kann auch z.B. in einem Maschinenfuß eingebaut werden.

> Eine pneumatische Komplettsteuerung ist anschlußfertig und funktionsgeprüft – die Verbindung mit den Peripheriegeräten (Lastteil) erfolgt an Ort und Stelle

Zum Bau von Komplettsteuerungen können alle Steuerungsarten und Steuerungssysteme herangezogen werden, wobei sich natürlich Prioritäten gebildet haben. Neben einfachen Folgesteuerungen werden bevorzugt Taktstufen- und Schrittschaltesteuerungen als Basis einer Komplettsteuerung eingesetzt. Normalerweise werden dabei auch die Stellglieder in die Steuerung integriert. Ausnahmen können bei größeren Entfernungen oder bei besonders großen Lastelementen notwendig sein.
Eine Weiterentwicklung im Komplett-Steuerungsbau führt zu serienmäßig hergestellten, pneumatischen Steuerungen, die als Baueinheit für eine Anlage oder Maschine bezogen werden kann, z.B. in Form einer vormontierten Taktstufensteuerung mit 10 Taktschritten (Bild 55). Eine solche Steuerung stellt bereits wieder ein Universalelement dar, da dieses für die unterschiedlichsten Problemlösungen eingesetzt werden kann. Voraussetzung ist, daß die eingebauten 10 Taktschritte für das Steuerproblem ausreichen. Durch Reihenschaltung mehrerer Taktstufensteuerungen ist aber auch hier eine Erweiterung möglich.
Durch die Basisausstattung der vormontierten Steuerungen, ob nun auf der Basis einer Taktstufenkette oder eines Schrittschalters, ergibt sich eine Zeitersparnis bei der Projektierung und dem Aufbau einer problemorientierten Steuerung. Ebenso ergibt sich eine Kostenersparnis durch den Verzicht auf den individuellen Steuerungsentwurf, ohne daß technische Nachteile auftreten. Die Basis bleibt immer anpassungsfähig in bezug auf Signaleingabe und Signalverknüpfung und läßt damit jede problemorientierte Steuerung einer bestimmten Anzahl von Antriebsgliedern innerhalb der Maximalwerte zu. Auch bei einer späteren Änderung oder einem Neueinsatz mit arbeitsseitig geänderten Bedingungen ist die Steuerung ohne Demontage sofort wiederverwendungsfähig und rasch auf die neuen Bedingungen umstellbar, da die Ausgangs- und Rückmeldesignale beliebig zugeordnet werden können, die Basis selbst aber nicht geändert werden muß.

> Die serienmäßige Herstellung einer pneumatischen Komplettsteuerung kann eine Anlage verbilligen, trotz der evtl. größeren Anzahl eingebauter aber nicht benutzter Steuerelemente (Reserve).

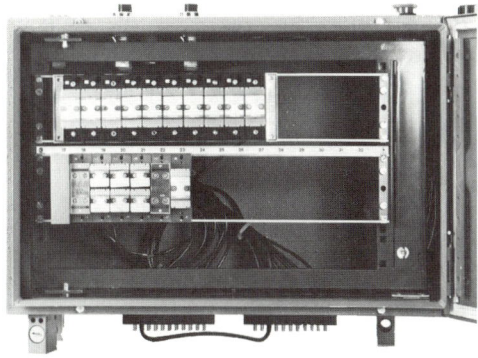

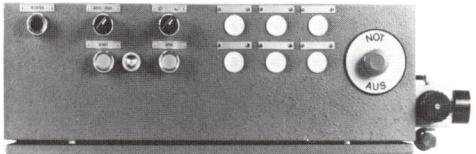

Bild 55 Vormontierte Taktstufensteuerung mit 10 Taktschritten als Basis einer problembezogenen Komplettsteuerung (FESTO)

6. Anwendung

Jedes technische Mittel ist in seiner Anwendung begrenzt, es hat Vor- und Nachteile. Die Abwägung aller Punkte, die zu einer Anwendung führen, muß sorgfältig erfolgen. Das Medium Druckluft setzt allein durch seine physikalische Beschaffenheit gewisse Grenzen, die nicht zu umgehen sind. Bei richtiger Anwendung der Pneumatik können andere Techniken sinnvoll ergänzt oder aber auch ersetzt werden.

6.1. Allgemeine Hinweise

Die Antriebsglieder pneumatischer Steuerungen sind vorrangig Druckluftzylinder, dementsprechend ergeben sich die Funktionen von Linearantrieben. Hier liegt auch die Stärke der Pneumatik allgemein, die einfache Erzeugung geradliniger Bewegungen ohne Zwischenglieder. Die Anwendung pneumatischer Linearantriebe wird begrenzt durch die Forderungen: Kraft, Geschwindigkeit und Hublänge.

Die Kraft (Druckkraft) eines Druckluftzylinders ergibt sich aus dem Durchmesser des Kolbens und dem Druck der Luft. Um in wirtschaftlichen Grenzen zu denken, ergeben sich Werte, die im Bild 1 zusammengefaßt sind. Demnach liegt eine zweckmäßige Anwendung unter Berücksichtigung der Wirtschaftlichkeit bei Kräften unter ca. 3000 daN. Von der Geschwindigkeit ausgehend, erfüllt die Pneumatik die Forderung nach hoher Geschwindigkeit besser als andere Medien. Der Hauptanwendungsbereich liegt etwa zwischen 30 und 1000 mm/s. Die Forderung nach noch geringerer Geschwindigkeit ist unter Einbeziehung hydraulischer Elemente bis herunter zu etwa 3 mm/s erfüllbar. Bild 2 zeigt eine Zusammenstellung der erreichbaren Kolbengeschwindigkeit in Abhängigkeit des Kolbendurchmessers, der Belastung und

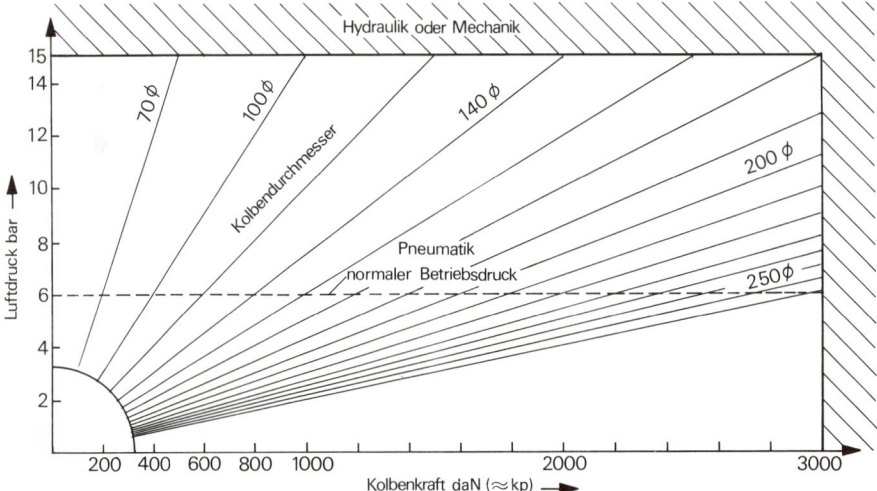

Bild 1 Abgrenzung der Anwendung von Pneumatik in Abhängigkeit von Betriebsdruck, Zylindergröße und der benötigten Arbeitskraft

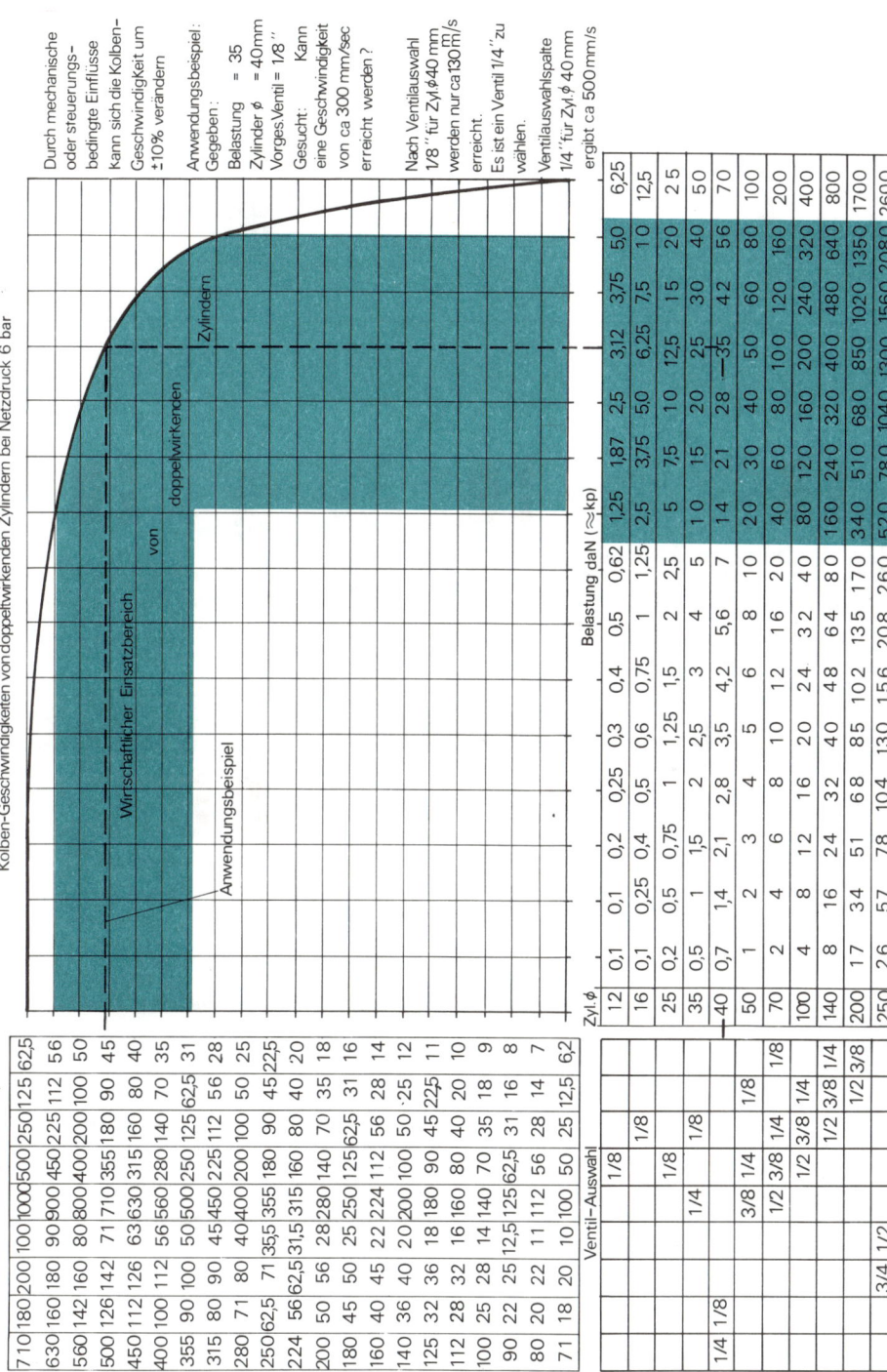

Bild 2 Wirtschaftlicher Einsatz pneumatischer Linearantriebe in Abhängigkeit der Kolbengeschwindigkeit von Belastung und Ventil-Nennweite

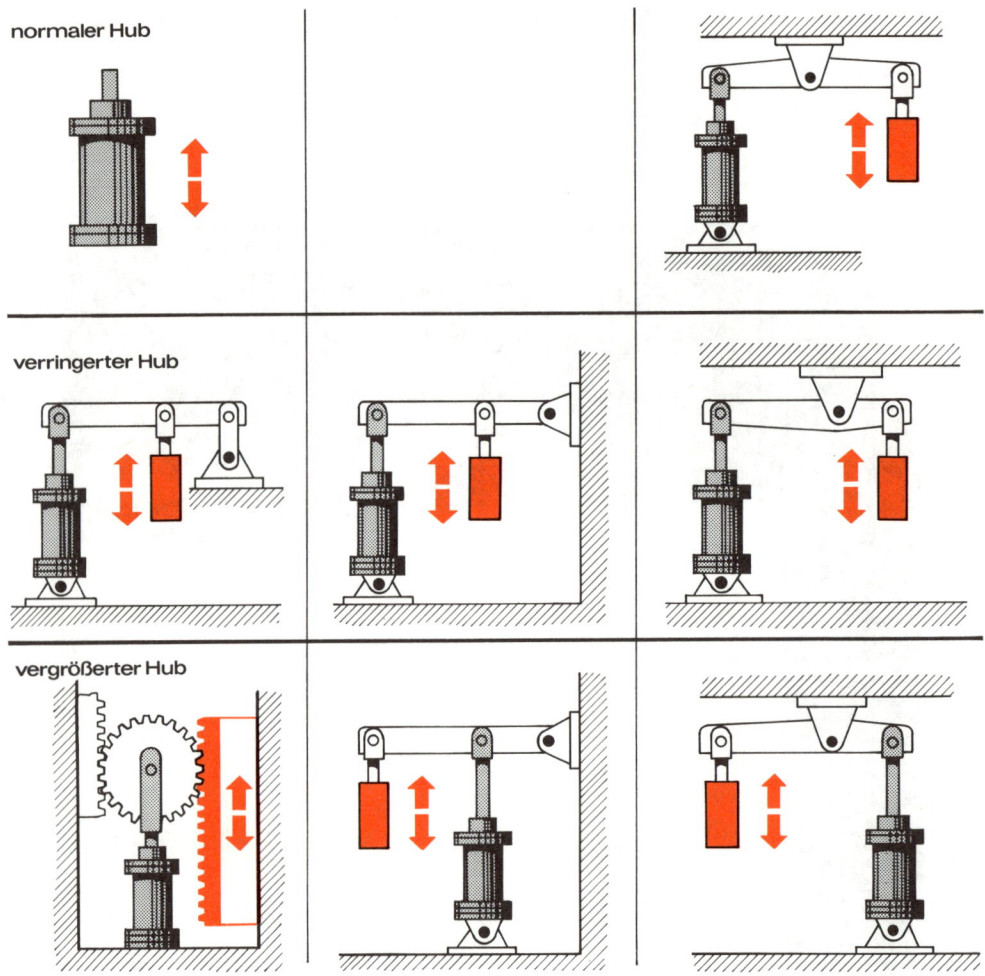

Bild 3   Vergrößern oder Verkleinern eines Normalhubes unter Einbeziehung mechanischer Mittel

der Ventil-Nennwerte. Diese Werte gelten für den rein pneumatischen Antrieb ohne zusätzliche Elemente wie Drosselventile und Schnellentlüftungsventile. Unter Einbeziehung dieser beiden Zusatzventile sind Senkungen bzw. Steigerungen in gewissem Umfang möglich (siehe Tabelle 5a, Abschnitt 4.1.4).

Die standardisierten und maximalen Hublängen (siehe Tabelle 1, Abschnitt 4.1.2) begrenzen den möglichen Arbeitsweg. Eine Vergrößerung oder eine Verkleinerung der Hublängen ist mit Hilfe mechanischer Glieder möglich. In Bild 3 sind einige einfache Beispiele aufgezeigt.

6.2. Anwendungsmöglichkeiten, Wertigkeitstabelle

Wo kann die Pneumatik eingesetzt werden? Diese Frage läßt sich nicht so exakt beantworten, denn Anwendungen der Pneumatik sind inzwischen praktisch in allen Industriezweigen anzutreffen; in der Uhrenindustrie ebenso wie in der Reaktortechnik, ja selbst in der Landwirtschaft und in Gartenbaubetrieben, in Brauereien und Käsereien, in der Medizinaltechnik und im Prothesenbau. Dazwischen liegen selbstverständlich auch die allgemeinen metall-, holz- und kunststoffverarbeitenden Betriebe. Die Frage nach den Anwendungs- und Einsatzmöglichkeiten läßt sich schon eher beantworten, wenn von der definierten Arbeitsfunktion ausgegangen wird.

In Tabelle 1 sind die verschiedenen Arbeitsverfahren in die drei Hauptgruppen, spangebende Formung, spanlose Umformung und Montage, unterteilt. Ferner wird die Anwendungsmöglichkeit der Pneumatik getrennt aufgezeigt für Werkstückhandhabung und Werkzeugbetätigung, um so die charakteristischen Merkmale besser präzisieren zu können. Bei einzelnen Arbeitsverfahren sind die Fragen nach den drei Kriterien nicht eindeutig zu beantworten, und zwar infolge der weiten Grenzen, innerhalb deren diese Verfahren in der Praxis angewendet werden. Daher wird die Einsatzmöglichkeit der Pneumatik je nach Wertigkeit der einzelnen Kriterien in abgestufter Form angegeben. Die in der Tabelle eingesetzten Wertigkeiten bei den einzelnen Kriterien ergeben in ihrer Quersumme die Gesamtwertigkeit des jeweiligen Arbeitsverfahrens, getrennt nach Werkstückhandhabung und Werkzeugbetätigung.

Die einzelnen Wertigkeiten sind:

0–2: Pneumatik nicht einsetzbar
 3: Pneumatik begrenzt einsetzbar
4–6: Pneumatik voll einsetzbar.

Hieraus ist rasch erkenntlich, daß vor allem bei der Hauptgruppe Werkstückhandhabung fast bei allen Arbeitsverfahren die pneumatischen Elemente zweckmäßig eingesetzt werden können. Die Summe der Gesamtwertigkeiten bei der Hauptgruppe Werkstückhandhabung beträgt 193, während dies bei der Hauptgruppe Werkzeugbetätigung nur 147 ausmacht. Außerdem ist ersichtlich, daß beim Vergleich der drei Arbeitsverfahrens-

Gruppen, spangebende Formung (103), spanlose Umformung (104), Montage (132), die letztgenannte Gruppe den höchsten Anteil hat, wie die in Klammern angegebenen Summenzahlen der einzelnen Gruppen zeigen.

Die gezeigte Tabelle hat natürlich alle Vor- und Nachteile einer zusammenfassenden Systematik, auch hier bestätigen „Ausnahmen die Regel". Grundsätzlich sollte bei Planung pneumatisierter Anlagen der Einzelfall genau unter die Lupe genommen werden, unabhängig von Verallgemeinerungen wie „es müßte eigentlich gehen".

Ausgehend von der Bewegungsfunktion stehen folgende pneumatische Serienelemente zur Verfügung:

Linearbewegung:

Druckluftzylinder, abgestuft je nach Kolbendurchmesser von 1 daN Druckkraft bis etwa 3000 daN Druckkraft bei einem Luftdruck von 6 bar.

Vorschubeinheiten, auch pneumatisch-hydraulische Schlitteneinheiten

Lineartaktbewegung:

Vorschubgeräte mit eingebauter Steuerung für unterschiedliche und einstellbare, immer wiederkehrende, begrenzte Hublängen

Schwenkbewegung:

Schwenkzylindereinheiten, je nach Bauart bis 180°, 290° oder auch 360° Schwenkung

Rundtaktbewegung:

Rundschalttische mit wählbarer Teilung von 3 bis 24 Takten je Vollkreis

Rotierende Bewegung:

Druckluft-Motoren bis etwa 20 kW

Die Geräte und Elemente können die notwendigen Steuerelemente bereits an- oder eingebaut haben, jedoch ist jederzeit auch eine frei wählbare Steuerungsart von außen möglich bzw. eine Kombination beider Steuerungssysteme.

Tabelle 1: *Wertigkeitstabelle für den Einsatz pneumatischer Steuerungen bei verschiedenen Arbeitsfunktionen.*
Wertigkeit 0–2: Pneumatik nicht einsetzbar,
Wertigkeit 3: Pneumatik begrenzt einsetzbar,
Wertigkeit 4–6: Pneumatik voll einsetzbar

Wertigkeitstabelle für den Einsatz von Pneumatik-Elementen							
	Werkstück-Handhabung				Werkzeug-Betätigung		
	Kriterien 2 = voll 1 = begrenzt 0 = nicht			Pneumatik-Wertigkeit	Kriterien 2 = voll 1 = begrenzt 0 = nicht			Pneumatik-Wertigkeit
Arbeitsverfahren	Kraftbedarf	Genauigkeit	Geschw.keit	0–2 = nicht 3 = begrenzt 4–6 = voll	Kraftbedarf	Genauigkeit	Geschw.keit	0–2 = nicht 3 = begrenzt 4–6 = voll
Spanabhebende Formung								
Bohren	2	2	2	6	1	1	1	3
Drehen	1	2	2	5	1	0	0	1
Fräsen	1	2	2	5	1	1	1	3
Hobeln	1	2	2	5	1	0	0	1
Honen	1	2	2	5	1	1	1	3
Kühlen	2	2	2	6	2	2	2	6
Läppen	1	2	2	5	1	1	1	3
Räumen	1	2	2	5	1	0	1	2
Reiben	1	2	2	5	1	1	0	2
Sägen	1	2	2	5	1	1	1	3
Schleifen	1	1	2	4	2	1	1	4
Senken	2	2	2	6	1	0	1	2
Trennen	1	1	1	3	1	2	2	5
Spanlose Umformung								
Abkanten	1	2	2	5	1	2	2	5
Biegen	1	2	2	5	1	1	2	4
Drücken	1	2	2	5	1	1	2	4
Falzen	1	2	2	5	1	2	2	5
Fließpressen	1	1	2	4	0	1	0	1
Gießen	1	2	2	5	1	2	2	5
Kaltpressen	1	1	1	3	0	1	0	1
Löten	2	2	2	6	2	1	1	4
Scheren	1	2	2	5	1	2	2	5
Schmieden	1	2	2	5	1	2	2	5
Stanzen	1	2	2	5	1	2	2	5
Tiefziehen	1	2	2	5	1	0	1	2
Montage								
Einpressen	2	2	2	6	1	2	1	4
Greifen	2	1	2	5	1	2	2	5
Heben	1	2	2	5	1	2	2	5
Klemmen	1	2	2	5	1	2	2	5
Nieten	2	2	2	6	1	2	2	5
Preßschweißen	1	2	2	5	1	2	2	5
Schmelzschweißen	2	2	2	6	1	1	1	3
Schrauben	2	2	2	6	2	2	2	6
Spannen	1	2	2	5	1	2	2	5
Spritzen	2	2	2	6	2	1	2	5
Tauchen	2	2	2	6	2	2	2	6
Transportieren	1	1	2	4	1	1	2	4
Zuführen	1	2	2	5	1	1	2	4

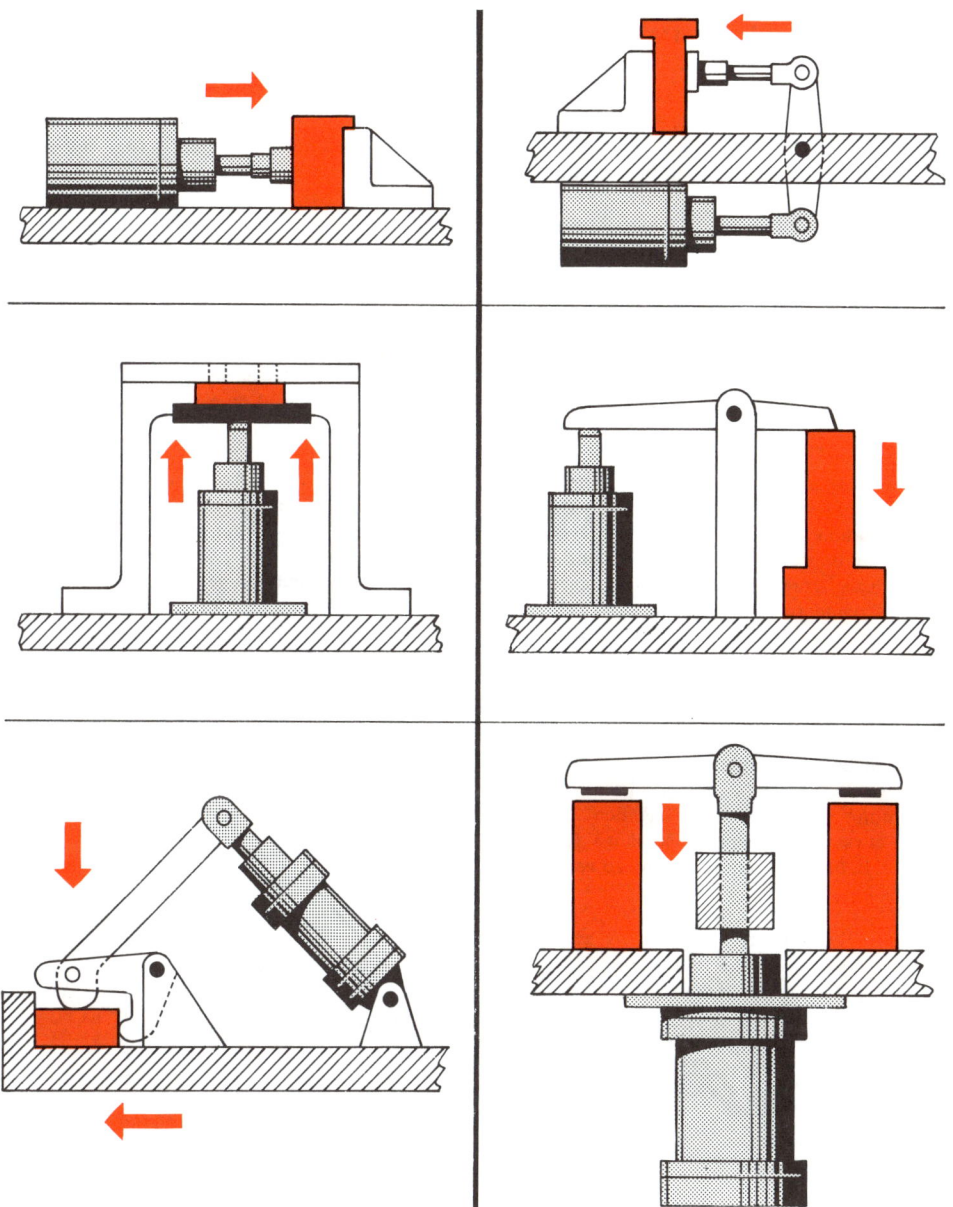

Bild 4   Anordnung der Druckluftzylinder für Spannzwecke

6.3. Anwendungsbeispiele

Das Vorstellen ausgefallener und komplizierter Anwendungsbeispiele wäre hier fehl am Platz. Es geht doch mehr oder weniger darum, grundlegende Beispiele zu zeigen, die nicht nur in einer Branche, sondern in kleinen Abwandlungen fast überall immer wieder auftauchen. Viele Anregungen werden von ausgeführten, praktischen Beispielen übernommen um dann in neuen Variationen in anderen Branchen wieder aufzutauchen. Ein Beispiel aus der Holzverarbeitung kann dann ohne weiteres auch in der Metallindustrie auftauchen. Den eigenen Ideen sind keine Grenzen gesetzt.

6.3.1. Spannen

Für die Ausrüstung pneumatischer Spannzeuge kommen einfach- und doppeltwirkende Zylinder zur Anwendung. Der einfachwirkende Druckluftzylinder ist dabei vorherrschend. In Bild 4 sind verschiedene, grundsätzliche Anordnungen von Druckluftzylindern zum Spannen dargestellt, wobei die ersten vier Beispiele mit einfachwirkenden Zylindern ausgerüstet sind, die beiden letzten Beispiele mit doppeltwirkenden Zylindern. Bei den einfachwirkenden Zylindern wird man zweckmäßigerweise auf solche mit eingebauter Rückholfeder zurückgreifen. Hierauf kann verzichtet werden, wenn das Werkstück selbst oder ein Teil der Vorrichtung nach der Entlüftung den Zylinderkolben etwas zurückschiebt. Zu lange Rückholfedern, z. B. über 100 mm Hub, sind zu vermeiden,

da hierbei gern technische Schwierigkeiten auftreten. In diesem Fall dann lieber doppeltwirkende Zylinder vorsehen. Normalerweise sind beim Spannen jedoch nur kurze Wege zu bewältigen. Dafür eignen sich auch die Membranzylinder sowie kurzhubige Normalzylinder, die speziell für Spannzwecke entwickelt sind. Doppeltwirkende Zylinder für Spannzwecke sind immer dann notwendig, wenn auch zum Lösen der Spannung eine Kraft aufgebracht werden muß. Das ist immer dann der Fall, wenn die Spannvorrichtung eine Selbsthemmung hat. Teilweise kann sogar der Fall eintreten, daß das Lösen der Spannung eine größere Kraft erfordert, als das Festspannen selbst. Ein relativ hoher Spanndruck kann mit einem Kniehebelsystem aufgebracht werden. Bild 5 zeigt ein solches Beispiel. Hier ist für das Lösen der Spannung aus dem Totpunkt ebenfalls eine Kraft notwendig.

Pneumatisierte Spannzeuge sind im wesentlichen nicht an ein bestimmtes zu spannendes Teil gebunden. Die Ausbildung des festen und beweglichen Spannbackens läßt die verschiedensten Werkstückformen zu.

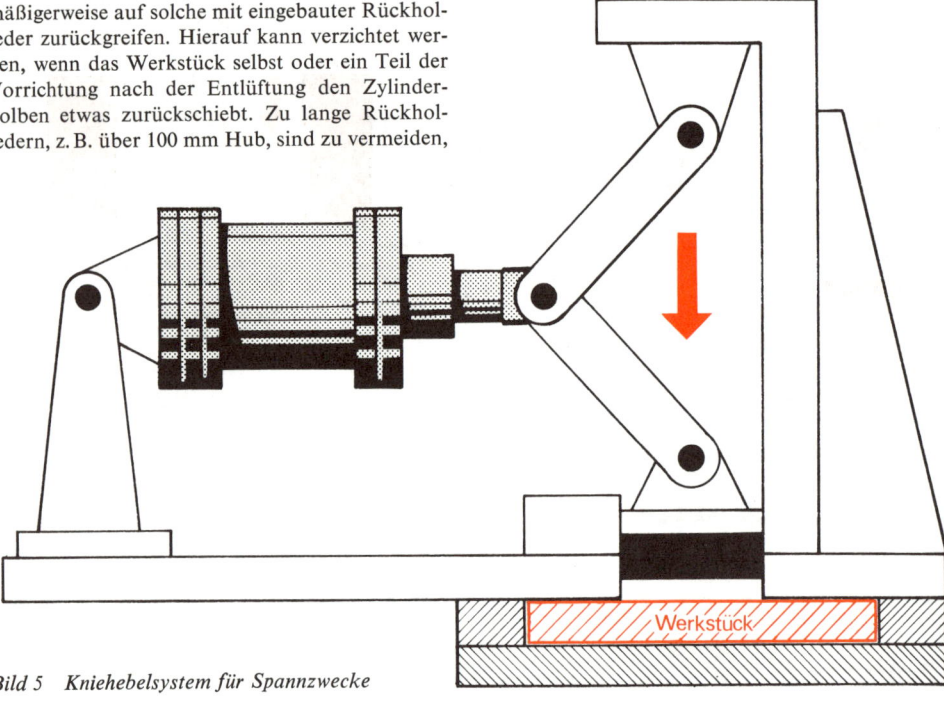

Bild 5   Kniehebelsystem für Spannzwecke

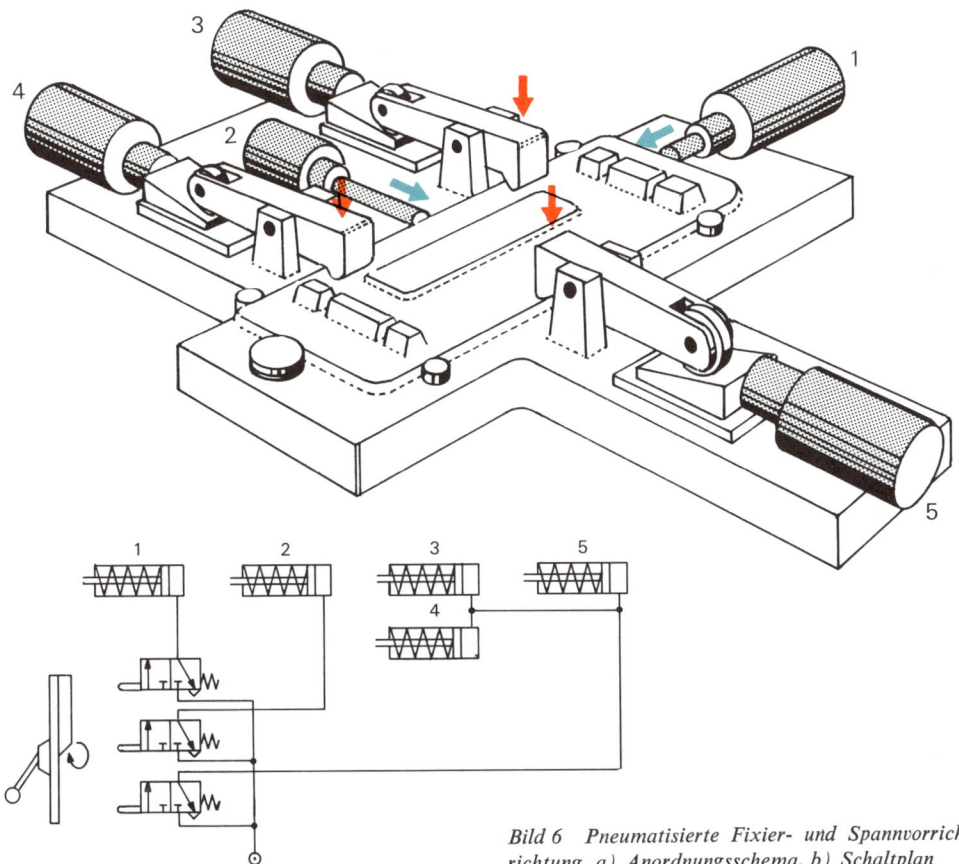

Bild 6   Pneumatisierte Fixier- und Spannvorrichtung, a) Anordnungsschema, b) Schaltplan

Besondere Spannvorrichtungen können auch mit zusätzlichen Funktionen ausgerüstet sein. Dies ist im Beispiel nach Bild 6 der Fall. Die pneumatische Steuerung ist so ausgelegt, daß zuerst die beiden Zylinder (blauer Pfeil) nacheinander ausfahren und damit das Werkstück, hier ein dünnwandiges Gußteil, in seiner Lage fixieren. Erst dann fahren die Spannzylinder aus und spannen das Teil über eine Hebelmechanik in der fixierten Lage fest (Spannwirkung roter Pfeil). Eine Spannvorrichtung läßt sich durch einfachen Anbau von Druckluftzylindern für die kompliziertesten Werkstückformen aufbauen. Auf die Materialbeschaffenheit der zu spannenden Teile kann mit dem stufenlos regulierbaren Spanndruck besonders Rücksicht genommen werden. Über den Luftdruck läßt sich der Spanndruck regulieren und einstellen. Pneumatische Spannzeuge ohne Zwischenglieder passen sich automatisch unterschiedlichen Werkstück-

dicken an, soweit diese innerhalb des möglichen Spannhubes liegen.

Neben einzeln entwickelten und gebauten Spannvorrichtungen gibt es auch eine ganze Anzahl serienmäßig hergestellter pneumatischer Spannzeuge. Dazu gehören vor allem pneumatisierte Maschinenschraubstöcke für manuelle Arbeitsplätze und für Maschinen ebenso auch die verschiedensten Zangenspannstöcke.

Pneumatische Spannzeuge können für einfachste, handbediente Spannung bis zu umfangreichen vollautomatischen Spannvorrichtungen aus dem gesamten Angebot pneumatischer Elemente konzipiert und gebaut werden.

> Der Spanndruck pneumatischer Spannzeuge läßt sich stufenlos für einen großen Bereich über den Luftdruck einstellen.

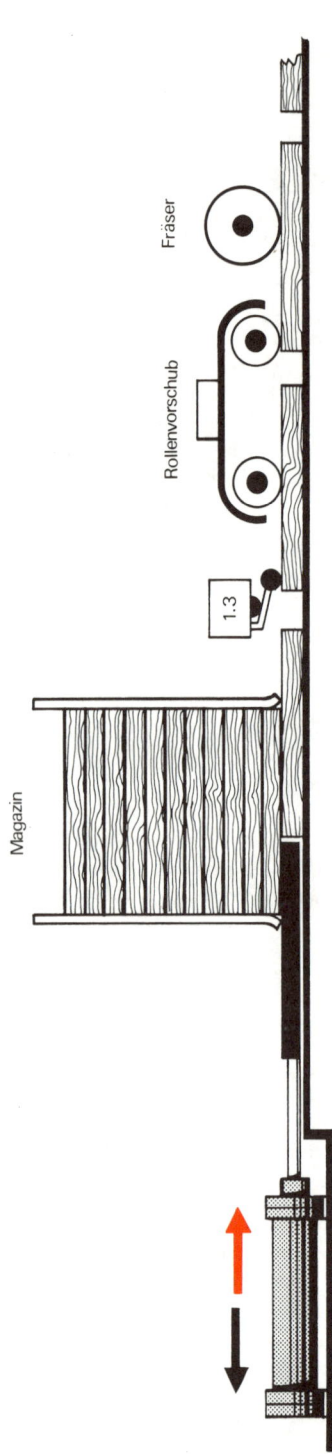

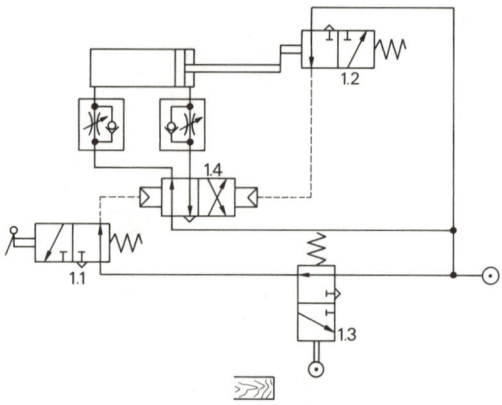

*Bild 7 Zuführeinrichtung für Stabteile,
links Anordnungsschema, oben Schaltplan*

6.3.2. Zuführen

Zuführeinrichtungen sind meist unabhängig von
den Bearbeitungsmaschinen, sie können zusätzlich
eingesetzt werden. Andere Zuführeinrichtungen,
die fester Bestandteil einer Bearbeitungsmaschine
sind, ergänzen folgerichtig die gesamte Anlage und
sind dann direkt mit den Spanneinrichtungen
kombiniert. In beiden Fällen sind pneumatische
Steuerungen möglich.

Bild 7 zeigt ein Beispiel aus der Holzbearbeitung,
es könnte natürlich ebenso gut auch in der Metallbearbeitung oder anderswo eingesetzt sein. Hier
werden Stabteile aus einem Magazin einem Vor-
schubapparat zugeführt, der sie dann weiter der
Maschine zur Bearbeitung zuführt. Ohne Werkstück im Rollenvorschub ist Ventil 1.3 nicht betätigt, es handelt sich hierbei um ein 3/2-Schließer-
ventil. Dadurch steht ein Impuls über 1.3 auf dem
Ventil 1.4 das den Zylinder in Vorlauf gebracht
hat. Damit ist das Magazin abgesperrt. Der Zylinder betätigt in der vorderen Endstellung Ventil
1.2, das einen Impuls auf die andere Seite von
Ventil 1.4 gibt. Da jetzt beide Impulse anstehen,
verbleibt das Ventil aber in seiner zuvor erreichten
Schaltstellung (Zylinder ausgefahren). Wird nun
das Startventil 1.1 gedrückt, so entlüftet die rechte
Seite von Ventil 1.4, es schaltet durch den anstehenden Impuls über 1.2 um und der Schieber
wird zurückgezogen. Ventil 1.1 muß solange gedrückt werden, bis der Zylinder in seiner hinteren
Endlage ist. Jetzt kann ein Werkstück in den Zu-
führkanal fallen. Das Loslassen von Ventil 1.1 bewirkt, daß über Ventil 1.3 und 1.4 der Zylinder in
Vorlauf geht und das Werkstück in den Rollenvorschub einschiebt. Damit wird auch Ventil 1.3

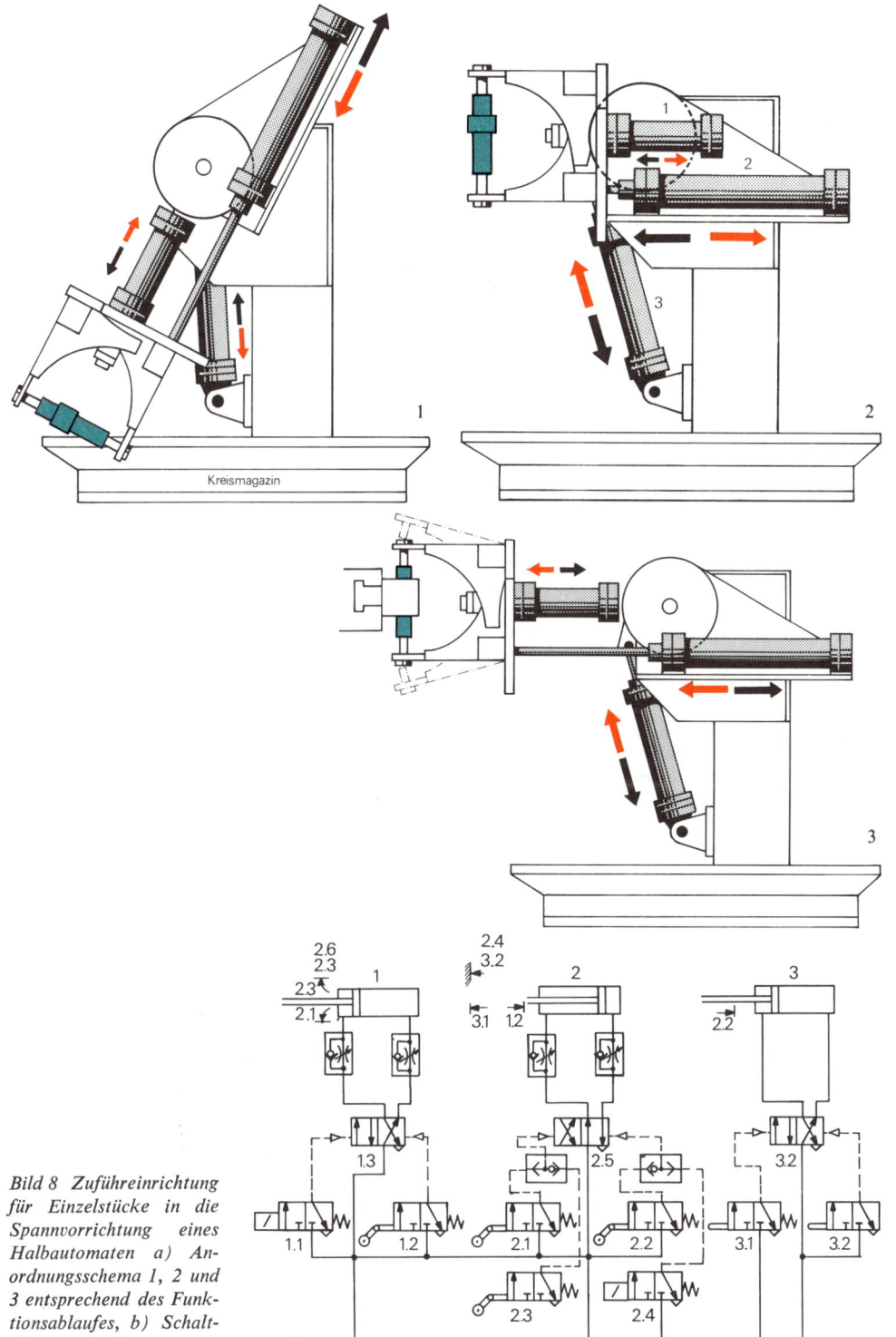

Bild 8 Zuführeinrichtung für Einzelstücke in die Spannvorrichtung eines Halbautomaten a) Anordnungsschema 1, 2 und 3 entsprechend des Funktionsablaufes, b) Schaltplan

betätigt, das nun die Umsteuerung in den Rücklauf durch Entlüften der rechten Steuerseite von Ventil 1.4 ermöglicht. Die Zuführung neuer Werkstücke erfolgt so lange, bis das Magazin leer ist. Ein neuer Beginn danach kann nur wieder über das Startventil 1.1 eingeleitet werden.

Die Zuführeinrichtung nach Bild 8 wurde für die Beschickung bestimmter Halbautomaten speziell entwickelt. Dabei werden sämtliche Greif- und Zubringerfunktionen pneumatisch ausgeführt.

Drei Druckluftzylinder, je einer für das Greifen, das Schwenken und das Zubringen sind für die notwendigen Bewegungsfunktionen eingesetzt. Jedem Zylinder ist ein Impulsventil zugeordnet. Der Bewegungsablauf geschieht durch Folgesteuerung, wobei der Erstimpuls von der Bearbeitungsmaschine gegeben wird. Die Bewegungen laufen sehr schnell ab und können so den kurzen Taktzeiten der Maschine angepaßt werden.

Der Greifer entnimmt nach jedem Maschinentakt aus dem Magazin ein Werkstück, fährt zurück, schwenkt nach oben und fährt dann das Werkstück in das geöffnete Spannfutter ein. Diese Zubringeeinrichtung ist allerdings nur für solche Werkstücke geeignet, welche einen freien Fall nach Öffnen des Spannfutters, also im bearbeiteten Zustand, zulassen.

Sobald ein Werkstück dem Magazin entnommen wurde, schaltet das Kreismagazin um einen Schritt weiter. Wechselräder bestimmen dabei den jeweiligen Teilwinkel des Magazinkranzes, der sich aus den unterschiedlichen Werkstückbreiten ergibt. Durch einfaches Auswechseln des Magazinkranzes und des Greifers, sowie Auswahl der entsprechenden Wechselräder kann die Zubringeeinrichtung rasch auf andere Werkstücke umgestellt werden.

Der Schaltplan, Bild 8 b, wurde für dieses Beispiel pneumatischer Steuerungen umkonstruiert. Im praktischen Beispiel ist es eine elektro-pneumatische Steuerung, anstelle der pneumatischen Impulsventile treten Elektro-Impulsventile und die Signalglieder sind elektrische Endschalter.

Das Ventil 1.1 wird über einen Impuls von der Bearbeitungsmaschine direkt gesteuert, es ist der Startimpuls für die selbsttätig ablaufende Folgesteuerung. Besonders zu erwähnen ist, daß der Schaltpunkt 2.6 nur beim Hochschwenken der Zuführeinrichtung betätigt wird und damit das Weiterschalten des Kreismagazines um einen Teilschritt einleitet. Der Schaltpunkt 3.2 liegt an der Bearbeitungsmaschine, der einmal den Impuls zum Spannen in die Vorrichtung der Bearbeitungsmaschine und dann erst zu Ventil 3.2 zum

Entspannen der Zuführeinrichtung gibt. Ebenso liegt der Schaltpunkt 2.4 an der Bearbeitungsmaschine, der den Rücklauf von Zylinder 2 einleitet. Damit ist die Ausgangsstellung der Zuführeinrichtung wieder erreicht. Die Schaltpunkte 1.2 und 2.2 sind vor der Endlage des Zylinders angeordnet.

6.3.3. Montage

Müssen mehrere Teile zusammengefügt werden, dann können pneumatische Stationen in Reihe oder auch um einen Rundtisch angeordnet werden. In den einzelnen Stationen werden dann nacheinander die verschiedenen Teile hinzugefügt. Das kann durch Einpressen wie es Bild 9 zeigt geschehen, oder auch ohne Hebelmechanik direkt. Dabei sind die einzelnen Teile möglichst automatisch über geeignete Zuführeinrichtungen bereitzustellen. Auch das Zusammenschrauben ist mittels Druckluftschraubern, die in den Takt der Maschine integriert sind, einfach durchzuführen. Weitere Montagebeispiele sind an anderer Stelle mehrmals aufgeführt (z. B.: Rundtakt-Montagemaschine für kleine Glühbirnen siehe Bild 29 und 31, Abschnitt 5.3.2 und 5.3.3; einfache Fügevorrichtung siehe Bild 42, Abschnitt 5.4.6; Rahmenpresse siehe Bild 17, Abschnitt 6.3.5 und Montagevorrichtung für Leitern siehe Bild 18, Abschnitt 6.3.5), es wird deshalb hier auf zusätzliche Beispiele verzichtet.

6.3.4. Metallverarbeitung

Wie bereits die Wertigkeitstabelle schon zeigt, sind bei spangebenden Bearbeitungen die Unterschiede zwischen Werkstück-Handhabung und Werkzeug-Betätigung am stärksten ausgeprägt. Die Pneumatik ist wohl mit am stärksten in der Metallverarbeitung eingesetzt, dabei vorrangig aber in der Werkstück-Handhabung, also bei Spann-, Zuführund Montageeinrichtungen.

6.3.4.1 Spangebende Formung

Die klassischen spangebenden Bearbeitungen wie Bohren, Drehen, Hobeln und Fräsen geben teilweise der Pneumatik die härtesten Nüsse zu knacken, wenn es darum geht, eine allgemeine Aussage zu machen. Dabei kann das Hobeln gleich im voraus abgelegt werden. Bis jetzt ist kein praktischer Anwendungsfall bekannt, wo pneumatische Antriebsglieder den Werkzeugvorschub dabei durchführen. Für die regelmäßig, stoßartig auftretenden

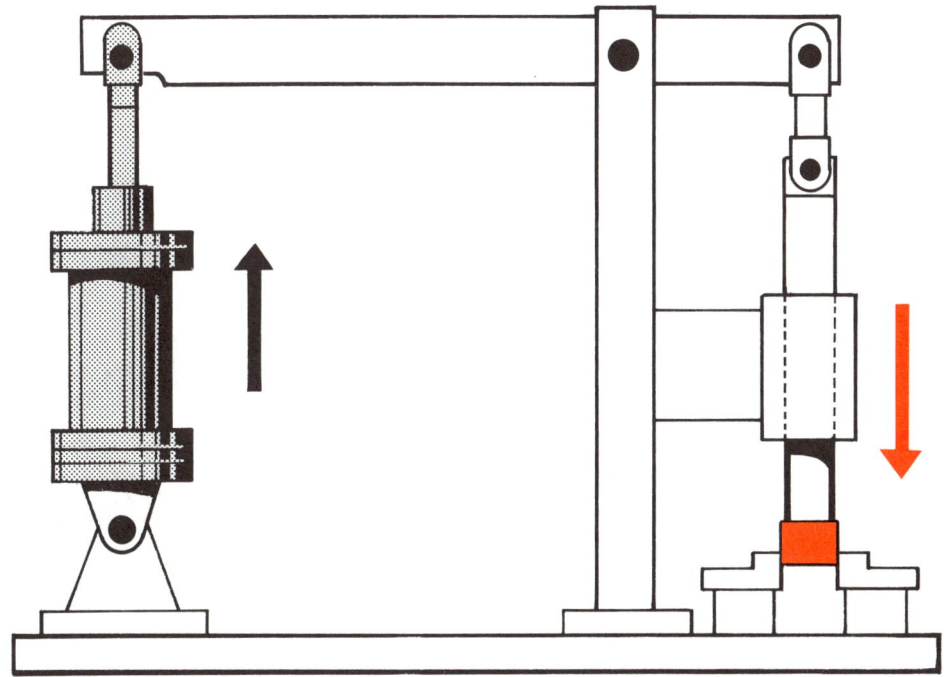

Bild 9   Zusammenfügen von Teilen

Belastungen und Entlastungen beim Hobeln von Metallen ist ein pneumatischer Antrieb, auch in der Kombination pneumatisch-hydraulischer Baueinheiten, nicht geeignet. Bei den anderen, genannten spangebenden Bearbeitungen ist im Einzelfall durchaus eine zweckmäßige und kompetente Lösung möglich.

Das Bohren in Leicht- und Buntmetalle sowie in Stahl ist mit pneumatischen bzw. pneumatisch-hydraulischen Antrieben unter gewissen Einschränkungen am deutlichsten und auch allgemein gültig gelöst. Bei dem großen Angebot pneumatischer und pneumatisch-hydraulischer Bohrvorschubeinheiten, als Serienelement oder kombiniert aus Baueinheiten, wird die Leistung vorrangig mit der Bohrleistung in ST 37 angegeben. Die obere Grenze liegt dabei etwa bei 25 mm Bohrdurchmesser in Stahl, bei 35–40 mm in Leichtmetall und Messing sowie ähnlichen Werten bei Holz. Das Kriterium ist hierbei der große Bohrdurchmesser und damit die notwendige Vorschubkraft. In der Mehrzahl liegt die Anwendung der Pneumatik zum Bohren aber in Bohrgrößen unter 10 mm Durchmesser. Vor allem auch da, wo es gilt, möglichst viele Boh-

rungen auf kleinstem Raum gleichzeitig einzubringen. Die Steuerung von Bohreinrichtungen unterscheidet sich dabei kaum von anderen pneumatisierten Anlagen, die steuerungstechnischen Abhängigkeiten sind weder größer noch kleiner und die Umsteuerung von Vor- auf Rücklauf wird zweckmäßigerweise über die gewünschte Bohrtiefe wegabhängig durchgeführt. Besondere Vorteile ergeben sich dann, wenn Bohrungen unter einem bestimmten Winkel zur Werkstückachse eingebracht werden müssen. Hier kann das Werkstück in seiner Normallage verbleiben, die Bohreinrichtung wird innerhalb des Arbeitsraumes unter dem notwendigen Winkel plaziert.

Der Werkzeugvorschub beim Drehen kann nicht immer mit pneumatischen Mitteln gelöst werden. Hier ist differenziert je nach Einsatz zu unterscheiden. Ab- und Einsteckdrehen ist mit pneumatisch-hydraulischen Einheiten größtenteils einwandfrei durchzuführen, also bei Arbeiten mit dem Quersupport. Pneumatisierte Längssupport-Bewegungen sind seltener anzutreffen, insbesondere dann nicht, wenn es ums Feindrehen geht. Viele untergeordnete Dreharbeiten, untergeordnet

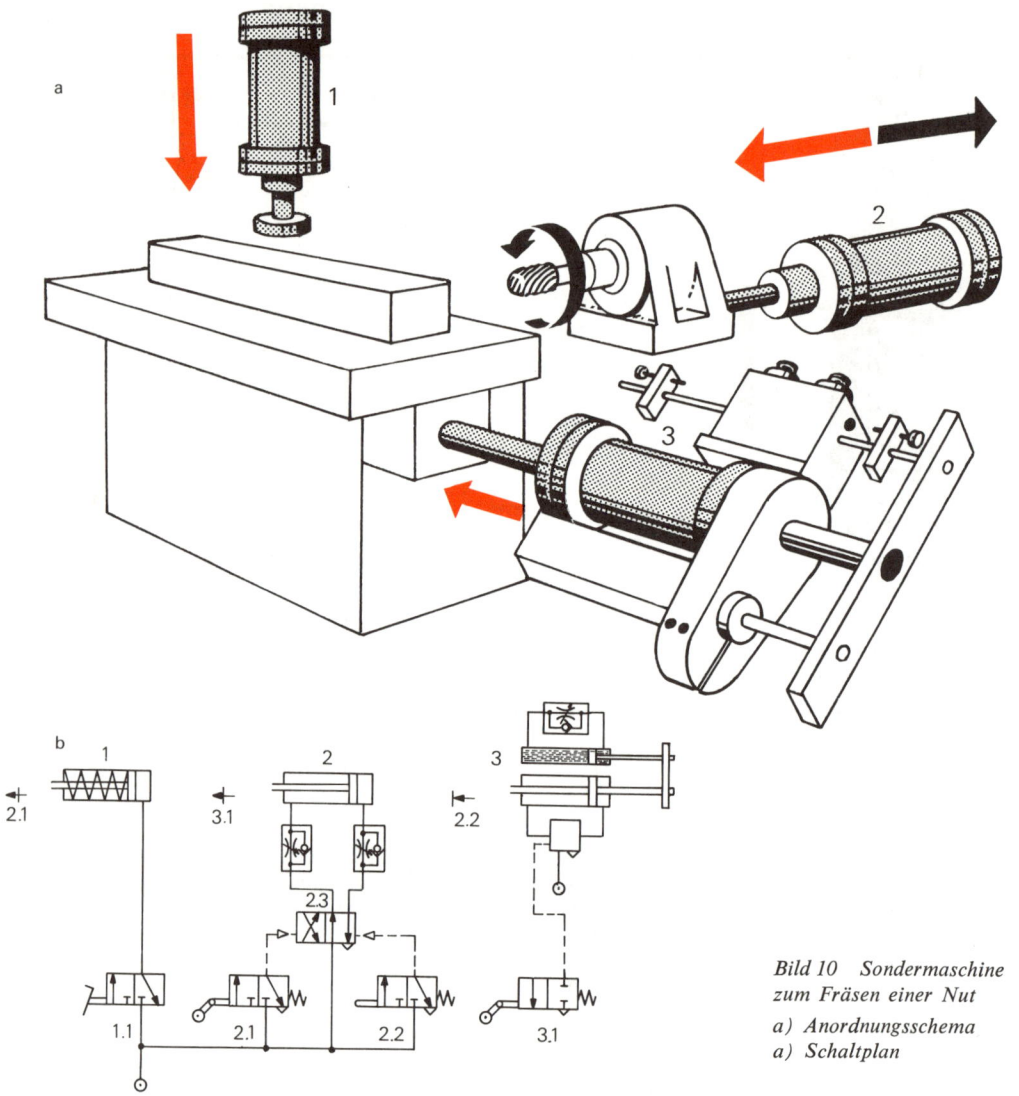

Bild 10   Sondermaschine zum Fräsen einer Nut

a) Anordnungsschema

a) Schaltplan

wegen der nicht notwendigen hohen Oberflächengüte, sind dagegen durchaus vorteilhaft mit pneumatischen Mitteln zu lösen. Teilweise wurden für bestimmte Arbeiten auch schon kleine Kopierdrehmaschinen für den Werkzeugvorschub pneumatisch umgerüstet.

Pneumatische Vorschubsteuerungen an kleinen Fräsmaschinen sind dagegen schon sehr oft anzutreffen. Insbesondere ältere Handhebelfräsmaschinen wurden, pneumatisch umgerüstet, wieder zu vollwertigen und leistungsfähigen Produktionsmaschinen. Auch beim Selbstbau von Sonderfräsmaschinen werden immer wieder und immer mehr

pneumatische Antriebsglieder eingesetzt. Ohne Wechselräder und Getriebekasten können die gewünschten Vorschubgeschwindigkeiten, z.B. an einer pneumatisch-hydraulischen Vorschubeinheit, direkt stufenlos eingestellt werden. Dasselbe gilt natürlich auch für die dem Fräsen verwandte Arbeiten wie z.B. Sägen.

In Bild 10 ist eine Sondermaschine zum Nutenfräsen dargestellt, die in ähnlichem Aufbau und dementsprechender Ausrüstung für viele verwandte Arbeiten denkbar wäre. Der Fräsvorschub erfolgt pneumatisch gegen Festanschlag. Der Fräser taucht nur etwa 1 mm in das Werkstück

ein. An der pneumatisch-hydraulischen Vorschub-
einheit für den Tischvorschub ist die Länge der
Nut direkt einstellbar, durch Einstellen des Um-
steueranschlages. Anhand des Schaltplanes,
Bild 10b, läßt sich die Steuerung leicht verfolgen.
Zuerst muß das Fußventil betätigt werden, damit
der Spannzylinder das Werkstück festspannt. Kurz
vor seiner Endlage überfährt die Kolbenstange das
Betätigungsglied von Ventil 2.1 und schaltet damit
Zylinder 2 auf Vorlauf. Dieser überfährt dabei das
Betätigungsglied von Ventil 3.1. Über dieses Ent-
lüftungsventil wird die pneumatisch-hydraulische
Vorschubeinheit ebenfalls auf Vorlauf geschaltet.
Der Betätigungsnocken für den Vorlauf der Ein-
heit 3 ist weggeschwenkt, so daß von hier kein
Umsteuerimpuls gegeben werden kann. Nach Er-
reichen der Endstellung von Einheit 3 wird über
Ventil 2.2 der Zylinder 2 auf Rücklauf geschaltet.
Die pneumatisch-hydraulische Vorschubeinheit
schaltet sich selbsttätig in den Rücklauf.

Eine solche Sondermaschine ist für die Holz- oder
Kunststoffbearbeitung ebenfalls denkbar. Für art-
verwandte Arbeiten kann anstelle von Zylinder 2
auch eine pneumatisch-hydraulische Vorschubeinheit eingesetzt werden.

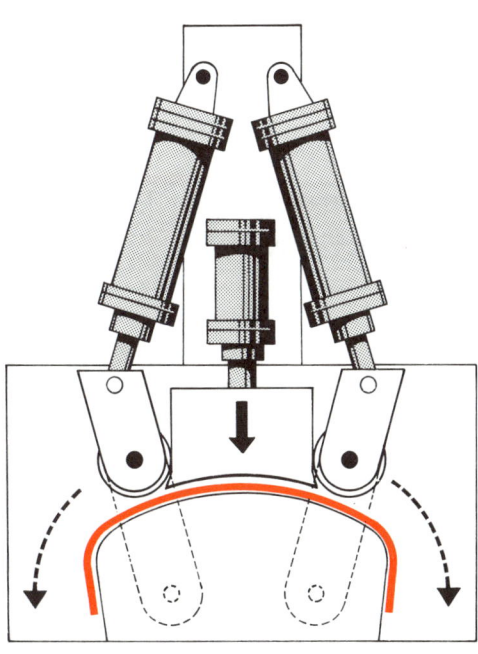

Bild 11   Form-Biegevorrichtung für Flachmaterial

6.3.4.2. Spanlose Umformung

Das Hauptkriterium bei dieser Bearbeitungsform
ist für die Pneumatik die notwendige Kraft. Es ist
ganz klar, daß ebenfalls nur der Bereich bis zu einem
Kraftbedarf von etwa 3000 daN ($\approx$ kp) für eine
Pneumatikanwendung offensteht.

Durch Ausnützen der Schlagwirkung können
kleine „pneumatische Pressen" für viele Zwecke
mit einem Säulengestell und Druckluftzylinder in
jeder Werkstatt selbst hergestellt werden. Innerhalb des Kraftbereiches werden so Vorrichtungen
zum Biegen, Drücken, Falzen, Stanzen, Lochen
und Schneiden schnell und einfach zusammengestellt. Beim Biegen und Falzen sind auch größere
Kräfte sicher mit der Pneumatik aufzubringen,
wenn dabei Übersetzungen durch Hebel vorgesehen sind. Auch Prägungen, z.B. einprägen von
Typ, Seriennummern und anderen Bezeichnungen,
sind möglich. Gerade hierfür sind die Schlagzylinder (siehe Bild 13, Abschnitt 4.1.3) besonders
gut geeignet.

Die Bilder 11–13 zeigen verschiedene Biegevor-
richtungen, wie sie ähnlich für viele Zwecke gebraucht werden. Vorrichtungen dieser Art können
einzeln aufgestellt und gesteuert werden oder aber
auch in größere Fertigungsanlagen eingegliedert

sein. Bild 14 zeigt das Schema einer Kniehebelpresse.

Ein Biege- und Lochstanzautomat ist für die Bearbeitung von Aluminium-Rohr (Bild 15) eingesetzt.
Die Aluminium-Rohre werden zur Herstellung von
Dreibein-Campingliegen verwendet. Alle Rohre
die dafür notwendig sind, können vollautomatisch
auf dieser Maschine gebogen und gestanzt werden.
Im einzelnen sind es Kopf- und Fußbogen und
drei Beine. Die Maschine kann in der Minute bis
zu 14 Rohre verarbeiten. Das auf Fixmaß abge-
längte Aluminium-Rohr wird in einen an der
Maschine angesetzten Trichter gefüllt. Von hier
aus kommt das Rohr durch Rüttelbewegungen in
das eigentliche Arbeitsmagazin. Es werden nacheinander Aluminium-Rohre mit einer Fixlänge von
1400, 1700 oder 2000 mm verarbeitet. Der pneumatische Aufbau und die schaltplanmäßige Anordnung des Biege- und Lochstanzautomaten kann
aus Bild 15 entnommen werden. Mit Zylinder 1
werden die Aluminium-Rohre vereinzelt und in
den Arbeitsablauf der Maschine geführt. Zylinder 2
fixiert das Rohr in seiner Lage und gibt Impuls an
Zylinder 3, der das Biegewerkzeug schließt und das

Bild 12   Biegen einer Drahtfeder

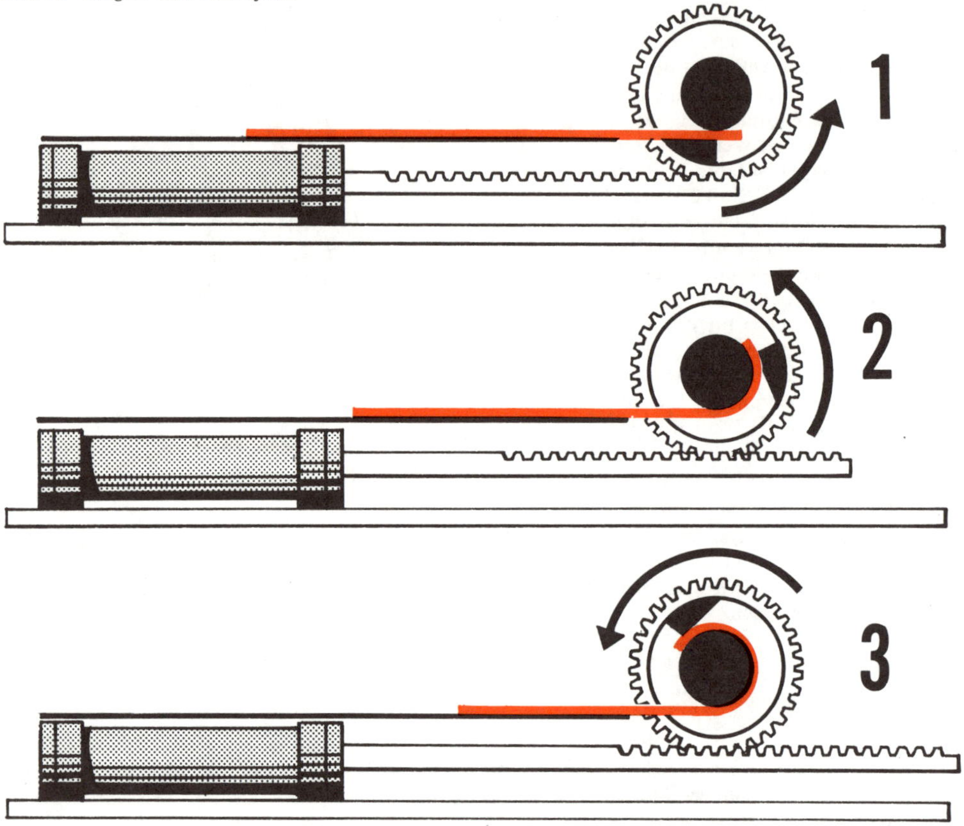

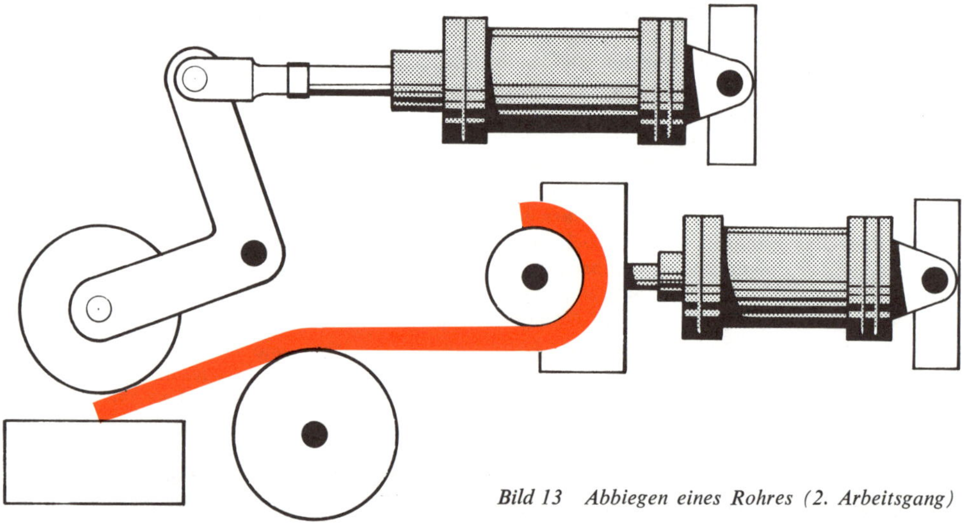

Bild 13   Abbiegen eines Rohres (2. Arbeitsgang)

Rohr festspannt. Der eigentliche Biegevorgang erfolgt durch die Zylinder 4a und 4b. Von hier aus werden die Impulse zu den Zylindern 5a und 5b gegeben, welche die Schnittplatten zum Lochen des Rohres in Arbeitsstellung bringen. Zylinder 6 führt den Stanzvorgang aus. Die gebogenen und gelochten Rohre werden durch die Zylinder 7a und 7b ausgeworfen.

Neben dem Selbstbau von Vorrichtungen für die Umformtechnik gibt es bereits eine große Anzahl serienmäßiger pneumatischer Vorrichtungen und Pressen für dieses Gebiet.

6.3.5. Holzbearbeitung

Nicht nur die holzverarbeitende Industrie, sondern auch die Hersteller von Holzbearbeitungsmaschinen nützen schon seit langem die Vorteile der Pneumatik aus. Viele Holzbearbeitungsmaschinen sind mit pneumatischen Spannzeugen bereits serienmäßig ausgerüstet und auch die Vorschübe für die Bearbeitung sind in einigen Fällen pneumatisch ausgerüstet. Daneben gibt es natürlich eine große Anzahl von pneumatischen Sondermaschinen, die teils direkt von den Holzverarbeitungsbetrieben selbst hergestellt werden. Auch hierzu wieder ein Beispiel.

In Seitenstäbe für Regale mit höhenverstellbaren Einlagebrettern müssen von zwei Seiten im Abstand von 50 mm Bohrungen unter einem Winkel von 30° eingebracht werden. Bei entsprechender Stablänge sind dies etwa 30 Bohrungen auf jeder Seite. Den Aufbau und die Steuerung für die Sondermaschine zeigt Bild 16. In Ausgangsstellung ist der Spannzylinder 1, Material-Vorschubzylinder 4 und die beiden Bohrvorschubzylinder 2, eingefahren. Zum Einführen des Werkstückes wird Ventil 3.2 manuell umgeschaltet und damit die beiden Spannzylinder 3 in den Rücklauf geschaltet. Nach erfolgtem Laden wird über Ventil 3.2 die Spannung des Werkstückes auf dem Vorschubwagen eingeleitet und damit gleichzeitig ein Signal zu Ventil 2.2 gegeben, das auf Durchgang schaltet. Das eingelegte Werkstück betätigt Ventil 2.3 sowie Zylinder 4 in seiner hinteren Endstellung Ventil 2.1. Damit kommt ein Signal durch die drei Ventile 2.1, 2.2 und 2.3, die eine UND-Funktion erfüllen, auf Ventil 2.5, das umschaltet und damit den Bohrvorschub einleitet. Sobald Zylinder 2a ausfährt gibt eine Steuerschiene Ventil 3.1 frei und damit wird über Zylinder 1 das Werkstück in der Bohrstellung festgespannt. Gleichzeitig werden aber die Spannzylinder 3 auf dem Vorschubwagen entlüftet, Ventil 4.1 umgeschaltet und damit Zylinder 4 ausge-

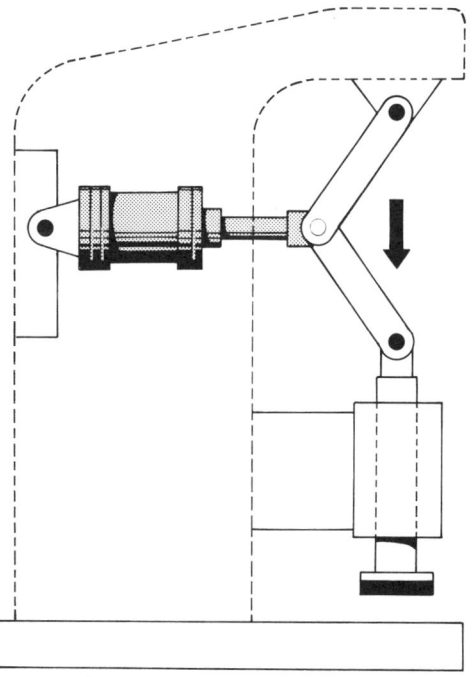

Bild 14   Schema einer Kniehebelpresse

fahren. Damit ist Ventil 2.1 nicht mehr betätigt und die linke Signalseite von Ventil 2.5 entlüftet. Die Umsteuerung dieses Ventils kann aber erst nach Ablauf der eingestellten Zeit von Ventil 2.4 erfolgen. Damit wird sichergestellt, daß die Bohrzeit eingehalten wird bzw. die Bohrer bei erreichter Tiefe sich freischneiden können. Der Rücklauf des Bohrvorschubes erfolgt damit zeitabhängig. Ist die Ausgangsstellung der Bohrer (Zylinder 4) erreicht, wird Ventil 3.1 betätigt, das dann die Spannzylinder 3 über 3.2 betätigt, Spannzylinder 1 entlüftet und verzögert Ventil 4.1 umschaltet. Durch den Rücklauf von Zylinder 4, der den Vorschubwagen steuert, wird das Werkstück mit der Spanneinrichtung 3 um den eingestellten Hub von 50 mm, dem gewünschten Bohrungsabstand, weitertransportiert. Damit ist die Ausgangsstellung wieder erreicht und da Ventil 3.2 umgeschaltet bleibt, folgt automatische Wiederholung des Ablaufes solange, bis das Werkstück ganz durchgezogen ist. In diesem Fall wird die Steuerung durch das dann nicht mehr betätigte Ventil 2.3 unterbrochen und ein neues Teil muß eingelegt werden.

159

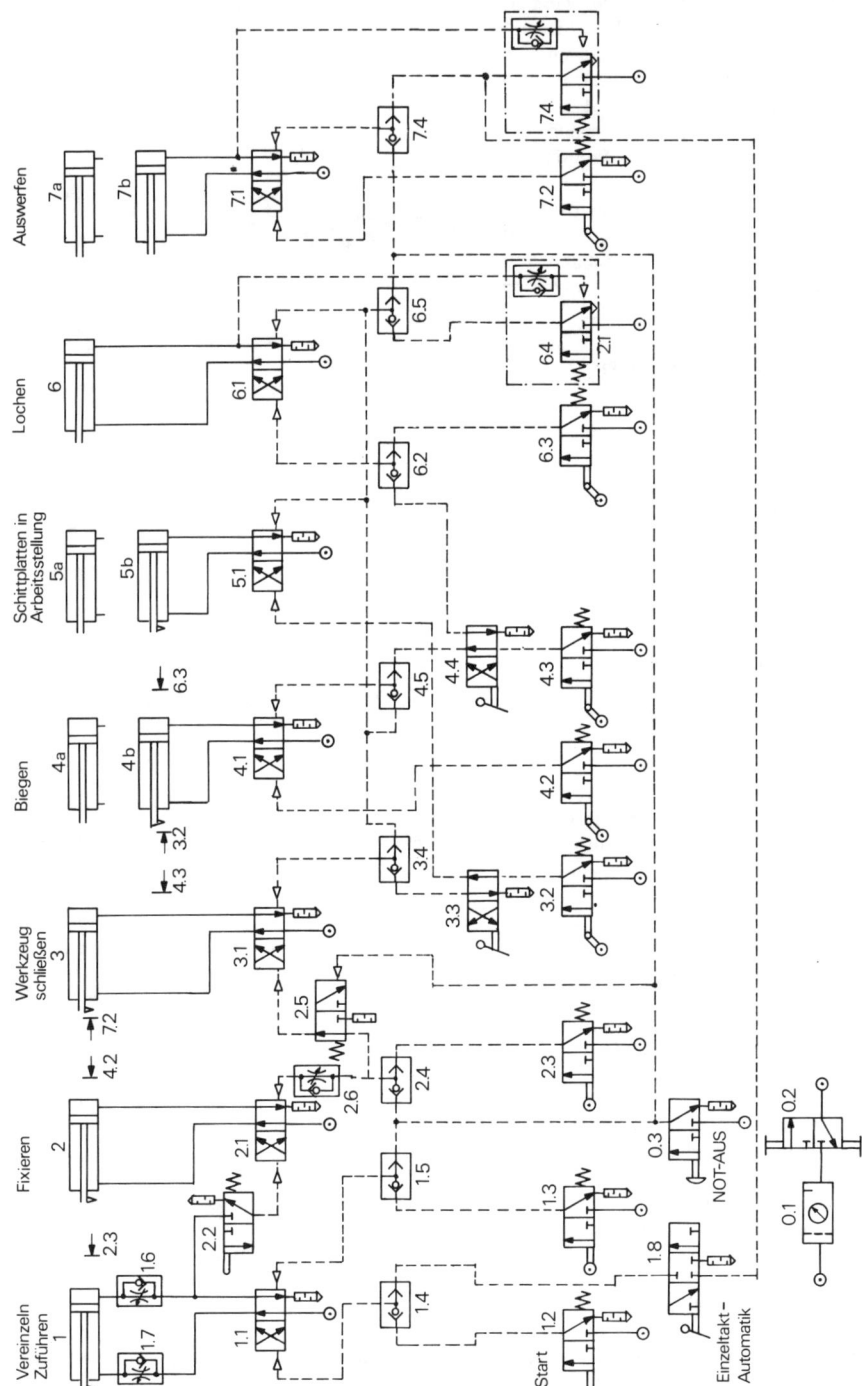

Bild 15 Schaltplan eines Biege- und Lochstanzautomaten mit automatischer Zuführ-, Spann- und Auswerfeeinrichtung (Nähere Erläuterungen siehe Text)

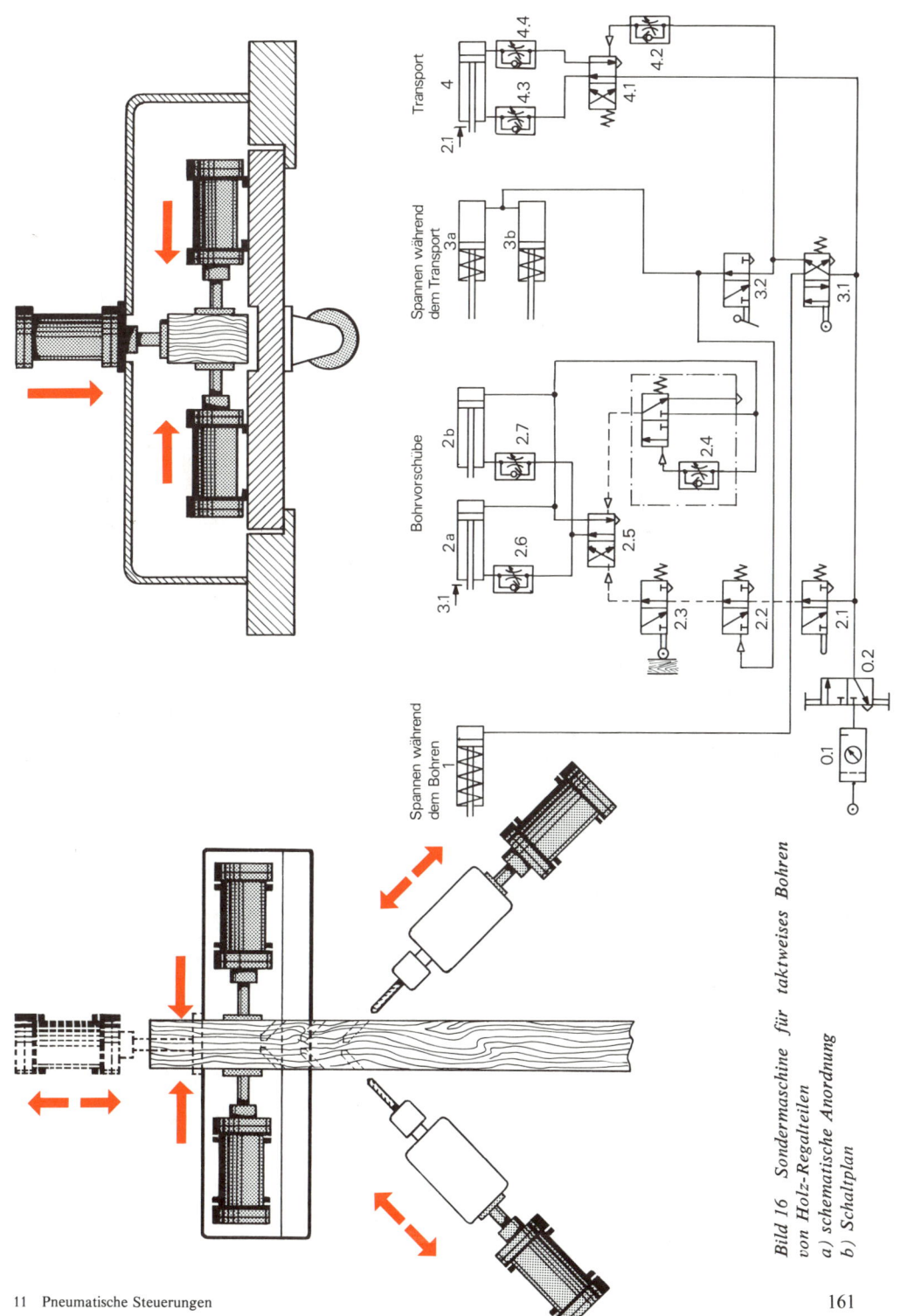

Bild 16 Sondermaschine für taktweises Bohren
von Holz-Regalteilen
a) schematische Anordnung
b) Schaltplan

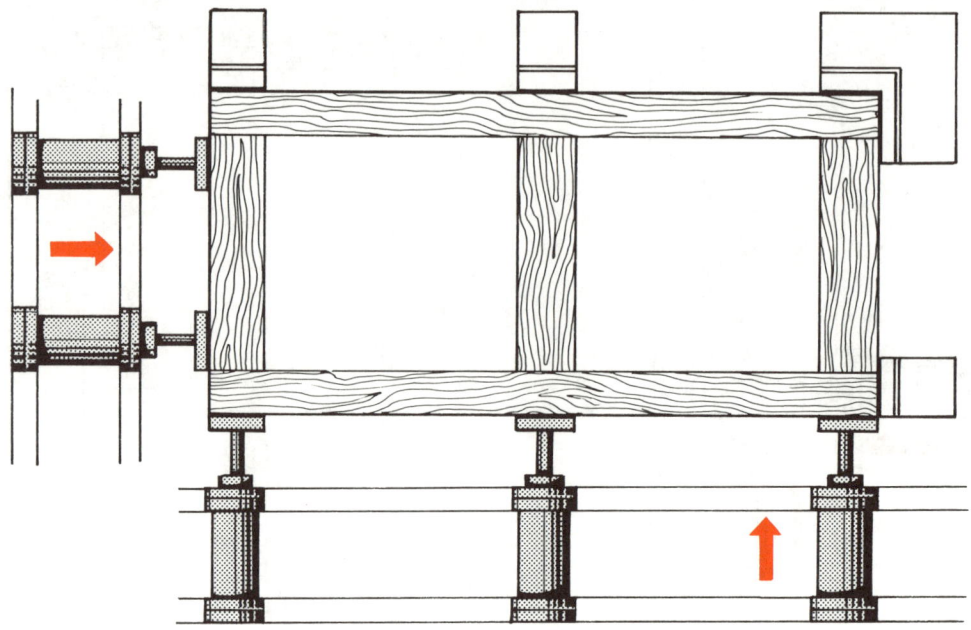

Bild 17 Beispiel einer Rahmenpresse

Um auch hier den ausschließlichen Branchenblick zu zerstören, soll noch kurz darauf hingewiesen werden, daß durch geringfügige Änderungen dieselbe Steuerung auch in der Metallbearbeitung für den gleichen Zweck eingesetzt werden kann. Anstelle der rein pneumatischen Vorschubzylinder 2 könnten pneumatisch-hydraulische Vorschubeinheiten treten und dann kann derselbe Bohrvorgang in Kunststoff, Leichtmetall, Buntmetall, Stahl oder in irgendein anderes Material genau so gut und einwandfrei durchgeführt werden.

Weit mehr als vollautomatische Einrichtungen sind auch in kleinen holzverarbeitenden Betrieben einfache, dafür um so wirksamere, pneumatisierte Hilfsmittel zu finden. Dazu zählen insbesondere alle Arten von Rahmenpressen (Bild 17), die für die Fenster- und Türenfertigung sowie vielen anderen Arbeiten eingesetzt werden können. Es ist dabei ohne Bedeutung, ob eine solche Rahmenpresse liegend, schräg oder senkrecht stehend ausgeführt ist. Die Druckluftzylinder sind jeweils verstellbar, so daß sie entsprechend dem Werkstück eingestellt werden können. Durch kurze Rasterabstände in der Länge und Breite der Rahmenpresse genügen meist etwa 100 mm Spannweg. Die Steuerung erfolgt fast ausschließlich über Fußventile, die Luftzuführung über Schläuche.

Ein ganz ähnliches Hilfsmittel ist auch die Mon-

tagevorrichtung (Bild 18) für die Leitern-Herstellung. Der Abstand der Leitersprossen bleibt immer gleich, lediglich die Gesamtlänge der Leitern ist unterschiedlich. Um hier nicht unnötig Luft zu verbrauchen, ist die Gesamtlänge der Vorrichtung in Abschnitte unterteilt, die je nach Leiterlänge zuoder abgeschaltet werden können. Dazu wird jeweils ein Handschiebeventil direkt in die Druckluftleitung im Abstand der Abschnitte eingebaut (Bild 18 b).

Für die Holzbearbeitung, die hohe Schnittgeschwindigkeiten zuläßt, wird in vielen Fällen der rein pneumatische Antrieb ausreichen. Soll eine bessere Oberflächengüte erzielt werden, ist auch hier der pneumatisch-hydraulische Vorschub zu empfehlen. Die Steuerung selbst ändert sich dadurch nicht.

6.3.6. Kunststoffverarbeitung

Die mechanische Bearbeitung von Kunststoffen liegt zwischen der Holz- und der Metallbearbeitung. Je nach Material sind die grundsätzlichen Forderungen der Holzbearbeitung oder der Leichtmetallverarbeitung und in Ausnahmefällen auch der Stahlbearbeitung äquivalent. Dementsprechend gelten die zuvor gemachten Angaben in

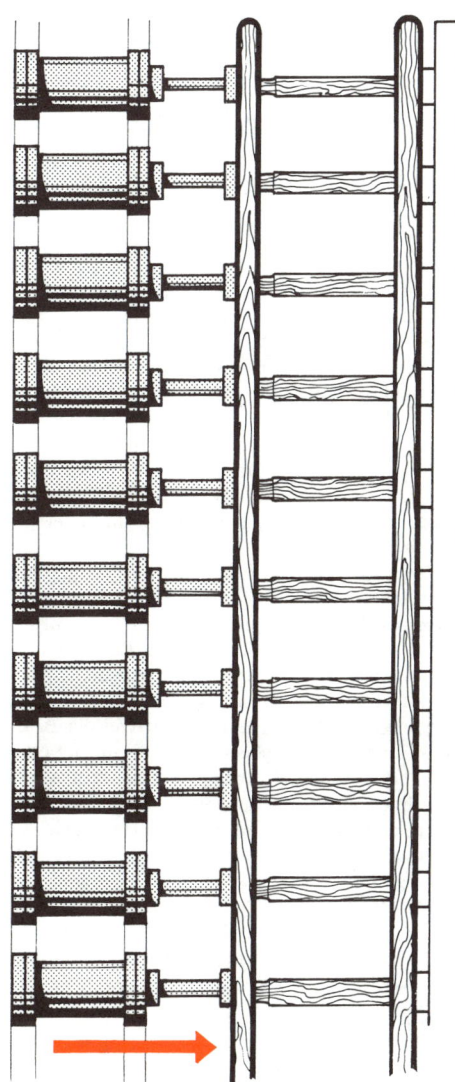

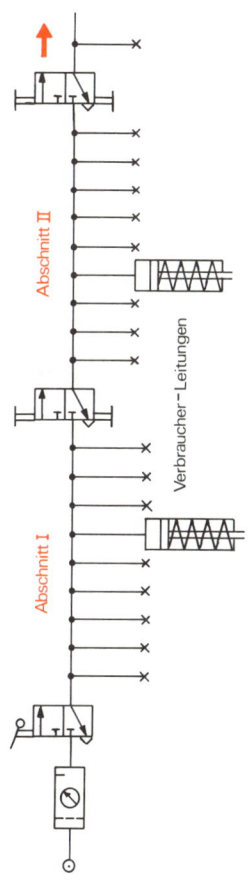

Bild 18 Montage-Hilfsvorrichtung für die Leiternherstellung, a) schematische Anordnung, b) Detail des Schaltplanes, Hauptanschluß 3/4″-Leitung, Verbraucheranschlüsse 1/4″-Leitungen

etwa alle auch für die Kunststoffverarbeitung. Bei relativ weichen Materialien sind die pneumatischen Spannzeuge teilweise besser als jede andere Spannart, da hierbei der Spanndruck ganz individuell gewählt werden kann.

In der Kunststoff-Halbzeugherstellung ist die Pneumatik ebenfalls vertreten, und zwar für die verschiedensten mechanischen Hilfsfunktionen an Mischern, Extrudern und nachgeschalteten Maschineneinrichtungen.

Ein großes Anwendungsfeld ist bei der Verarbeitung von Thermoplasten gegeben. Ein Beispiel daraus ist in Bild 40, Abschnitt 5.4.5 dargestellt. In vielerlei Variationen ist das Prinzip der pneumatischen Presse in den Heißsiegelpressen und Kunststoff-Schweißvorrichtungen verwirklicht. Das gilt ganz besonders auch für die Verpackungstechnik mit Kunststoffmaterialien z. B. bei der Herstellung von Blisterpackungen. Hier können pneumatische Spann-, Zuführ-, Montage- und Umformfunk-

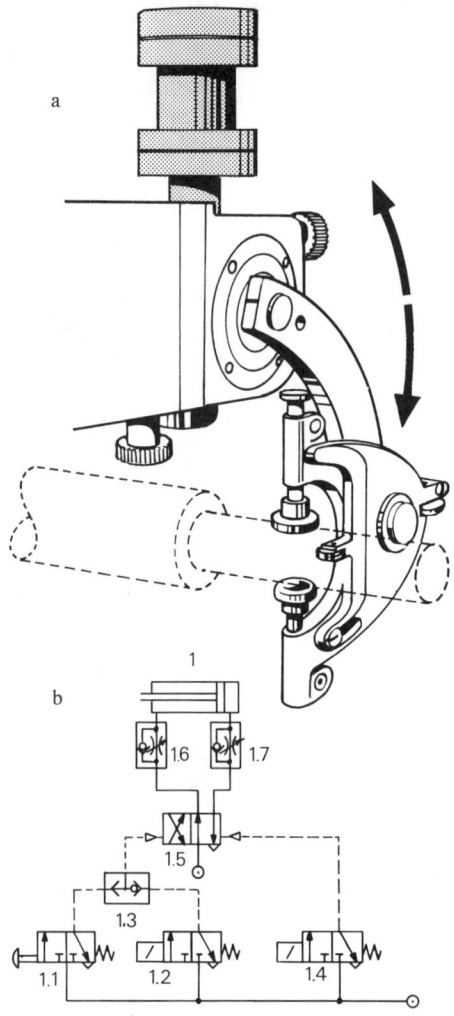

a

b

1

1.6 1.7

1.5

1.3

1.1 1.2 1.4

tionen innerhalb einer Maschine liegen, am Ende des Arbeitsganges liegt dann die Verschweißung oder Verklebung des vorgeformten Blisterteiles mit einem Grundkarton, wobei hier das Prinzip der Siegelpresse mit einstellbarer Heiz- oder Preßzeit (über pneumatisches Verzögerungsventil) zur Anwendung kommt.

6.3.7. Meß- und Prüfwesen

Auf das spezielle Gebiet der pneumatischen Längenmeßtechnik soll an dieser Stelle nur hingewiesen werden, da es darüber eigene Literatur gibt und die pneumatische Längenmeßtechnik nicht direkt mit pneumatischen Steuerungen in der industriellen Fertigung zu vergleichen ist. Die Verbindung der pneumatischen Längenmeßtechnik mit pneumatischen Steuerungen dagegen wird oft praktiziert, und zwar dann, wenn solche Meßgeräte in automatischen Fertigungseinrichtungen eingesetzt sind.

Ein Beispiel dieser Art ist in Bild 19 dargestellt. Der Meßkopf des pneumatischen Längenmeßgerätes wird über eine pneumatisierte Vorrichtung in die Meßstellung geschwenkt, z. B. bei einem Dreh- oder Schleifvorgang. Die Steuerung ist dabei einfach. Der Startimpuls zum Einschwenken des Meßkopfes kann manuell oder von der Bearbeitungsmaschine gegeben werden (Ventil 1.1 oder 1.2). Ist die Meßvorrichtung direkt auf dem Werkzeugschlitten befestigt und wird damit axial verfahren, dann steuert ein Endschalter von hier aus das Ausschwenken der Vorrichtung entsprechend der eingestellten axialen Meßlänge (Durchmesser und Parallelität messen einer bestimmten Länge). In anderen Fällen, Schaltplan Bild 19c, könnte die Axialverschiebung auch pneumatisch durchgeführt werden. Hier wird das Ausschwenken der

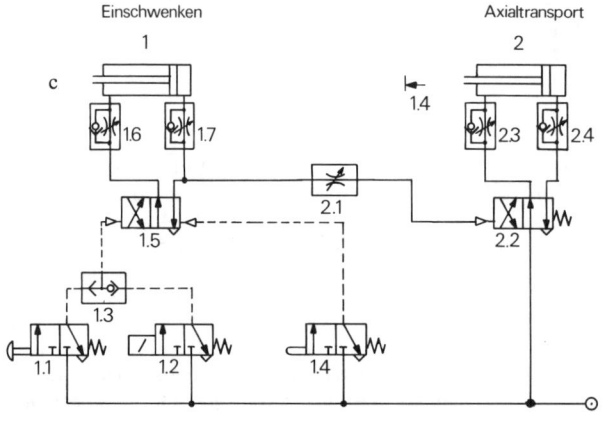

Einschwenken   Axialtransport

1   2

c

1.6 1.7   1.4   2.3 2.4

1.5   2.1   2.2

1.3

1.1 1.2 1.4

Bild 19
Pneumatisierte Meßvorrichtung mit pneumatischem Längenmeßgerät

a) schematische Anordnung
b) Schaltplan für Schwenkvorrichtung
c) Schaltplan für Schwenkvorrichtung und Transporteinrichtung zum axialen Verschieben

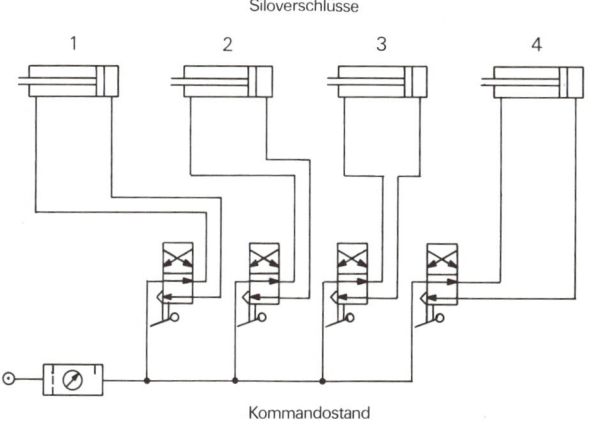

Siloverschlüsse

Kommandostand

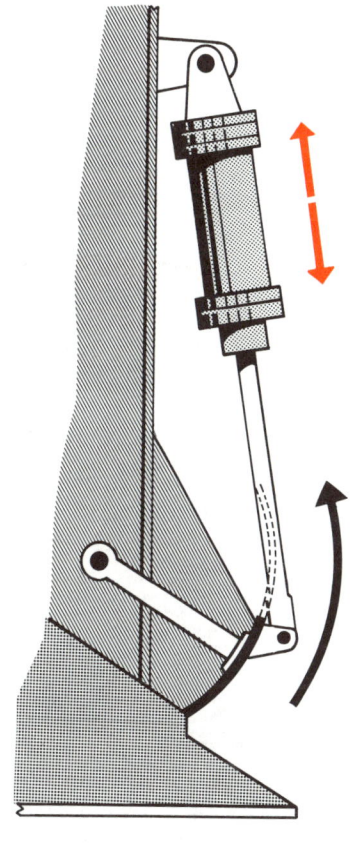

Bild 20 Öffnen und Schließen von Siloverschlüssen, a) schematische Anordnung, b) Schaltplan für eine größere Betonerzeugungsanlage

Meßvorrichtung dann über den Hubweg von Zylinder 2 gesteuert.

In Verbindung mit pneumatischen Längenmeßgeräten kann beispielsweise auch eine automatische Sortiereinrichtung innerhalb von automatischen Meßeinrichtungen gesteuert werden. Der Druckunterschied beim Messen wird über einen Verstärker zur Signaleingabe einer pneumatischen Steuerung benützt, die dann entsprechend in „gut" und „Ausschuß" die Weitergabe der Teile steuert. Selbstverständlich ist dies auch mit anderen Meßgeräten möglich, die ein z. B. elektrisches Signal ausgeben.

Das Messen und Prüfen großer Stückzahlen ist in manueller Arbeit unwirtschaftlich. Es werden deshalb Prüfvorrichtungen gebaut, die in den Takt einer Fertigungsstraße eingebaut sind. Das zu prüfende Werkstück wird dabei zugeführt, gespannt und an den Prüfstellen mit den Kontrollorganen verbunden. Diese Arbeiten können durchaus mit pneumatischen Mitteln gelöst werden.

6.3.8. Bautechnik

Größere Baustellen sind meist mit einer großen Anzahl von Silos und Lagerplätzen für Zement, Kies und Sand ausgestattet, z. B. für die zentrale Betonherstellung. Die einzelnen Lagergüter werden dabei dosiert in die Mischmaschine eingegeben, sie müssen also entsprechend gelagert sein. Der Fließstrom des Materials muß dabei zu- und

abgestellt werden können. In Bild 20 ist schematisch ein solcher Verschluß mit Druckluftzylinder dargestellt. Der Maschinenführer steuert über Handventile, mit dem Blick auf die Waage, die Chargierung der Maschinenfüllung. Ohne Schaufel und ohne Kraftanstrengung ist so eine mengenmäßig große Betonerzeugung möglich. Ganz ähnlich läßt sich auch ein sogenanntes „Fischmaul" steuern, z. B. zum Beladen von Lastkraftwagen.

Auch in Formpressen für die Herstellung von Betonformplatten bringt eine pneumatische Steuerung gegenüber der alten Stampfmethode erhebliche Zeit- und menschliche Kraftersparnis.

In Bild 21 ist eine solche Plattenformpresse schematisch dargestellt. Mit drei doppeltwirkenden Druckluftzylindern lassen sich alle notwendigen Antriebe der Plattenpresse lösen. Die Einleitung des Startsignales erfolgt manuell über Ventil 1.1, danach läuft der Arbeitstakt selbsttätig bis zum

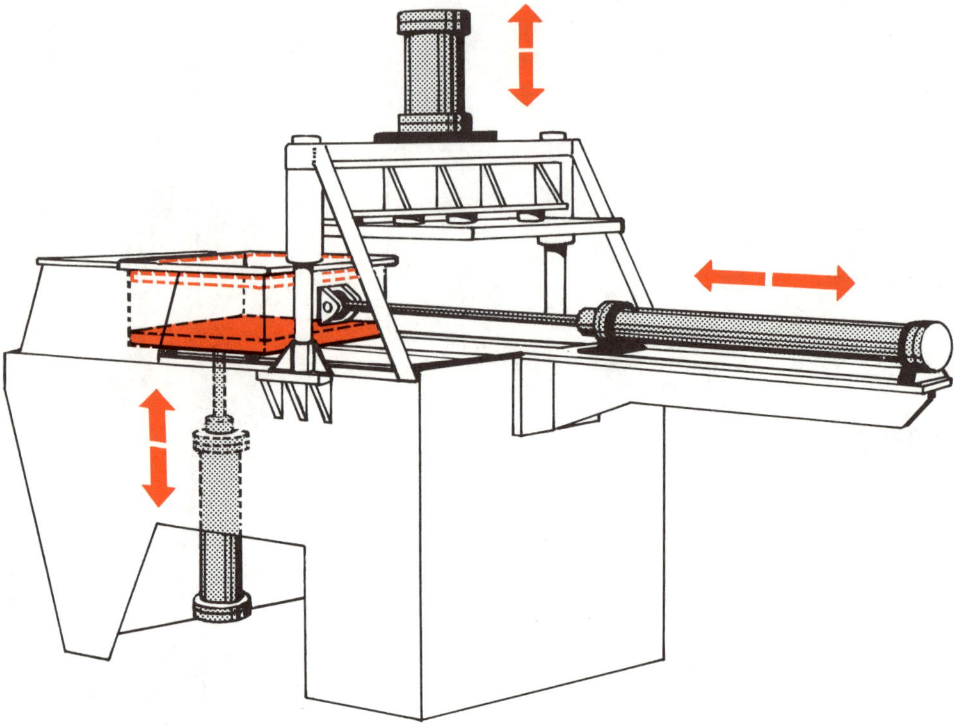

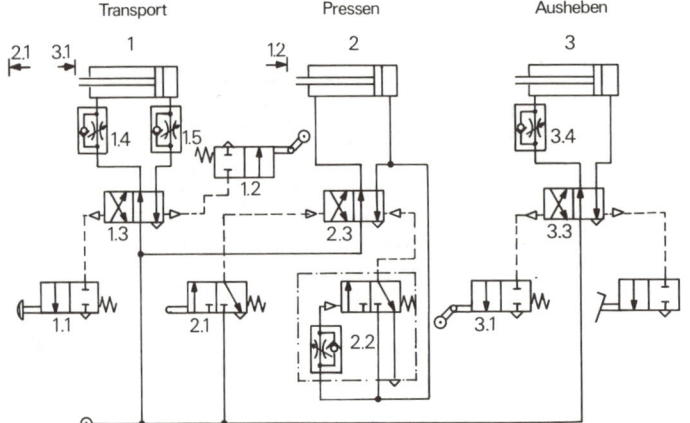

Transport   Pressen   Ausheben

Bild 21
Betonplatten-Formpresse
a) schematische Anord-
nung
b) Schaltplan

Abnehmen der fertig gepreßten Platte ab. Die Bedienungsperson löst über ein Fußventil beim Abnehmen der Platte den Rücklauf des Aushebezylinders 3 aus. Damit ist die Ausgangsstellung wieder erreicht und der Formkasten kann mit Beton wieder gefüllt werden. Die vollautomatische Steuerung einer solchen Plattenpresse ist unter Einbeziehung des Füllvorganges und Abtransport der fertigen Platten, z. B. über eine Rollenbahn, jederzeit durchzuführen.

6.3.9. Transportwesen

Hierbei geht es vorwiegend um Erleichterungen im innerbetrieblichen Transport, zu dem letztlich natürlich auch das Zuführen (Abschnitt 6.3.2) der Werkstücke in die Maschine gehört. Bei den hier vorgestellten Beispielen geht es aber doch mehr um größere Objekte, z. B. um Kartons, Kisten, also um Transportstücke, die viele Einzelteile enthalten können.

In Bild 22 sind Anordnungsbeispiele von Pneumatikzylindern zu sehen, die für einfache Hebe- und Schwenkbewegungen ausreichen. Die Ausführung mit einem Hilfshebel mit Gleitführung (22a) erlaubt eine Bewegung über 220 Grad, wobei der wirksame Hebelarm des Zylinders in den Ausladestellungen größer als im Scheitelpunkt ist. Für Bewegungen, bei denen die Scheitellage besonders gesichert sein muß, wird die Anordnung mit zwei Zylindern (22b) bevorzugt. Der horizontale Zylinder übernimmt die Sicherung und hilft bei der Überwindung der Scheitellage mit. Einfache Hebelbewegungen wie Anheben und Absetzen einer Last von einem Wagen auf den Boden und umgekehrt kann mit der Anordnung nach 22c durchgeführt werden. Die Zylinder sind bei allen drei Beispielen drehbar gelagert.

Zum innerbetrieblichen Transport gehören natürlich auch die Druckluft-Hebezeuge, die größtenteils mit Druckluftmotoren ausgerüstet sind. Mit Druckluftzylindern lassen sich für spezielle Zwecke jederzeit auch Hebezeuge selbst bauen, z. B. an einzelnen Montageplätzen. In Bild 23 ist ein solches Beispiel schematisch festgehalten.

Ein weiteres Transportbeispiel ist die Transportband-Weiche (Bild 24). Die auf einer Rollenbahn ankommenden Teile müssen unter bestimmten Voraussetzungen auf die beiden weiterführenden Bahnen verteilt werden. Nach dem Schaltplan Bild 24b wird davon ausgegangen, daß die ankommenden Teile gleichmäßig im Wechsel auf die beiden Bahnen aufgeteilt werden. Die gezeigte 1. Möglichkeit einer solchen Steuerung arbeitet mit einem sogenannten Flip-Flop-Ventil und einem pneumatisch betätigten 4/2-Ventil für Dauerkontakt. Das eingehende Signal bei Z steuert jeweils in die andere Schaltstellung um, z. B. von ein zu aus, von aus zu ein. Die Schaltstellung wird immer solange einbehalten, bis das nächste Signal eintrifft. Im Vergleich mit der Elektrotechnik würde das Flip-Flop-Ventil einem Stromstoßrelais entsprechen. Die 2. Möglichkeit arbeitet mit zwei 4/2-Impulsventilen, die durch ihre Verknüpfung jeweils durch das eingehende Signal von Ventil 1.1

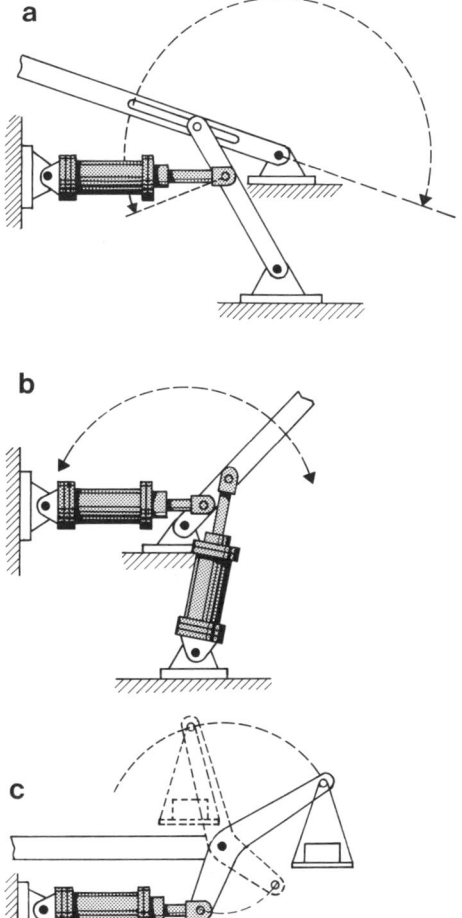

a

b

c

Bild 22 Anordnungsschemen für Hebe- und Senkbewegungen mit Druckluftzylindern

den Zylinder abwechselnd vor oder zurück schalten.

Das Umwenden eines Transportgutes kann mit Hilfe des in Bild 25 gezeigten Schemas durchgeführt werden. Es wird angenommen, daß eine Kiste um 180 Grad zu wenden ist, wobei diese eine geschlossene Einheit bildet. Die vom Transportband kommende Kiste löst den Startimpuls für Wenden aus, Zylinder 1 fährt vor und schwenkt die Kiste um 90 Grad. Zylinder 2 ist ausgefahren und wird jetzt umgeschaltet, wobei die Kiste um weitere

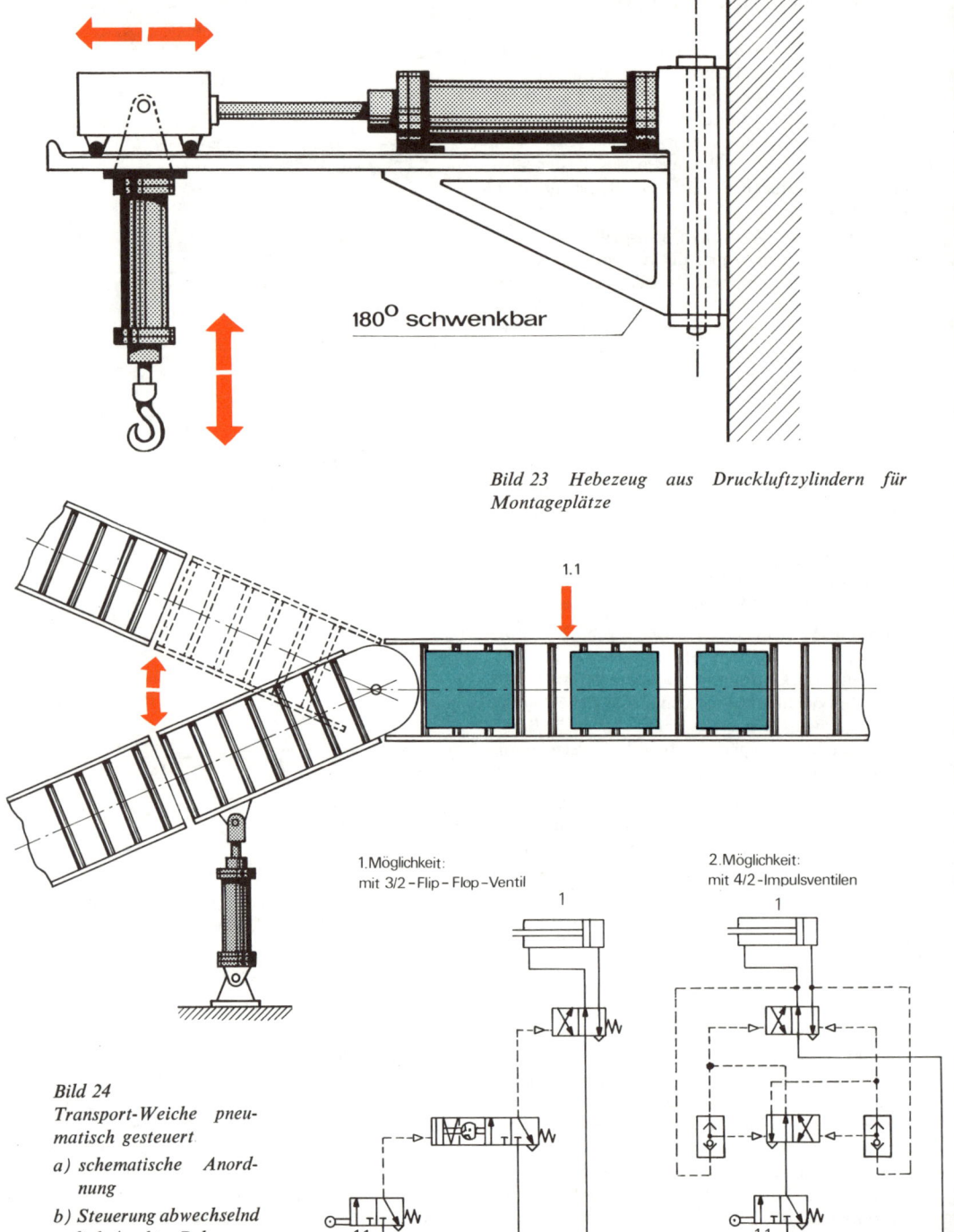

180° schwenkbar

Bild 23 Hebezeug aus Druckluftzylindern für Montageplätze

1.1

1.Möglichkeit:
mit 3/2–Flip–Flop–Ventil

2.Möglichkeit:
mit 4/2–Impulsventilen

1

1

1.1

1.1

Bild 24
Transport-Weiche pneu-
matisch gesteuert

a) schematische Anord-
nung

b) Steuerung abwechselnd
linke/rechte Bahn

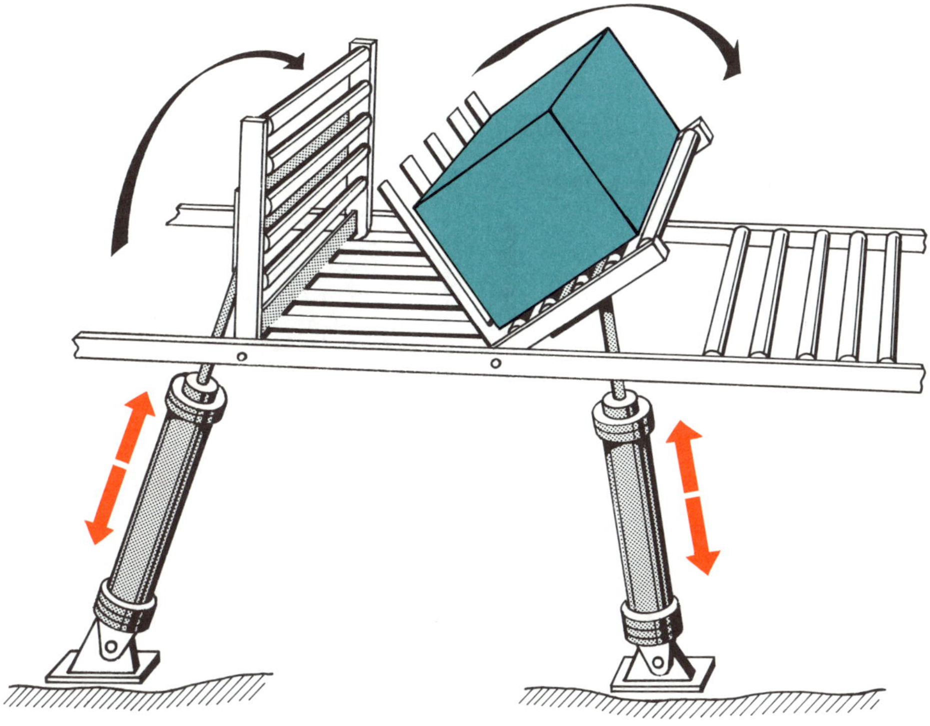

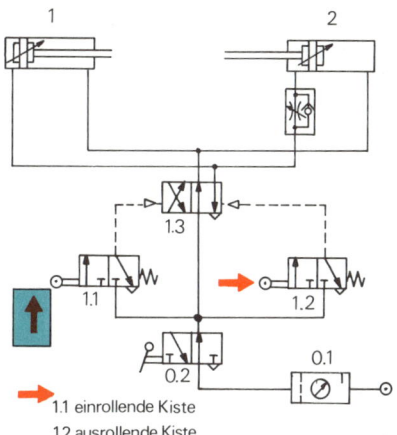

Bild 25   Wenden eines Transportgutes
a) schematische Anordnung
b) Schaltplan

90 Grad geschwenkt wird und von hier aus auf das weiterführende Transportband gleitet. In Bild 25c ist der Schaltplan für diese Station aufgezeigt. Durch besondere Formgebung der Haltegabeln in der Wendestation können natürlich auch andere, als rechteckige Körper damit hochgestellt oder gewendet werden. Ein Beispiel dafür ist das Aufstellen oder Umlegen von Fässern, wobei dann nur eine Vorrichtung für 90°-Schwenken notwendig ist.

Auch die Überbrückung von Höhenunterschieden im innerbetrieblichen Transport ist mit Druckluftzylindern einfach zu bewältigen. Bild 26 zeigt eine solche Einrichtung. Der Schaltplan (Bild 26 b) ist so abgestimmt, daß bei Hochstellung des Hubtisches die Zulauf-Bahn abgesperrt wird, um mit Sicherheit zu vermeiden, daß ein ankommendes Teil von der Bahn abkippt. Ähnliche Probleme sind auch bei Maschinenverkettung zu lösen, wo das Werkstück von oben eingegeben wird und nach unten ausfällt. Hier muß jeweils das Werk-

stück auf den Einlauf der nächsten Maschine hoch transportiert werden. Der Druckluftzylinder kann dabei das Teil direkt von der unteren auf die obere Bahn übersetzen (Bild 26) oder er treibt ein mechanisches Zwischenglied an, das in einzelnen Takt-

169

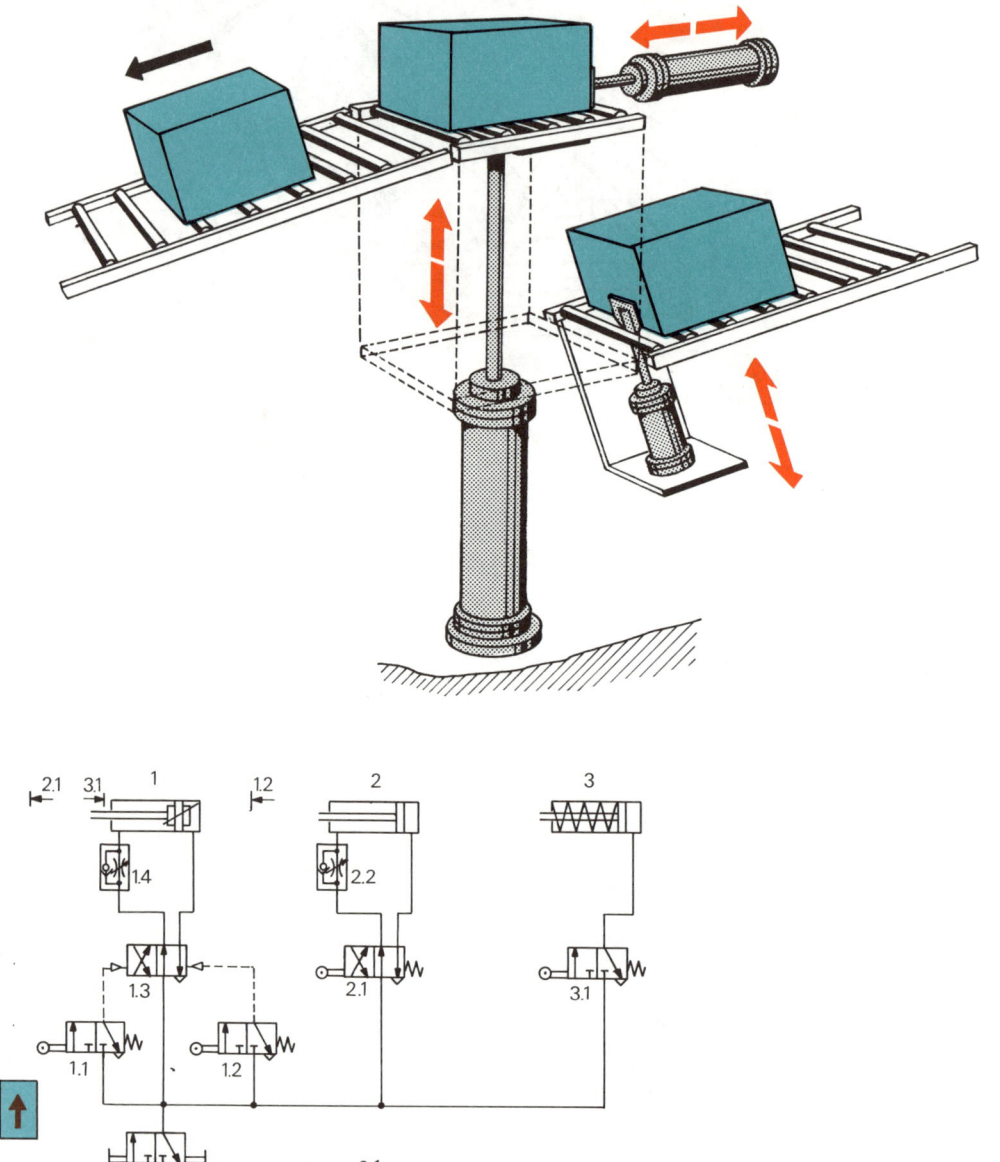

Bild 26   Direktes Überbrücken eines Höhenunter-
schieds, a) schematische Anordnung, b) Schaltplan

schritten das Teil auf eine höherliegende Bahn be-
fördert. Ein Beispiel dieser Art ist in Bild 27 angedeutet, wobei der Antrieb durch den Druckluftzylinder über ein Sperrad erfolgt. Jedes ankommende Teil löst die Weiterschaltung aus, so daß

damit auch jeweils ein Teil an die oben weiterführende Bahn abgegeben wird (Bild 27b). Wird
das Sperrad durch einen sogenannten Stetigantrieb
(Bild 89, Abschnitt 4.5) weitergeschaltet, so erfolgt
ein ständiger, taktweiser Vorschub des Paternoster-

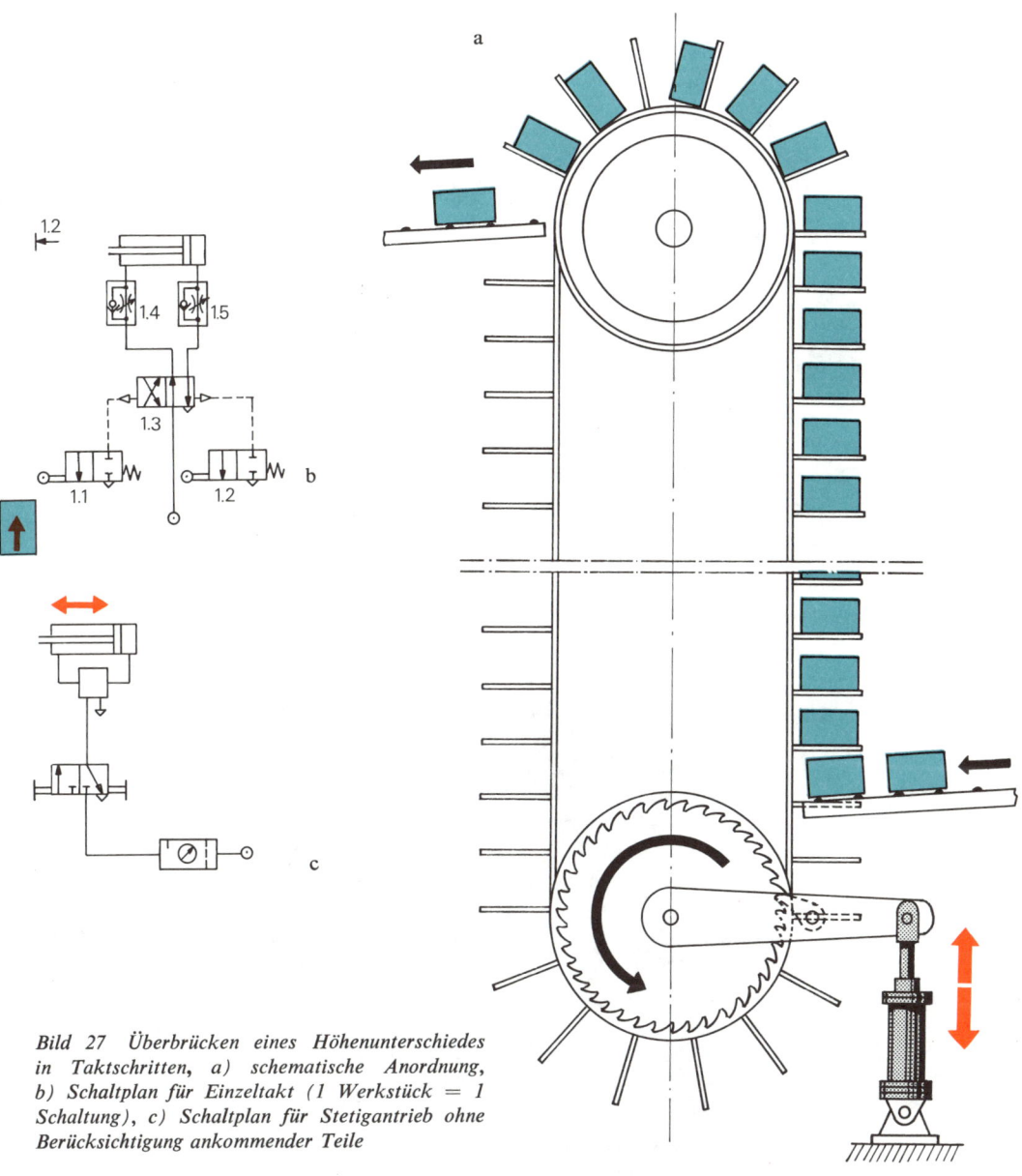

Bild 27 Überbrücken eines Höhenunterschiedes in Taktschritten, a) schematische Anordnung, b) Schaltplan für Einzeltakt (1 Werkstück = 1 Schaltung), c) Schaltplan für Stetigantrieb ohne Berücksichtigung ankommender Teile

Aufzuges unabhängig von ankommenden Teilen (Bild 27 c).

Ein ganz eigenes Gebiet ist die **pneumatische Fördertechnik** von körnigem Fließgut. Dabei ist die Druckluft direkt Transportträger für das in Roh-ren auch über weite Entfernungen beförderte Gut. Auf dieses Gebiet kann hier nur hingewiesen werden, da es mit der pneumatischen Steuerungstechnik nur das gemeinsame Medium Druckluft verbindet.

Bild 28 Vierfach-Spanneinrichtung auf einem pneumatischen Rundschalttisch (FESTO)

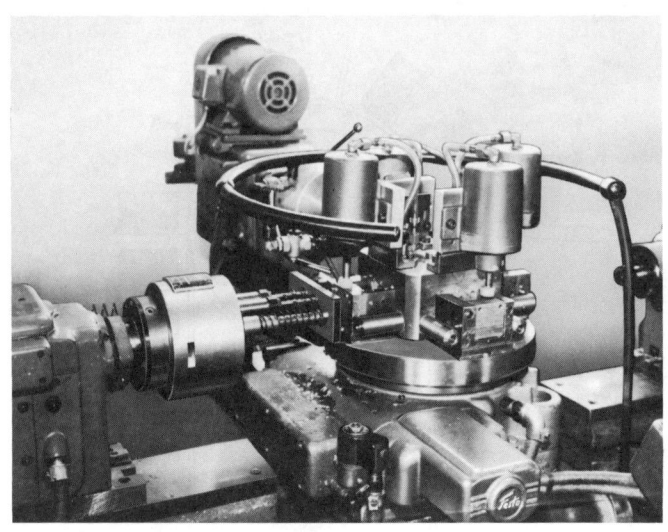

Bild 29 Pneumatisierte Zuführeinrichtung für unterschiedliche Stabteile (Oskar Fischer)

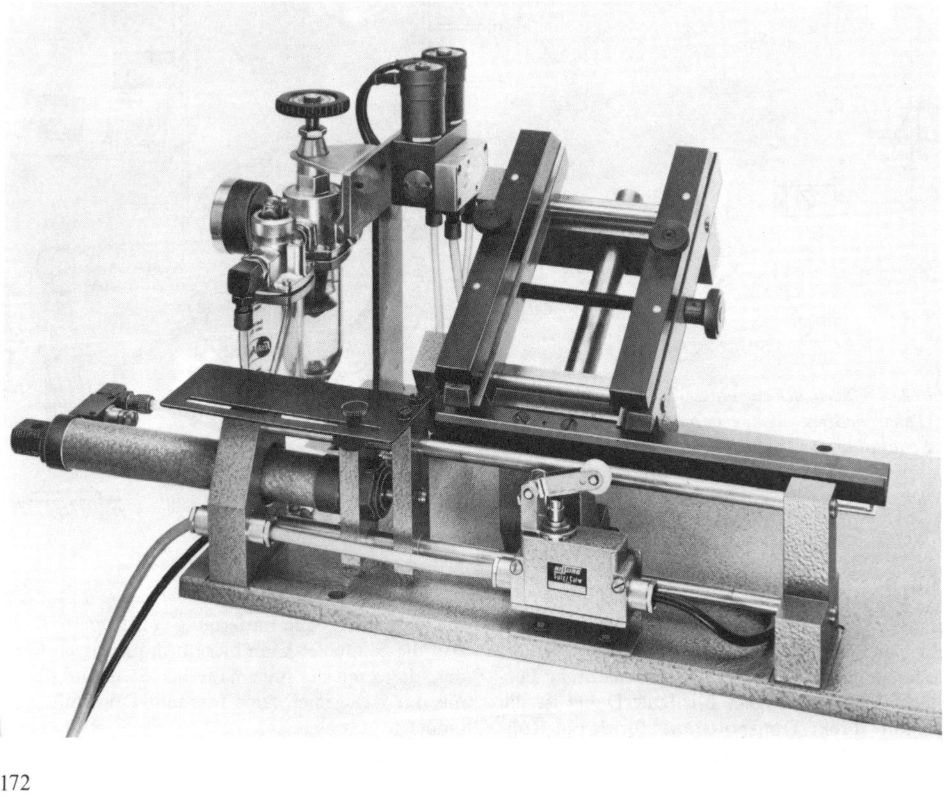

*Bild 30   Montagemaschine für Wasserhahn-Ober-
teile (Barlo-GmbH)*

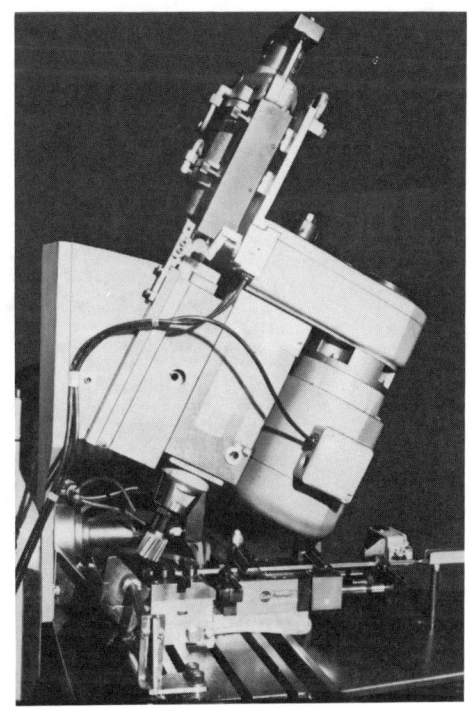

*Bild 31   Pneumatisierter Fräs- und Sägeautomat
mit automatischer Zuführung (Horst Eisenhardt)*

173

Bild 32   Pneumatisierte Drehmaschine (FESTO)

Bild 33   Fräsmaschine für die Holzbearbeitung (J. F. Bick)

Bild 34 Presse für die
Herstellung von Blister-
packungen (W. Lemberg)

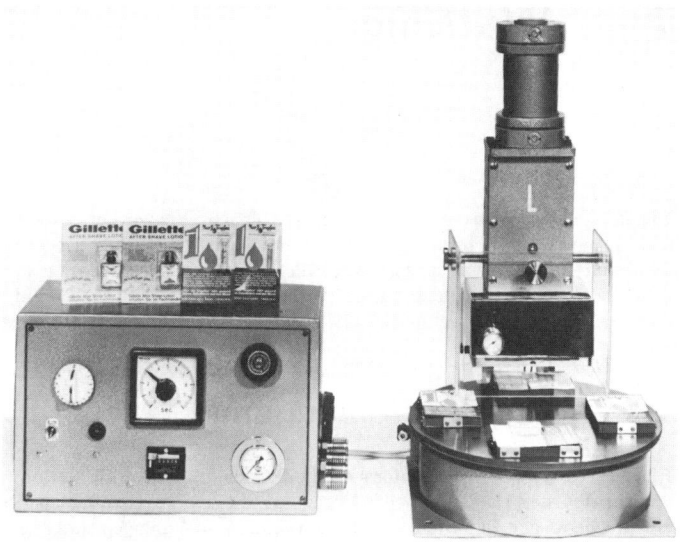

Bild 35 Stecktafel mit verschiedenen pneumatischen Steuer- und Arbeitselementen einschließlich Verschraubungen, Kunststoff-Schlauchleitungen und Luftfilter zum Simulieren einer ausgearbeiteten Pneumatik-
schaltung (FESTO)

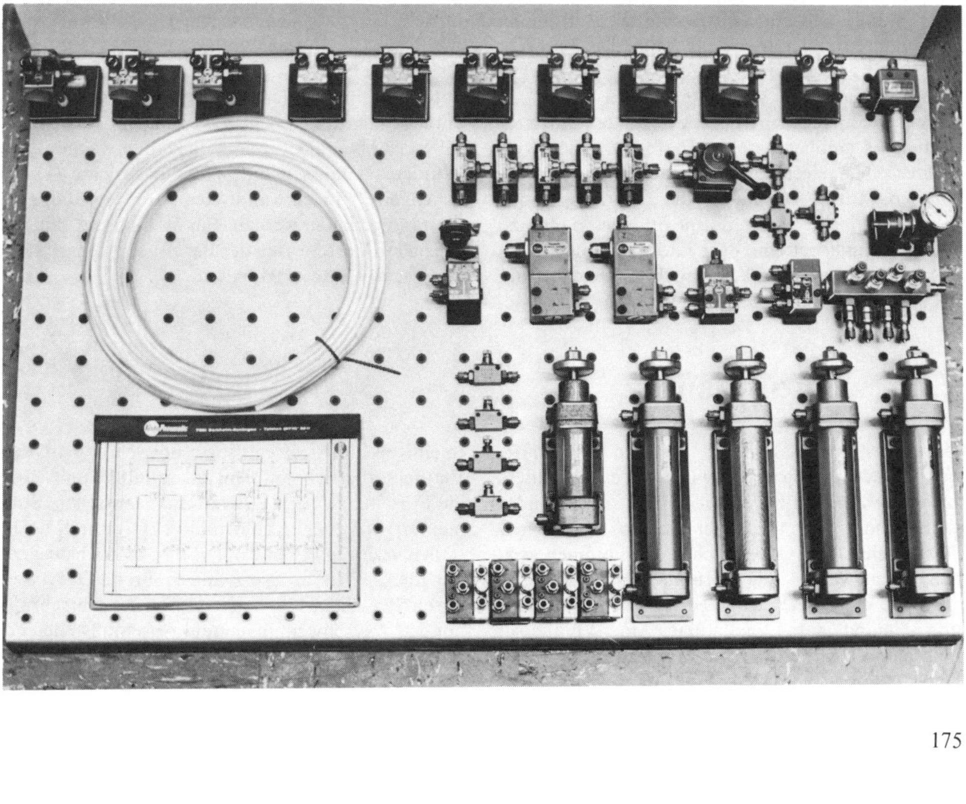

7. Wartung

Die fachgerechte Wartung pneumatischer Anlagen und Elemente soll nicht nur die notwendigen Reparaturen umfassen, sondern vor allem einer vorbeugenden Instandhaltung dienen um Schadensfälle weitestgehend zu vermeiden und die Lebensdauer der einzelnen Geräte zu erhöhen bzw. innerhalb der Gegebenheiten zu gewährleisten. Nicht zuletzt spart eine systematische Wartung unnötige Geldausgaben ein, die durch Luftverluste, Reparaturen und Stillstandzeiten anfallen können.

7.1. Drucklufterzeugung

Für die Wartung der Verdichter sind die Betriebsvorschriften der Hersteller zu befolgen, da diese entsprechend der Bauarten verschieden sind. Zu den grundlegenden, regelmäßigen Arbeiten des Betreibers zählen Überprüfungen, Reinigen und notfalls Instandsetzen von Ansaugfiltern, Ölschmierung und Kühlung. Der Reinigungszyklus des Ansaugfilters richtet sich dabei nach dem Reinheitsgrad der angesaugten Luft. Bei stark staubhaltiger Luft sollte eine Überprüfung des Ansaugfilters mindestens einmal wöchentlich stattfinden. Bei entsprechend reiner Luft kann der Zeitraum wesentlich größer sein.
Ein Ölwechsel der Verdichterschmierung ist im Turnus der angegebenen Betriebsstunden durchzuführen. Es empfiehlt sich deshalb, für jeden Verdichter einen eigenen Betriebsstundenzähler vorzusehen. Ein Abschätzen der Betriebsstunden führt sehr leicht zu Fehldispositionen, damit zu einem Schmiermittelmangel und Totalausfall des Verdichters. Dasselbe kann auch auftreten, wenn bei älteren Verdichtern zuviel Öl mit der verdichteten Luft verlorengeht. Deshalb ist der Ölstand regelmäßig zu überprüfen. Moderne Verdichteranlagen sind meist mit einem Öldruckwächter ausgerüstet, der bei zu geringem Öldruck, hervorgerufen meist durch zu wenig Öl, die Anlage abschaltet.
Bei Luftkühlung der Verdichter ist auf genügend Luftzufuhr kühler Außenluft zu achten. Bei anderen Kühlungsarten ist eine regelmäßige Temperaturüberwachung im Zu- und Ablauf der Kühlmittelversorgung sicherzustellen.
Am Nachkühler und Windkessel, die ebenfalls zur Drucklufterzeugung gehören, ist möglichst für eine automatische Kondensatentleerung zu sorgen. Das entthebt allerdings nicht davon, deren Funktionsfähigkeit ebenfalls regelmäßig zu überwachen. Am Windkessel müssen die Sicherheitsorgane (Überdruckventil) in einwandfreiem, funktionsfähigem Zustand gehalten werden. Für Windkessel sind die speziellen Vorschriften der Berufsgenossenschaften zu beachten und einzuhalten.

7.2. Leitungsnetz

Unter der Voraussetzung, daß ein Druckluft-Leitungsnetz richtig verlegt wurde, ist ein besonders anfälliger Punkt die Dichtheit. Hier sollte mindestens einmal, besser ist aber zweimal bis viermal jährlich eine Generallecksuche vorgenommen werden. Dazu werden alle Verbraucherleitungen abgesperrt, die Anlage auf Betriebsdruck gebracht und anhand des Druckabbaus im Windkessel innerhalb einer bestimmten Zeit (am besten über Nacht) die Leckverluste mengenmäßig festgestellt. In einigen Fällen wird es sogar notwendig sein, den Verdichterbetrieb aufrecht zu erhalten und über die Einschaltzeit den **Luftverlust** festzustellen. Sind mehr als 10 % der erzeugten Druckluft durch **Leckstellen** verloren gegangen, dann ist es höchste Zeit, die Leckstellen im Netz aufzuspüren. Das kann durch Bepinseln mit Seifenwasser der Verschraubungen, Verschweißungen und Anschlußstellen erfolgen, oder besser mit einem im Handel erhältlichen Aerosol-Sprühmittel. Unnötige Verschraubungen sind durch Schweißung zu ersetzen. Absperrhähne mit Handrad bilden ebenfalls eine große Gefahr des Druckluftverlustes. Anstelle der Absperrhähne sind selbstabstellende Schlauchkupplungen zum Anschluß der Verbraucher vorzusehen. Diese können natürlich auch undicht werden, die Wahrscheinlichkeit ist aber geringer. Wie groß Leckverluste in Abhängigkeit der Leckstellengröße bei einem Betriebsdruck von 6 bar sein können, ist in Tabelle 1 festgehalten. Proportional der Leckgröße ist der Luftverlust. Wie die Tabelle zeigt, gehen bei einer **Leckstellenfläche** von ca. 20 mm² eine Luftmenge von etwa 100 m³/h verloren. Da normalerweise das Druckluftnetz jeden Tag volle 24 Stunden seinen Druck hält, gehen bei einem Preis von DM 0,03 m³ allein durch eine einzige Leckstelle dieser Größe jeden Tag rund DM 72,— in die Luft. Die regelmäßige Suche nach Leckstellen im Netz, am besten nach Betriebsschluß wenn keine störenden Nebengeräusche vorhanden sind, lohnt sich mehr als meist bekannt ist.

Kondensat-Sammelstellen im Netz bedürfen der regelmäßigen Entleerung. Auch hier können automatische Kondensatentleerer die Wartung wesentlich vereinfachen. Die Entleerer sind auf Funktionstüchtigkeit mindestens 1mal wöchentlich zu kontrollieren, insbesondere geht es um Überprüfung des Schwimmerventils. Größere Rostpartikel könnten sich im Ventil verklemmen und dadurch das Öffnen bzw. Schließen des Schwimmerventils beeinträchtigen.

7.3. Zylinder

Zum Betreiben pneumatischer Steuer- und Arbeitselemente soll im Normalfall die Druckluft kurz vor den Elementen aufbereitet werden. Die üblichen Wartungseinheiten sind dafür vorzusehen (siehe auch Abschnitt 7.5). Richtig aufbereitete Luft kann den einzelnen Elementen keinen Schaden mehr zufügen und es erübrigt sich eine weitere Wartung unter diesen Aspekten.
Jedes bewegliche Element hat aber bedingt durch seine Konstruktion ein oder mehrere **Verschleißteile**, die gewartet werden müssen. Es ist deshalb ganz vorteilhaft, bereits vorher zu wissen, wo etwas verschleißen oder beschädigt werden kann. Ganz brauchbar dafür sind Ersatzteilzeichnungen, in denen Hinweise auf Verschleißteile gegeben sind. Ein Beispiel für einen einfachwirkenden Druckluftzylinder zeigt Bild 1. Unter Position 10 ist ein Verschleißteil angegeben. Normalerweise muß der

Tabelle 1: *Druckluft-Leckverluste in Abhängigkeit der Leckstellengröße bei einem Betriebsdruck von etwa 6 bar*

Leckstellen-durchmesser natür-liche Größe		Leck-stellen-fläche	Ver-strömende Luftmenge	Arbeitsbedarf f. Verdichtung
	mm	mm²	m³/h	kWh
●	1	0,78	2,4	0,2
●	3	7,00	36,0	2,0
●	5	19,6	97,8	8,0

Zylinder nicht regelmäßig geöffnet werden, um nachzusehen, ob dieses Verschleißteil noch einwandfrei ist. Beschädigungen an dem Kolben machen sich dadurch bemerkbar, daß nicht die volle Leistung erbracht wird und auch am Geräusch der Leckluft, die an der Kolbenstangenführung ausströmt. Bei nicht vollständiger oder verzögerter Rückstellung des Kolbens durch die Rückholfeder könnte diese gebrochen sein und muß ausgewechselt werden. Vorbeugende Wartung ist hier nicht möglich.
In einem doppeltwirkenden Zylinder (Bild 2) sind bereits mehrere Verschleißteile zu finden. Besonderes Augenmerk ist hier auf den Abstreif- und den Nutring, Position 7 und 8, zu richten, der Abstreifring hält den anhaftenden Schmutz der Kolbenstange zurück, der Nutring dichtet den Luftraum des Zylinders zur Kolbenstange ab. Beschädigungen dieser Ringe führen zur inneren Verschmutzung und zu Leckverlusten. Die häufigste Ursache dafür ist eine, durch unsachgemäße Montage des Zylinders, hervorgerufene Seitenkraft, wodurch die Bundbüchse ausläuft. Nur durch Auswechseln der Teile kann dann Abhilfe geschaffen werden. Durch Verwendung einer Flexokupplung läßt sich dies in gewissen Grenzen vermeiden, weil hierbei Befestigungstoleranzen besser ausgeglichen werden.
Die Luftzuführungen und damit Verschraubungen am Zylinder sind regelmäßig zu überprüfen. Auch hier können Leckverluste auftreten, die nicht nur Geld kosten, sondern auch die Leistung eines Zylinders beeinträchtigen können.

> Leckverluste an der Zylinder-Luftzuführung verursachen unnötige Kosten und können zusätzlich noch die Leistung des Zylinders beeinträchtigen.

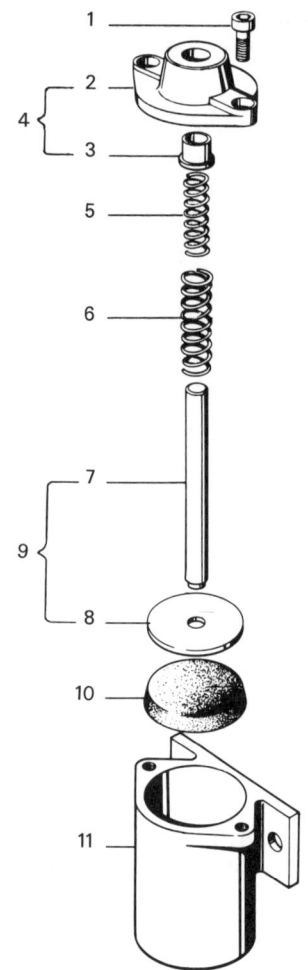

Pos.	Benennung, Typ…		Best.-Nr.	St.
1	Innensechskt.-Schraube M 5 × 15 DIN 912		200 671	2
2	Lagerdeckel	ZG-161	201 501	1
3	Bundbüchse	ZG-162	201 326	1
4	Lagerdeckel, vollst.	ZG-05-02	100 229	1
5	Druckfeder	ZG-178	201 327	1
6	Druckfeder	ZG-179	201 328	1
7	Kolbenstange	ZG-176.2	202 506	1
8	Scheibe	ZG-164.1	202 503	1
9	Kolbenstange, vollst.	ZG-05-01	100 113	1
*10	Topfmanschette	T-35	201 062	1
11	Zyl.-Gehäuse	ZG-175	202 504	1

1	Innensechskt.-Schraube DIN 912/M 5 × 35		200 049	4
2	Innensechskt.-Schraube DIN 912/M 5 × 25		200 048	4
3	Lagerdeckel	ZD-132	202 787	1
4	Bundbüchse	ZD-119.1	200 024	1
5	Lagerdeckel, vollst.	ZD-116.1	100 144	1
6	Flansch Bauart F oder V	ZD-141.1	200 033	1
*7	Abstreifring	12 × 22 × 5/8	200 058	1
*8	Nutring	12 × 22 × 7	200 055	1
*9	Dichtring	40 × 35 × 0,5	200 061	2
10	Federring	ZD-121	200 026	2
11	Spannring	ZD-120	200 025	2
12	Zylinderrohr	ZD-101	200 002	1
13	Kolbenstange	ZD-102	200 001	1
*14	Doppeltopfmanschette	T-DUO 35	200 060	1
15	Hochspannring	VH 8	200 051	1
16	Sechskant-Mutter (Cleveloc)	M 8	200 047	1
17	Abschlußdeckel	ZD-117.1	100 209	1
18	Innensechskt.-Schraube DIN 912/M 5 × 25		200 048	4
19	Schwenkflansch Bauart S	ZD-140.1	200 032	1
20	Innensechskt.-Schraube DIN 912/M 5 × 35		200 049	4
21	Spannfuß Bauart H	ZD-138	200 031	2

Bild 1
Ersatzteilzeichnung und -liste
für einen einfachwirkenden
Druckluftzylinder (FESTO)

* Verschleißteile

▶

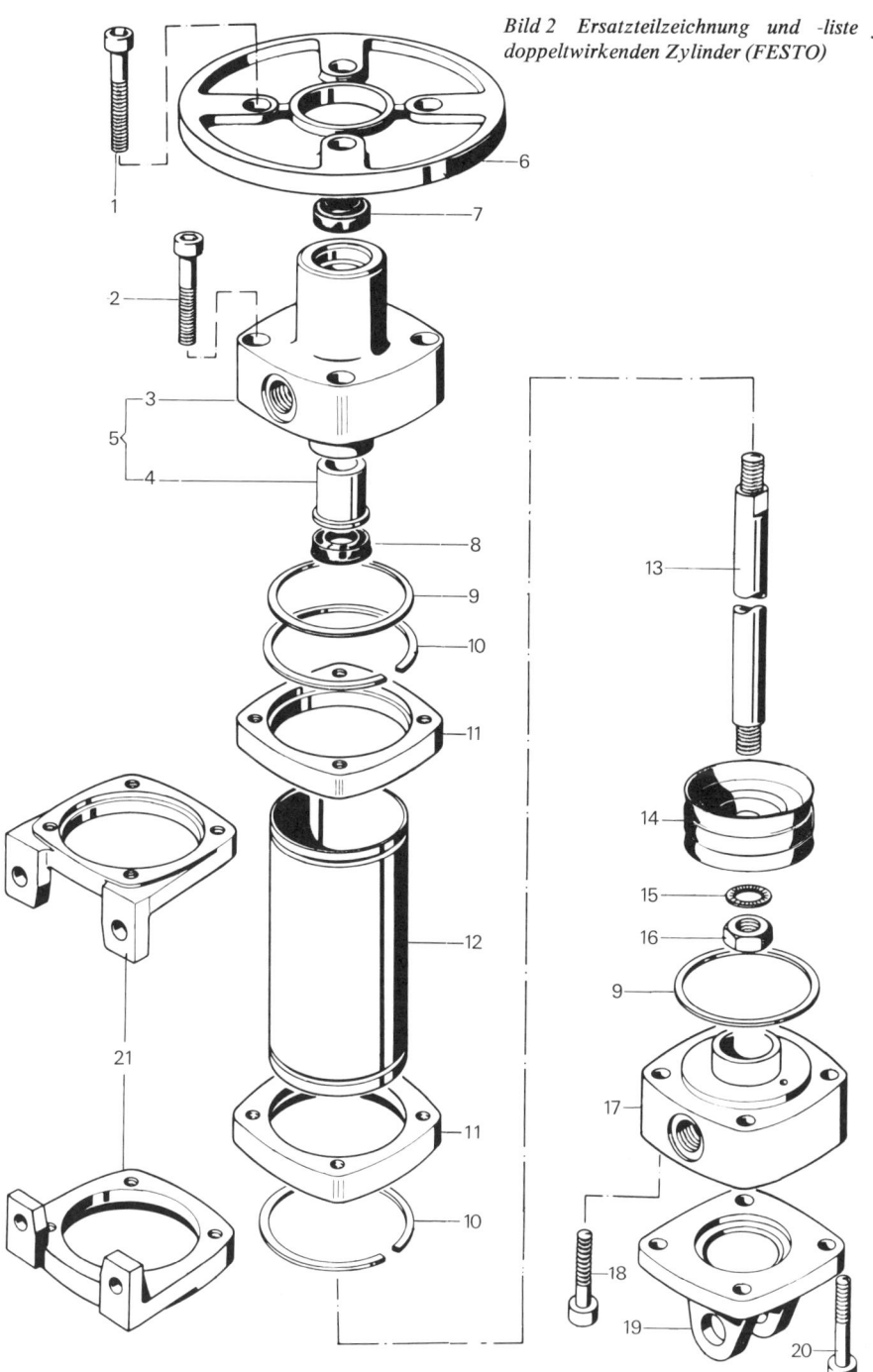

Bild 2   Ersatzteilzeichnung und -liste für einen doppeltwirkenden Zylinder (FESTO)

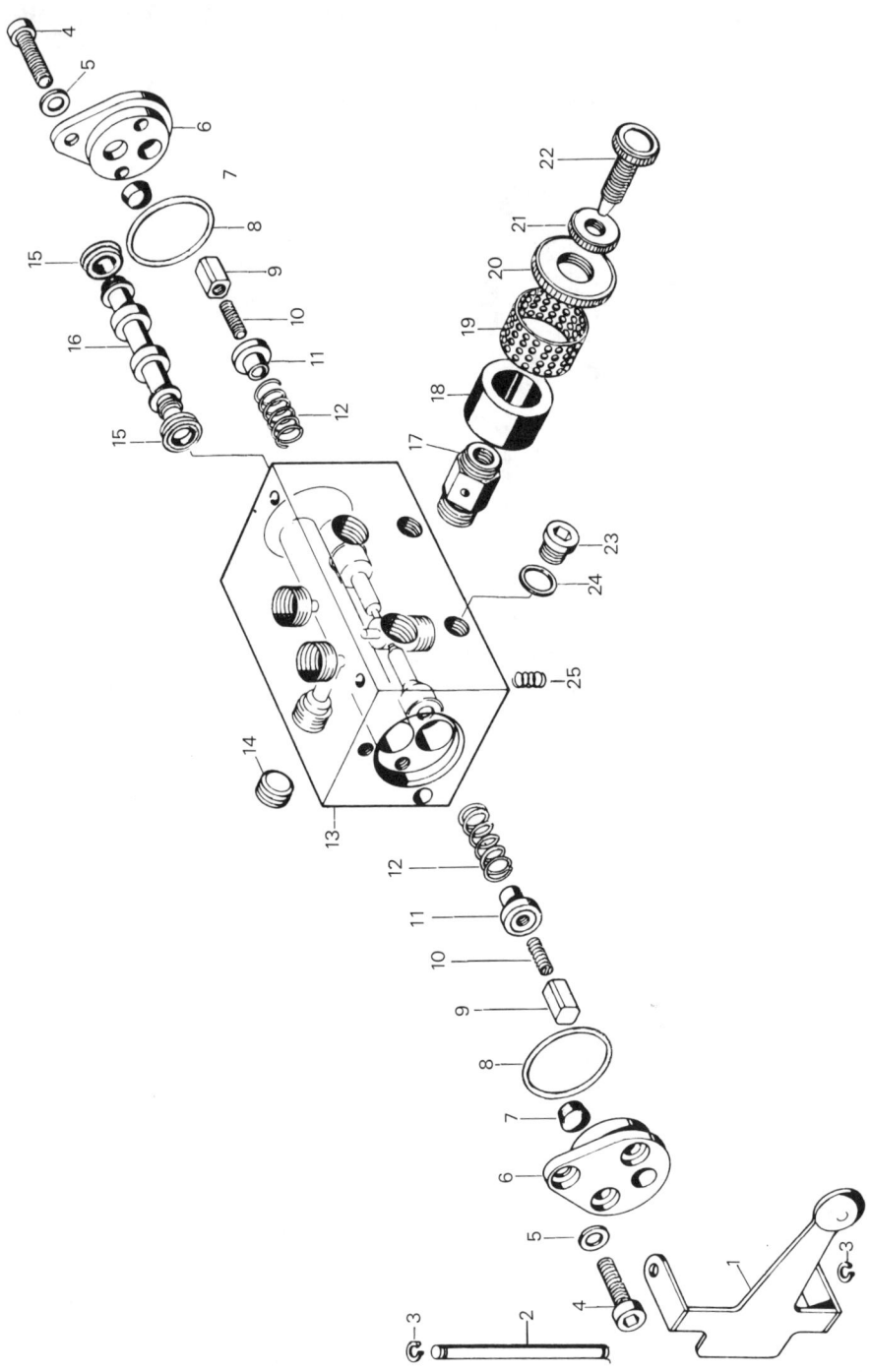

Bild 3   Ersatzteilzeichnung und -liste für einen 4/2-Luftsteuerblock (FESTO)

Pos.	Benennung, Typ...		Best.-Nr.	St.
1	Schalthebel	X-169.1	201 581	1
2	Achse	X-170	201 582	1
3	Seegerring A 5 × 0,6	DIN 471	200 615	2
4	Innensechskt.-Schraube M 6 × 20	DIN 912	200 688	6
*5	Dichtring 6 × 10 × 0,5		200 789	6
6	Deckel	X-152.1	201 574	2
7	Puffer	X-155	201 578	2
*8	O-Ring 30 × 2		200 954	2
9	Schaltbolzen	X-154.1	201 577	2
10	Gewindestift M 5 × 12	DIN 551	200 645	2
11	Ventilteller	X-011-01	100 250	2
12	Druckfeder	V-106	201 241	2
13	Gehäuse	X-150.2	201 572	1
14	Verschlußschraube	X-172	201 583	1
*15	Nutring 14 × 8 × 4/2		201 001	2
16	Steuerschieber	X-151.3	201 573	1
17	Regulierbolzen	X-156	201 579	2
18	Dämpfereinsatz	X-158	201 308	2
19	Schutzrohr	X-162	201 309	2
20	Rändelmutter	X-157	201 580	2
21	Rändelmutter	GR-124.1	202 028	2
22	Regulier-Schraube	GR-121.3	202 025	2
23	Verschl.-Schraube R 1/8"	DIN 908	002 001	2
24	Dichtring 10 × 13 × 1		200 796	2
25	Verdrehfeder	X-168.2	201 581	1

* Verschleißteile

7.4. Ventile

Grundsätzlich gilt auch hier, nur aufbereitete Druckluft für alle Steuerelemente zu verwenden. Die Verschmutzungen der Druckluft durch Rostpartikel, Schweißzunder oder andere Verunreinigungen müssen im Filter der Wartungseinheit ausgeschieden werden, da sich diese Teilchen sonst ablagern oder verklemmen können. Funktionsausfall des Ventils oder auch Überströmungen in den Ventilkammern können als Folge davon auftreten. In einem ansonsten überschneidungsfreien Ventil kann durch Leckverluste die Überschneidung eintreten. Diese macht sich meist dadurch bemerkbar, daß auch nach der normalen Entlüftung nachgeschalteter Leitungen und Elemente ständig Luft aus der Entlüftungsöffnung austritt. Solche Ventile sind möglichst sofort auszuwechseln. Ist fachlich geschultes Personal vorhanden,

kann der Schaden in eigener Regie meist leicht behoben werden. In anderen Fällen ist grundsätzlich zu empfehlen, Ventile an den Hersteller zur Reparatur zu geben.

> Leckverluste in Ventilen können auf längere Zeit teurer sein, als ein neues Ventil kosten würde.

Bild 3, ebenfalls eine Ersatzteilzeichnung, zeigt einen 4/2-Steuerblock, in dem zwei Entlüftungsventile, zwei Drosselventile und zwei Schalldämpfer mit eingebaut sind. Auch hier sind die wenigen Verschleißteile gekennzeichnet. Anhand einer solchen Zeichnung ist das Austauschen beschädigter Teile jederzeit sicher durchzuführen. Allerdings sollte eine solche Arbeit nur von ausgebildetem Wartungspersonal durchgeführt werden.

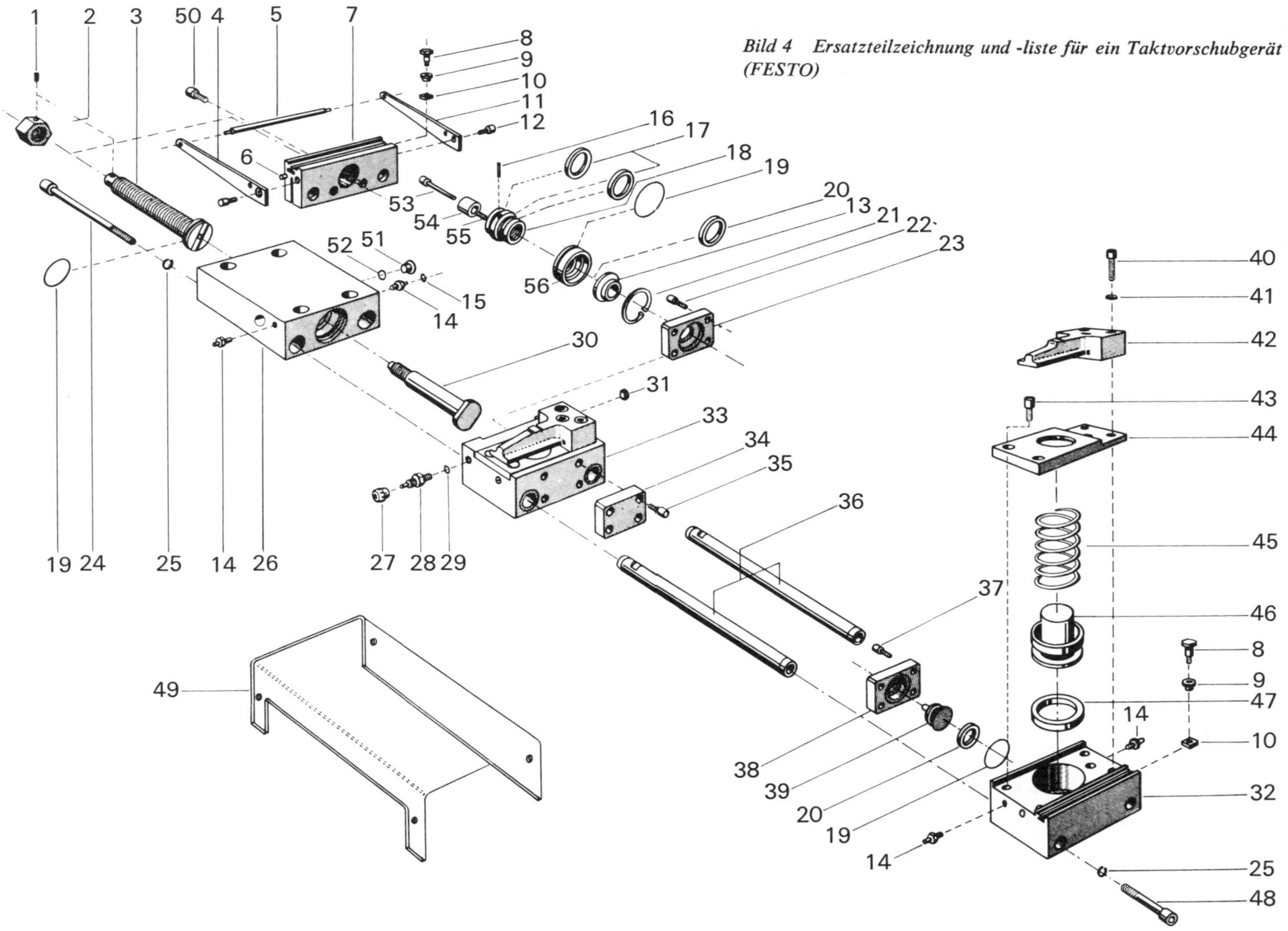

Bild 4 Ersatzteilzeichnung und -liste für ein Taktvorschubgerät (FESTO)

Pos.	Benennung, BV-50-40		Best.-Nr.	St.
1	Gewindestift AM 5×6 DIN 913		204 481	1
2	Einstellknopf	BV-120-21	204 405	1
3	Distanzbolzen	BV-120-1	204 386	1
4	Führungs-Lasche, rechts	BV-120-34	204 414	1
5	Rolle	BV-120-33	204 413	1
6	Innensechskt.-Schraube 4 M 6×10 DIN 7		204 479	2
7	Abschlußdeckel, vollst.	BV-120-01	100 356	1
8	Sechskant-Schraube	BV-120-3	204 388	4
9	Bundbuchse	BV-120-4	204 390	4
10	Nutenstein	BV-120-5	204 391	4
11	Führungs-Lasche, links	BV-120-32	204 412	1
12	Innensechskt.-Schraube M 5×8 DIN 912		204 482	2
*13	Abstreifring 22-14-3/4		204 488	1
14	Gewindebolzen	BV-120-29	204 409	4
15	Greifring G 4×0,8		204 466	1
16	Prymspiralstift 1,5×10 schwer		204 487	2
*17	Nutring 25-18-4		200 989	2
18	Kolben, vollst.	BV-120-04	100 359	1
*19	O-Ring 22×2		200 948	3
*20	Nutring 20-14-4		201 000	2
21	Sicherungsring J 27×1 DIN 472		201 027	1
22	Innensechskt.-Schraube M 6×10 DIN 912		200 683	4
23	Klemmleiste	BV-120-9	204 395	1
24	Innensechskt.-Schraube M 8×80 DIN 912		204 486	2
25	Federring 8 ⌀ DIN 7980		204 467	4
26	Gehäuse	BV-120-6	204 392	1
27	Überwurfmutter	PZ-1102	002 965	1
28	Einschraubstück M 8 PK-4	BV-120-22	204 406	1

Pos.	Benennung		Best.-Nr.	St.
*29	Dichtring 8,4-12-1		200 794	1
30	Kolbenstange	BV-120-8	204 394	1
31	Verschlußschraube	BV-120-35	204 415	1
32	Führungsgehäuse	BV-120-20	204 404	1
33	Schieber, vollst.	BV-120-02	100 357	1
34	Anschlag	BV-120-19	204 403	1
35	Innensechskt.-Schraube M 6×8 DIN 912		200 682	4
36	Säule	BV-120-18	204 402	2
37	Innensechskt.-Schraube M 6×15 DIN 912		200 685	4
38	Pufferplatte	BV-120-33	204 407	1
39	Pufferkolben	BV-120-24	204 408	1
40	Innensechskt.-Schraube M 6×18 DIN 912		200 687	6
41	Federring 6 ⌀ DIN 7980		204 478	6
42	Klammer, geriffelt	BV-120-11	204 397	2
43	Innensechskt.-Schraube M 6×8 DIN 7984		204 483	4
44	Rahmen	BV-120-13	204 399	2
45	Druckfeder	BV-120-16	201 086	2
46	Spannkolb., geriffelt, vollst.	BV-120-03	100 358	2
*47	Lippenring P-42 40-30-7		200 894	2
48	Innensechskt.-Schraube M 8×40 DIN 912		204 485	2
49	Schutzhaube	BV-120-30	204 410	1
50	Innensechskt.-Schraube M 8×12 DIN 7984		204 484	2
51	Verschlußschraube R-1/8 DIN 908		002 001	2
*52	Dichtring 10-13-1		200 796	2
53	Distanzbolzen	BV-120-38	205 006	1
54	Ventilteller	BV-120-07	100 386	1
55	Druckfeder	BV-120-36	250 005	1
56	Abschlußdeckel	BV-120-15	204 401	1

* Verschleißteile

7.5.   Geräte und Anlagen

Verschiedene Geräte und Baueinheiten unterliegen bestimmten Wartungsvorschriften der betreffenden Hersteller, sei es, daß extra Schmierstellen vorhanden oder bestimmte Reinigungsarbeiten regelmäßig durchzuführen sind. Diese zusätzlichen Vorschriften und Empfehlungen sind möglichst gesammelt für eine zusammenhängende Anlage bereitzuhalten. Darüber hinaus kann damit ein spezieller Wartungsplan für die bestimmte Anlage ausgearbeitet werden. Ein solcher Wartungsplan für die Pneumatik könnte folgendermaßen aussehen:

Tägliche Wartung

1. Kondensat im Filter entleeren

2. Ölstand im Öler kontrollieren, bei Ölstand an der Mindest-Marke frisches Öl (Marke, Bezeichnung) nachfüllen

3. Schmierstellen Nr. 1, 2, 3 usw. mit Gerät... (Ölkanne) schmieren

4. Spezielle Wartungen dieser Anlage oder einzelner Geräte

Wöchentliche Wartung

1. Signalglieder Nr. 1, 2, 3 usw. (Rollenhebel, Stößel, ...) reinigen und prüfen, fehlerhafte Teile austauschen

2. Schläuche auf Porösität untersuchen, eingedrückte Metallspäne vorsichtig entfernen, Schnittstellen auf Dichtheit prüfen.

3. Kunststoffschläuche nach Knickstellen absuchen, fehlerhafte Teile austauschen

4. Schlauchverbindungen auf richtigen Sitz und Dichtheit überprüfen

5. Manometer des Druckminderventils prüfen

6. Ölerfunktion prüfen, (z.B. im Schauglas 5 Tropfen je Minute), Dossierschraube neu einstellen

7. Spezielle Wartungen dieser Anlage oder einzelner Geräte

Monatliche Wartung

1. Sämtliche Verschraubungen und feste Leitungen innerhalb der Anlage nach Leckstellen absuchen, Verschraubungen nachziehen oder ersetzen, Leitungen reparieren oder austauschen

2. Ventile auf Leckverluste untersuchen, alle Entlüftungsöffnungen in Ausgangsstellung der Anlage überprüfen auf Leckluft

3. Filter reinigen, Filterpatrone auswaschen in Waschbenzin oder ... und gegen die Strömungsrichtung der Druckluft ausblasen

4. Leitungsanschlüsse an Zylindern überprüfen nachziehen oder neue Dichtungen einsetzen

5. Schwimmerventile der automatischen Kondensat-Entleerer auf Funktionsfähigkeit und Dichtheit prüfen

6. Spezielle Wartung dieser Anlage oder einzelner Geräte

Halbjährliche Wartung

1. Kolbenstangenführungen auf Verschleiß untersuchen, notfalls Führungsbuchse, Nut- und Dichtring austauschen

2. Geräte und Baueinheiten überprüfen auf Leistung, Leckluft und mechanische Funktion

3. Schalldämpfer-Einsätze erneuern, sofern stark verschmutzt

4. Spezielle Wartung diese Anlage oder einzelner Geräte

Der Pneumatik-Wartungsplan wird dann natürlich nicht als einzelner Plan zur Durchführung kommen, sondern in einem Gesamt-Wartungsplan, der alle vorhandenen elektrischen, hydraulischen und mechanischen Teile einer Anlage umfaßt, einbezogen sein. Genau so, wie es selbstverständlich ist, daß an der Elektrik nur ein ausgebildeter Elektriker die verschiedensten Arbeiten einschließlich Wartung ausführen darf, so sollen auch die pneumatischen Geräte und Elemente von geschultem Fachpersonal betreut werden. Das gilt für die Wartung und noch mehr für Instandhaltung und Instandsetzung. So einfach ein Druckluftzylinder ist und die Arbeiten rauh und hart sein mögen, für die eine pneumatische Steuerung eingesetzt ist, pneumatische Ventile und Geräte können auch kompliziert im inneren Aufbau sein. Deshalb für die Elektrik den Elektriker, für die Pneumatik den Pneumatiker.

> Geschultes Wartungspersonal vermindert die Kosten für Reparaturen und Stillstandzeiten

Als Beispiel eines pneumatischen Gerätes ist in Bild 4 eine Ersatzteilzeichnung für ein Taktvorschubgerät abgebildet. Mit der Zusammenfassung mehrerer Funktionsabläufe in einem Gerät steigt nicht nur die Anzahl der Einzelteile, sondern auch die Anzahl der Verschleißteile und eine fachgerechte Wartung oder Reparatur wird wesentlich komplizierter.

8. ABC der Pneumatik

Ein ABC ist kurz und bündig, es enthält alle Buchstaben, aus denen die gesamte Sprache gebildet ist. So grundlegend kann natürlich ein Pneumtik-ABC wohl nie werden.

8.1. Steuerungsaufgaben – Lösungen

Damit die theoretischen Kenntnisse der vorangegangenen Abschnitte auch gleich ausprobiert werden können, sollen hier einige alltägliche Aufgaben gestellt werden. Um für den Anfang die Suche nach der Lösung zu erleichtern, enthalten alle Aufgaben gleich das zugehörende Weg-Schritt-Diagramm. (Zum Vergleichen sind in den Bildern 7 bis 12 die entsprechenden Lösungen als Schaltpläne aufgezeichnet).

Aufgabe 1:

Kartons sollen mit Hilfe eines Druckluftzylinder-hochgehoben werden. Kurz vor Erreichen der Endstellung des Hubzylinders soll ein zweiter Zylinder

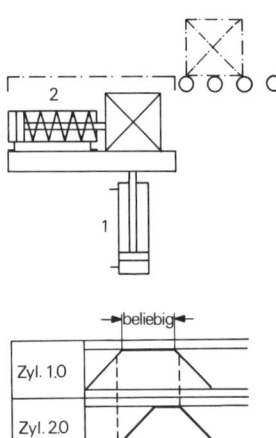

die Behälter horizontal auf eine Rollenbahn schieben. Die Steuerung der Vertikalbewegung soll von Hand ausgelöst werden, während die Steuerung der Horizontalbewegung wegabhängig vom Vertikalzylinder zu steuern ist.

Aufgabe 2:

Der Behälter einer Reinigungsanlage soll pneumatisch mit zwei verschiedenen, wählbaren Programmen gehoben und gesenkt werden.

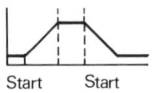

1. Programm:

heben und senken des Behälters durch manuelles Signal

2. Programm:

der Behälter soll eine dauernd hin- und hergehende Bewegung ausführen. Nach Ablauf einer bestimmten Zeit soll er in hinterer End-Stellung stehenbleiben

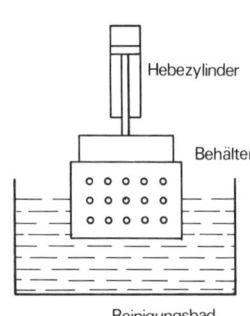

Aufgabe 3:

Auf einer Handhebelfräse werden Schlitze in Holzrahmen gesägt. Das Spannen der Werkstücke und der Tischvorschub erfolgte bisher von Hand und soll auf pneumatischen Betrieb umgestellt werden.

186

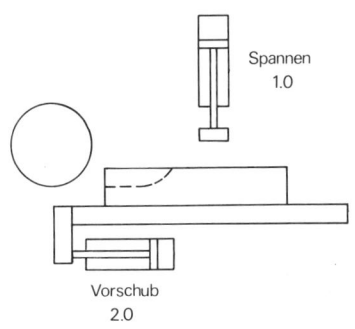

Spannen
1.0

Vorschub
2.0

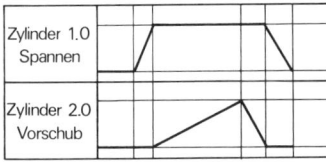

| Zylinder 1.0 Spannen | |
| Zylinder 2.0 Vorschub | |

Aufgabe 5:

In einer Bördelvorrichtung soll ein Rohrende in zwei Stufen umgebördelt werden. Folgende Arbeitsgänge sind dazu erforderlich: Das Rohr wird gegen einen ausfahrbaren Anschlag von Hand eingeschoben. Nach dem Startsignal erfolgt das Spannen des Rohres. Anschließend fährt der Anschlag zurück. Danach fährt der Bördelzylinder aus zum Vorbördeln und steuert sich selbst wieder in den Rücklauf. Darauf erfolgt der Werkzeugwechsel und der Bördelzylinder 3.0 fährt zum zweitenmal aus. Beim jetzigen Zurückfahren löst der Bördelzylinder den Rücklauf von Spannzylinder und Werkzeugwechsel-Zylinder aus.

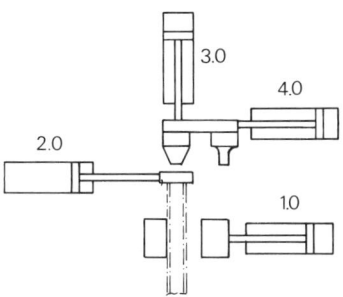

3.0

4.0

2.0

1.0

Aufgabe 4:

Mit einem pneumatisch betätigten Einrollwerkzeug sollen die Ösen an einem Scharnier hergestellt werden. Mit einem Biegestempel 2.0 wird das Scharnierteil angekippt. Zum ersten Biegestempel um 90° versetzt, läuft ein zweiter Biegestempel 3.0, der die Öse fertig einrollt.

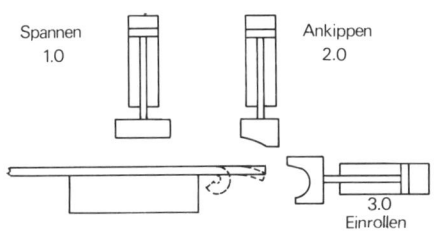

Spannen
1.0

Ankippen
2.0

3.0
Einrollen

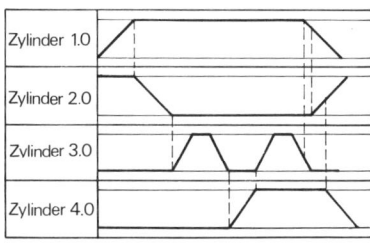

Zylinder 1.0	
Zylinder 2.0	
Zylinder 3.0	
Zylinder 4.0	

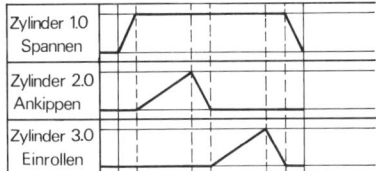

Zylinder 1.0 Spannen	
Zylinder 2.0 Ankippen	
Zylinder 3.0 Einrollen	

Aufgabe 6:

In einer Montagevorrichtung sollen zwei Teile miteinander verstiftet werden. Ein doppeltwirkender Zylinder muß die beiden ineinandergeschobenen Teile spannen. Anschließend sollen die beiden Stifte durch zwei gleichzeitig, mit unterschiedlicher Geschwindigkeit, ausfahrende doppeltwirkende Zylinder eingepreßt werden. Der Rücklauf der Einpreßzylinder darf erst dann erfolgen, wenn beide Stifte eingepreßt sind.

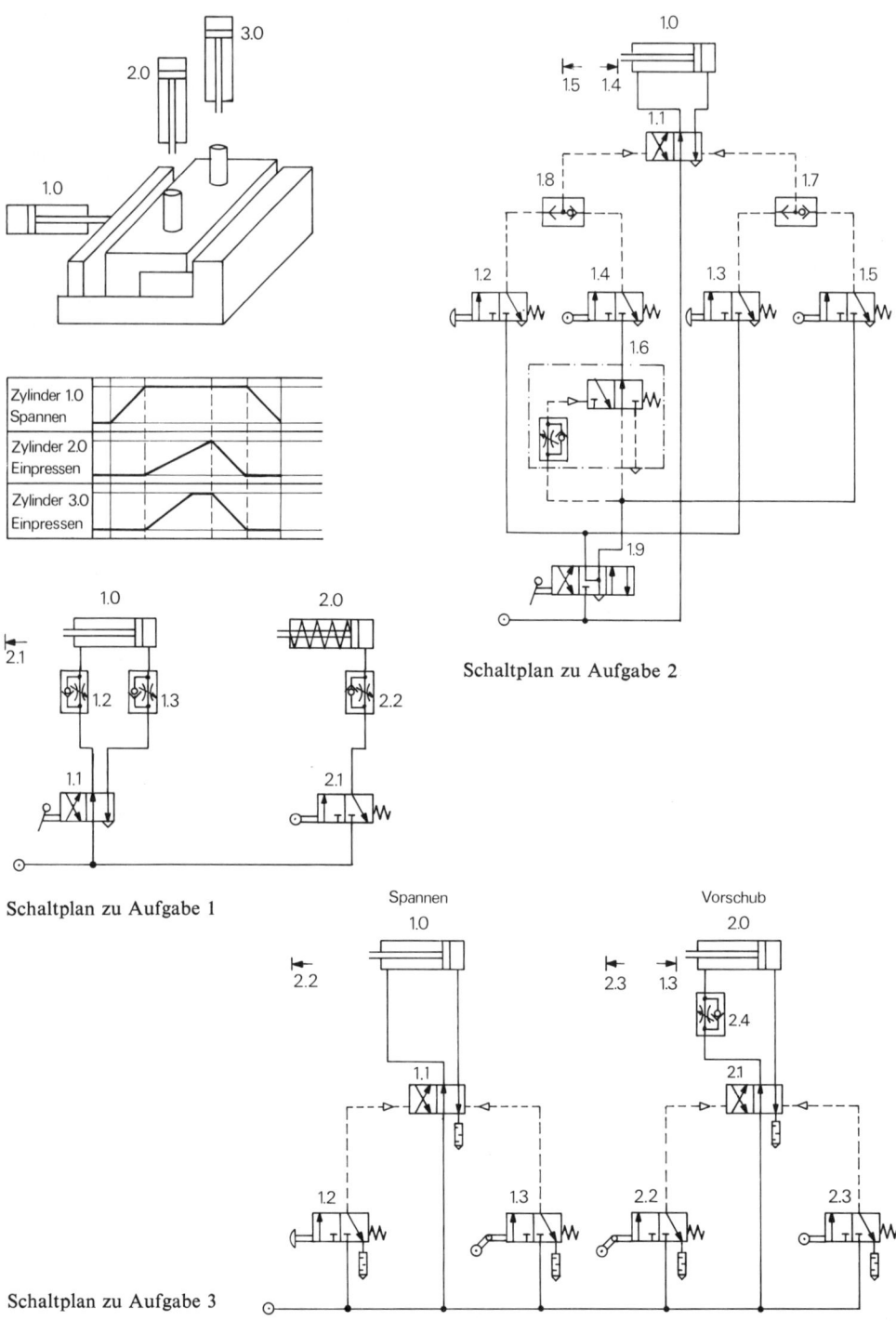

Zylinder 1.0 Spannen

Zylinder 2.0 Einpressen

Zylinder 3.0 Einpressen

Schaltplan zu Aufgabe 2

Schaltplan zu Aufgabe 1

Spannen

Vorschub

Schaltplan zu Aufgabe 3

188

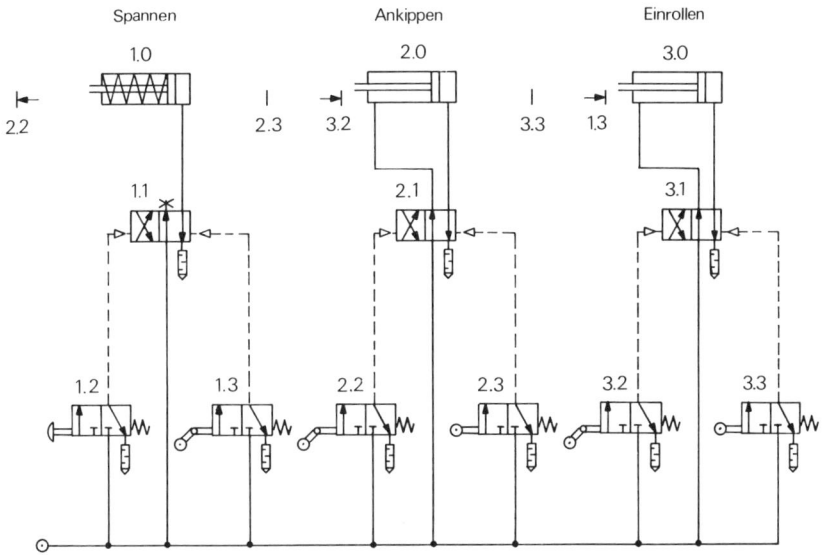

Schaltplan zu Aufgabe 4

Schaltplan zu Aufgabe 5

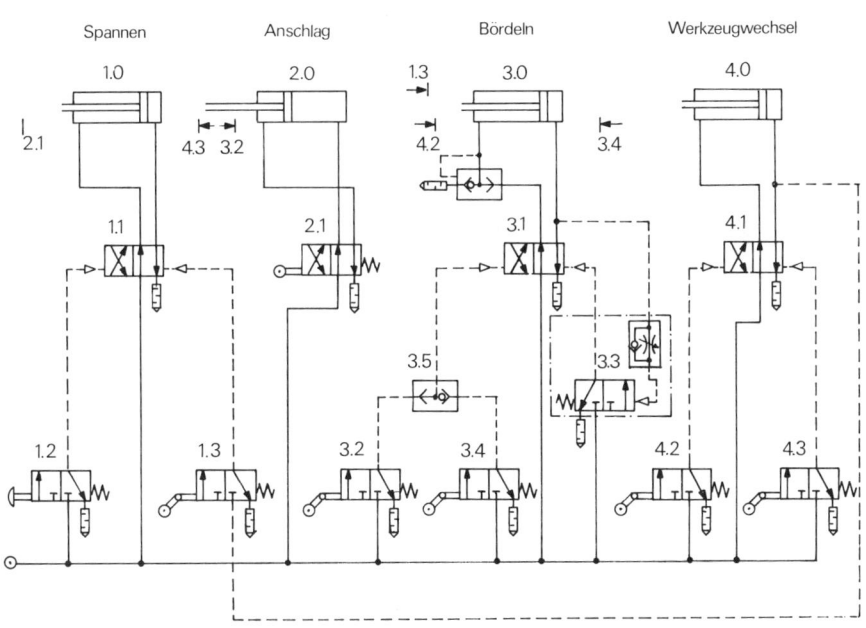

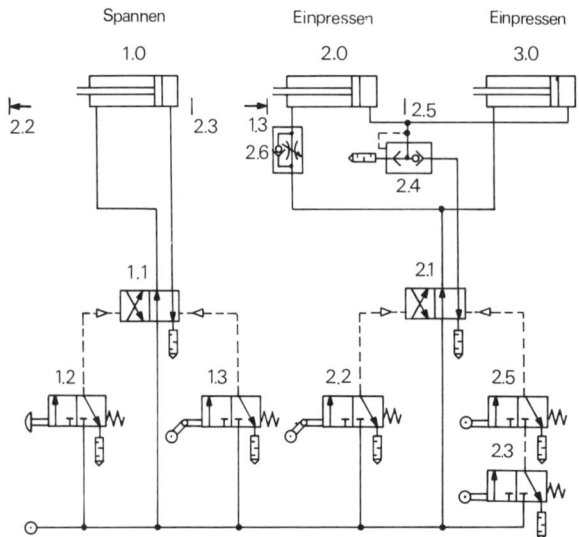

Schaltplan zu Aufgabe 6

Die Nachprüfung einer theoretisch ausgearbeiteten Schaltung ist meist erst am Objekt selbst möglich. Das erforderte Zeit und Aufwand, wobei nicht immer im voraus feststeht, daß es so gehen muß. Dafür gibt es heute sogenannte Schulungs- oder Simuliertafeln (Bild 35 vor Abschnitt 8.) mit denen sich der Aufbau einer geplanten Steuerung simulieren läßt. Die einzelnen Verknüpfungen der vorgesehenen Steuerung können mit den Elementen der Tafel problemlos auf ihre richtige Funktion überprüft werden. Die vorwiegende Verwendung einer solchen Stecktafel wird in der Schulung liegen, aber auch die Projektabteilungen für pneumatische Steuerungen können damit prinzipielle Versuche anstellen, ohne gleich eine ganze Maschine bauen zu müssen.

8.2. Fachwörter, Begriffe – Erklärungen

Eine Aufzählung von Fachausdrücken einer noch relativ jungen Technik kann niemals vollständig sein, das trifft verständlicherweise auch hier zu. Die gebräuchlichsten Ausdrücke und Begriffe aus der Pneumatik wurden zusammengestellt um einen raschen Überblick zu gewinnen, ohne lange in einzelnen Kapiteln suchen zu müssen. Dabei wird der Spezialist natürlich einiges vermissen, denn als Maßstab soll das Verstehen der Grundthematik gelten. Einzelne Begriffe werden auch in anderen Techniken verwendet, die Erläuterung gilt für pneumatische Steuerungen.

Abluft, Druckluft, die nach ihrer Kraftabgabe aus dem Zylinder und dem Steuersystem in die Atmosphäre strömt.

Abluftdrossel, Geschwindigkeitsregulierventil, das mit der Drosselstelle die Abluft des Zylinders beeinflußt.

Absperrventil, 2-Wege-Durchgangsventil.

Abstreifring, zur Entfernung des Schmutzes an Kolbenstangen von Zylindern.

Ansaugleistung, das vom Verdichter pro Zeiteinheit angesaugte Luftvolumen in l/min (m³/h).

Ansaugvolumen, Luftmenge in l (m³) im Ansaugzustand.

Anschlußplatten-Montage, schnelle und einfache Montage- und Demontagemöglichkeit eines Ventils ohne Lösen der Leitungsanschlüsse durch Verwendung von Anschlußplatten.

Ansprechdruck, Druck, bei dem der Kolben im Zylinder sich bewegt oder ein pneumatisch gesteuertes Ventil seine Schaltstellung ändert.

Ansprechzeit, bei Zylindern: Gemessen von Beginn der Lufteinströmung bis zum Bewegungsbeginn des Kolbens;

190

bei Ventilen: Zeit zwischen Signalempfang und ausgeführter Umschaltung.

Arbeitsdruckbereich, Bereich zwischen kleinstem erforderlichem und größtem zulässigen Luftdruck für Zylinder und Ventile.

Arbeitshub, abgegrenzter Hub eines Zylinders für eine bestimmte Arbeit. Der Arbeitshub ist normalerweise kleiner als der Gesamthub eines Zylinders.

Arbeitszylinder, Druckluftzylinder für Arbeitszwecke.

Atmosphärischer Druck, Luftdruck, gemessen in Meereshöhe = 1013,02 Millibar, entspricht einer Quecksilbersäule von 760 mm Höhe 0 °C oder 1,033 kp/cm².

atü, Atmosphärischer Überdruck, Atü soll nicht mehr verwendet werden; 1 atü = 1 kp/cm² = 0,980665 bar.

Aufbereitete Druckluft, Druckluft durchströmt eine Wartungseinheit (Filter-Regler-Öler) und ist jetzt gereinigt, geregelt (Druck) und geölt und damit für die nachgeschalteten pneumatischen Geräte aufbereitet.

Ausgangsstellung, damit wird die Schaltstellung bezeichnet, die die beweglichen Teile des Ventils oder Zylinders nach Einbau in eine Anlage und Einschalten des Netzdruckes sowie gegebenenfalls der elektrischen Spannung einnehmen und mit der das vorgesehene Schaltprogramm beginnt.

Ausschaltbetrieb, Verdichter schaltet automatisch bei einem vorgewählten Mindestdruck im Windkessel ein und bei erreichtem vorgewählten Höchstdruck wieder aus (Gegensatz: Dauerbetrieb).

Aussetzbetrieb, Verdichter schaltet bei Erreichen des eingestellten Höchstdruckes im Windkessel auf Leerlauf, bei Mindestdruck wieder auf volle Leistung.

Automatischer Wasserableiter, der Wasserableiter entleert selbsttätig über ein Schwimmerventil das anfallende Kondensat und die Schmutzteilchen.

Automatisierung, Planung und Bau von Geräten, Anlagen und Organisationssystemen zum Zweck des selbsttätigen Ablaufes von bestimmten Arbeitsvorgängen in einer bestimmten Arbeitsfolge ohne Beeinflussung durch den Menschen.

bar, Angabe des atmosphärischen Luftdrucks in Millibar: 1 atm = 1013,25 Millibar = 1,01325 bar; in pneumatischen Steuerungen: Überdruck $p_ü$ 1 bar = 10^3 Millibar = 10^5 Pa (Pascal) = 10^5 N/m² (Newton/m²), 1 bar = 1,01972 kp/cm² (atü).

Baukastensystem, ein System mehrerer Teile, normalerweise ein Grundteil und beliebig viele Zusatzteile, aus denen funktionsfähige Elemente verschiedener Art, z. B. Zylinder oder Ventile, zusammengebaut werden können.

Befestigungsart, Merkmal zur Unterscheidung aufgrund der Befestigungsmöglichkeiten von pneumatischen Elementen, z. B. Flansch-, Gewinde- und Fußbefestigung von Zylindern.

Belüftung, einem Zylinder oder Ventil wird Druckluft zugeführt.

betätigen, Krafteinwirkung vorzugsweise zur Umsteuerung eines Ventils. Dieses kann manuell, mechanisch, elektrisch, pneumatisch oder hydraulisch geschehen.

Betätigungskraft, die notwendige Kraft, um ein Ventil zu betätigen.

Betriebsdruck, Druck mit welchem eine Druckluft-Anlage oder -Gerät arbeitet.

Betriebsluftverbrauch, Ansaugmenge bezogen auf den Ansaugzustand, die in der Zeiteinheit von der gesamten Anlage verbraucht wird in l/min (m³/min).

Bildzeichen, vereinfachte, bildhafte Darstellung von pneumatischen und anderen Elementen einschließlich der Funktionen, z.B. zum Zeichnen eines Schaltplanes. Die Bildzeichen sind in DIN 24300 festgelegt.

Blende, in eine Leitung eingebaute kurze Einschnürung.

Boden, Zylinderabschluß auf der gegenüberliegenden Seite vom Kolbenstangenaustritt.

Bodenanschluß, Druckluftanschluß auf der Bodenseite des Zylinders.

CETOP. Europäisches Komitee der Fachverbände für Ölhydraulik und Pneumatik.

Dämpfung, die Kolbengeschwindigkeit eines Zylinders wird vor dem Hubende durch Verdrängung eines Luft- oder Ölvolumens über eine Drosselstelle vermindert. Drossel meist einstellbar.

Deckel, Zylinderabschluß durch den die Kolbenstange ausfährt, meist mit Lager der Kolbenstange versehen.

Deckelanschluß, Druckluftanschluß auf der Deckelseite des Zylinders.

Deckelseite, Raum zwischen Deckel und Zylinderkolben.

direktgesteuert, Steuerungsart pneumatischer Ventile: die Betätigungskraft wirkt direkt auf die Ventilverstellung.

Doppelrückschlagventil, (Wechselventil). Sperrventil mit 2 Eingängen und 1 Ausgang, das selbsttätig den jeweils entlüfteten Eingang sperrt und in völlig entlüftetem Zustand die letzte Stellung beibehält; z. B. zum Steuern eines Ventils oder eines Zylinders von zwei räumlich getrennten Stellen aus.

Doppeltwirkende Zylinder, Zylinder, dessen Kolben von beiden Seiten mit Druckluft beaufschlagt werden kann (Vor- und Rückhub ist Arbeitshub), 2 Druckluftanschlüsse sind notwendig.

Drehschieber, Wege-Ventil mit drehbarem Plattenschieber (meist mit Nierenschlitzen) zur Umsteuerung von Zylindern.

Drehverteiler, Verbindungselement für feste Luftzuführung und drehende Abgänge.

Drehzylinder, pneumatisches System zur Erzeugung von Drehbewegungen, dessen Drehbereich nach beiden Seiten begrenzt ist.

Dreistellungszylinder, Spezial-Zylinder, dessen Kolben durch Be- oder Entlüftung der angeschlossenen Leitungen aus einer Zwischenstellung in die linke oder rechte Endstellung gleitet.

Dreistellungs-Ventil, Ventil mit 3 Schaltstellungen, z. B. vorwärts, halt, rückwärts.

Dreiwege-Ventil, Ventil mit drei gesteuerten Anschlüssen: Zuleitung, Zylinderleitung und Abluft. Besonders zur Steuerung einfachwirkender Zylinder geeignet.

Drossel, in eine Leitung eingebaute konstante oder verstellbare Einschnürung.

Drosselrückschlagventil, Ventil dessen (feste oder verstellbare) Einschnürung nur in einer Richtung wirksam ist. In der Gegenrichtung hat die Druckluft freien Durchgang. Zur Geschwindigkeitsregulierung eines pneumatischen Antriebes.

Drosselventil, Ventil, dessen Einschnürung meist verstellbar und in beiden Richtungen wirksam ist.

Druck, in bar:

Angabe des Netz- oder Betriebsdruckes. Atmosphärische Luft wird im Verdichter auf einen bestimmten Überdruck (bar; alte Bezeichnung kp/cm², atü) verdichtet.

in N:

Kraftwirkung z.B. eines Zylinders; berechnet sich aus dem Betriebsdruck $\times$ der von Druckluft beaufschlagten Fläche (bar $\times$ cm^2 = daN = 10 N).

Druckabfall, Druckdifferenz (Druckverlust) zwischen 2 Meßpunkten eines Gerätes oder einer Leitung.

Druckbegrenzungsventil, Ventil das den Druck im Zulauf bei einer ihm entgegenwirkenden Kraft (z. B. einstellbare Feder) durch Öffnen einer Entlüftung begrenzt.

Druckluft, Luft, welche höher als die atmosphärische Luft verdichtet ist.

Druckluftaufbereitung, filtern, regeln und ölen der Luft mit Wartungseinheit.

Druckluftmotor, ein durch Druckluft angetriebener, rotierender Antrieb.

Druckluftspeicher, Behälter, in dem Druckluft bis zu einem Höchstdruck, der angegeben werden muß, gespeichert wird.

Druckmeßdose, Meßvorrichtung zur Bestimmung eines Druckes in daN (kp) (Kraft).

Druckminderventil, Ventil, das den Druck im Ablauf unabhängig vom höheren Druck im Zulauf konstant hält. Wird eingesetzt, um den Leitungsdruck auf den gewünschten Betriebsdruck zu reduzieren. Meist mit angebautem Manometer.

Druckmittelwandler, Gerät zum Umwandeln von z. B. Luftdruck in Öldruck.

Druckregler, gebräuchliche Bezeichnung für das Druckminderventil.

Druckschalter, Gerät, das bei Erreichen des eingestellten Druckes in bar elektrische Kontakte öffnet oder schließt und so eine Steuerfunktion ausübt.

Druckübersetzer, Gerät zum Umwandeln von z. B. Luftdruck in höheren Öldruck.

Druckventil, Ventil, das vorwiegend zur Beeinflussung des Druckes bestimmt ist.

Druckwächter, Bezeichnung für Druckschalter.

Duplex-Zylinder, ähnliche Bauweise wie Tandem-Zylinder (2 Zylinder hintereinander), jedoch mit jeweils einer Kolbenstange, welche ineinanderlaufen und in derselben Richtung wirken.

Durchflußmenge, Volumeneinheit von Gasen oder Flüssigkeiten, welche in einer Zeiteinheit durch einen bestimmten Querschnitt fließen.

Durchgehende Kolbenstange, auf beiden Seiten des Zylinders austretende gemeinsame Kolbenstange, die im Zylinderkolben fest miteinander verbunden ist.

Eilhub, abgegrenzter Kolbenhub (Zubring- oder Rückbewegung) ohne wesentliche Umwandlung von Energie (Luft oder Flüssigkeit) in Arbeit, daher erhöhte Kolbengeschwindigkeit.

Einfachwirkender Zylinder, Zylinderkolben wird nur auf einer Seite mit Druckluft beaufschlagt, Rückhub durch Feder oder Eigengewicht. Nur ein Druckluftanschluß notwendig, etwa halber Luftbedarf gegenüber doppeltwirkendem Zylinder.

Eingangsquerschnitt, kleinster Querschnitt für den Lufteintritt.

Einschnürung, Querschnittsverengung. Siehe Blende und Drossel.

Eiserne Hand, pneumatisch betätigter Greifer, besonders zur Zu- und Abführung von Werkstücken an Pressen, Montagemaschinen etc.

Elektro-Impulsventil, Wegeventil mit elektromagnetischer Impulsbetätigung und pneumatischer Vorsteuerung. Vorteil: kleine Steuerenergie.

Engler Grad, °E, Zähigkeitsmaß für Flüssigkeiten z.B. von Öl, neue SI-Einheit $m^2 s^{-1}$.

Entlüftung, Ableiten von Druckluft aus pneumatischen Elementen ins Freie. Druckluft wird drucklos und gleicht sich dem atmosphärischen Druck an.

Entlüftungsleitung, in Steueranlagen, bei denen die Druckluft aus den einzelnen Geräten nicht ohne weiteres ins Freie austreten darf, werden die Entlüftungen durch eine Sammel-Auslaßleitung verbunden.

Entlüftungs-Überschneidung, einströmende Zuluft kann direkt in Abluft-Anschluß überströmen durch Überschneidung während Ventilbetätigungshub, dadurch Luftverlust und Geräuschbildung.

Ex-Schutz, explosionsgeschützte Ausführung z.B. bei Magnetventilen (siehe VDE 0171).

Filter, Gerät zum Reinigen der Druckluft von Schmutzteilchen und Abscheiden von Kondenswasser.

Fittings, Rohrleitungs-Verbindungsteile aller Art.

Flanschbefestigung, axiale Befestigungsmöglichkeit des Zylinders auf Boden- oder Deckelseite durch Flanschplatte.

Flexokupplung, Verbindungselement mit flexiblem Mittelstück. Wird zwischen Kolbenstange des Zylinders und angetriebenem Teil montiert.

Folgesteuerung, Steuerungsart, bei der die Auslösung des nächsten (folgenden) Arbeitsganges vom vorhergehenden Arbeitsgang erfolgt.

Fußventile, Wegeventile mit Fußbetätigung.

Gabelkopf, wird auf die Kolbenstange eines Zylinders aufgeschraubt und ergibt eine Gelenkverbindung (Schwenkbefestigung).

Geschwindigkeits-Regulierventil, Drosselrückschlagventil zur Regulierung der Kolbengeschwindigkeit eines Arbeitszylinders.

Grundplatte, siehe Anschlußplatte.

Grundventil, Ventil, aus dem sich durch Anbau von Zusatzteilen verschiedenartige Ventile ergeben (Baukastensystem).

Handschiebeventil, 3/2-Wegeventil, kann direkt in die Rohrleitung eingebaut werden. Durch Verschieben einer Hülse erfolgt Umsteuerung des Ventils.

Handsteuerschieber, Wegeventil mit Handbetätiging, langsames Öffnen des Luftdurchganges möglich, dadurch Regulierung der Kolbenbewegung und Verschließen beider Zylinderleitungen für Hubzwischenstellungen.

Handventil, Wegeventil mit Handbetätigung.

Hub, zurückgelegte Wegstrecke des Kolbens zwischen 2 Stellungen.

Hublänge, Maß (mm) des Hubes.

Hubvolumen, Zylindervolumen, das sich errechnet als Produkt aus Kolbenfläche mal Hublänge.

Hubzähler, Zählgerät zum Bestimmen von ausgeführten Kolbenhüben oder Schaltfolgen.

Hutmanschette, hutartig ausgebildete Dichtmanschette mit elastischer Lippendichtung.

Hydropneumatik, Kombination von Hydraulik und Pneumatik in einem Steuersystem.

Impuls, momentartiges Signal zur Auslösung eines Steuervorganges.

Impulsgeber, Signalgeber, z.B. Endschalter, Grenztaster, Wegeventil u.a. mit dem das Signal für einen Steuerungsvorgang gegeben wird.

Impulsventil, Wegeventil, bei dem durch Impulssignale die Umsteuerung eingeleitet wird. Je nach Bauart Luft- oder Elektroimpulse.

Indirekte Steuerung, Steuerungsart pneumatischer Ventile, auch vorgesteuerte Ventile. Das Betätigungssignal schaltet Zwischenglied, das seinerseits die Umschaltung des Ventils bewirkt (Relaiswirkung).

Knickbelastung, Axialkraft, welche auf eine ausgefahrene Kolbenstange wirkt.

Kolben, beweglicher Teil im Zylinder, abgedichtet gegen die Zylinderrohrwand. Wandelt Druckkräfte in Bewegungskräfte (statische Energie in mechanische Energie) um.

Kolbenfläche, Querschnitt des Zylinderkolbens für Luftbeaufschlagung (in cm²), ohne Abzug der Kolbenstangenfläche. Siehe Ringfläche.

Kolbenkraft, Kraft in daN, die ein Kolben bei Beaufschlagung mit Druckkraft abgibt (cm² × bar).

Kolbenschieber, konstruktiv bedingte Bauart von Wegeventilen mit zylindrischem Schieberprinzip.

Kolbenstange, meist zylindrisch geformtes Übertragungsglied für die Übertragung der Kolbenkraft des Zylinders nach außen, fest mit dem Kolben verbunden.

Kompressibilität, Zusammendrückbarkeit; sie ist bei Gasen sehr hoch, bei Flüssigkeiten im allgemeinen sehr klein.

Kompression, Zusammenpressung, Verdichtung von Luft auf einen höheren Druck.

Kompressor, Verdichter-Anlage zur Erzeugung von Druckluft.

Kondenswasser, in der Luft enthaltene Feuchtigkeit, die bei Temperaturschwankungen oder durch Zentrifugalwirkung ausgeschieden wird.

Kugelrückschlagventil, Sperrventil, das in einer Strömungsrichtung den Durchgang selbsttätig sperrt (Rückschlagventil).

Kühler, Zwischen- und Nachkühler für Druckluft, meist am Verdichter angebaut.

Kurzhubzylinder, meist einfachwirkender Zylinder mit besonders kurzem Hub (20 mm und weniger), z. B. für Spannzwecke.

Kv-Wert, Durchflußfaktor für gasförmige oder flüssige Medien.

Lagerbock, Befestigungselement für schwenkbare Befestigung eines Pneumatik-Zylinders.

Leckluft, ausströmende Druckluft durch undichte Stellen.

Leitung, Vorrichtung zum Fortleiten eines Stoffes, einer Energie von der Erzeugungsstelle zum Verbraucher. In der Pneumatik werden Stahl-, Kupfer- und Kunststoffrohre sowie Gummi- und Kunststoffschläuche dafür eingesetzt.

Luftdruck, Maßgröße verdichteter Luft, angegeben in bar.

Luftmenge, Luftvolumen in 1 bzw. m³, im Ansaugezustand. Gleichzeitig auch für durchströmendes Volumen pro Zeiteinheit in l/min (m³/h).

Luftverbrauch, wird in l/min oder l/Arbeitstakt für einen Zylinder oder für eine ganze Anlage abgegeben. Angabe der Luftmenge im Ansaugzustand.

Magnetspule, meist auswechselbare Drehspule eines Elektromagneten, z. B. bei Elektromagnetventilen.

Magnetventil, Ventil mit elektromagnetischer Betätigung.

Manometer, Gerät zum Messen und Anzeigen eines Luftdruckes.

Manschette, Dichtungselement zur Abdichtung zweier gleitender Flächen, z. B. Luft gegen Luft oder Luft gegen Öl.

Membran, dünnes Gummi- oder Metallstück, das fest eingespannt ist und sich unter Einwirkung des Luftdruckes verformt. Druckenergie wird in Bewegungsenergie umgewandelt, z. B. Membranventil, Membranzylinder.

„NC-Ventil", aus dem englischen „normally closed", d. h. in Ruhestellung Luftdurchgang geschlossen (Öffner-Funktion).

Negativ-Steuerung, Umsteuerung eines Impulsventils durch Entlüften (Druckabbau) der Steuerleitung.

Nenndruck, Luftdruck auf den sich die vom Hersteller angegebenen Werte beziehen.

Netz, Bezeichnung für Druckluft-Versorgungsleitungen.

NO-Ventil, aus dem englischen „normally open", in Ruhestellung Luftdurchgang offen (Schließer-Funktion).

Nockenventil, Wegeventil mit mechanischer Betätigungsart, durch Nocken. Nockenventile sind Grundventile, die mit zusätzlichen Teilen auch für andere Betätigungsarten eingesetzt werden können (Baukasten).

Nockenwellen-Steuerung, Steuerimpulse werden durch Nocken- oder Rollenhebelventile von einer Nockenwelle abgenommen. Eine mit Steuerkurven versehene, rotierende Welle betätigt Ventil. Siehe Programmsteuerung.

Nullstellung, damit wird die Schaltstellung bezeichnet, die die beweglichen Teile des Ventils selbsttätig einnehmen, wenn das Ventil nicht angeschlossen ist (siehe auch Ruhestellung).

Nutring, elastische Abdichtung für Kolbenstange, die in einer Nut gehalten wird.

Nutzkraft, effektive Kraft eines Zylinders bei Nenndruck, gemessen bei bewegungslosem System. Bei Zylindern mit Rückholfeder gemessen am Hubanfang und Hubende.

NW, Nennweite, lichter Durchmesser einer Rohrleitung, Ventil usw.

Öffner, Ventil ist in Ruhestellung geschlossen, bei Betätigung wird Luftdurchgang geöffnet. Gegensatz: (Schließer).

Ölbremszylinder, Zylinder mit geschlossener Ölstrecke (als Bremse bei Luftzylinder verwendet), dadurch weitestgehend gleichmäßige Vorschubgeschwindigkeit, Ölbremszylinder hat keine Eigenfunktion, er ist nur in Verbindung mit einem Druckluftzylinder funktionsfähig.

Öler, Ölnebel-Schmiergerät für Druckluft zur Verringerung der Reibung an gleitenden Teilen innerhalb pneumatischer Systeme und zur Verhinderung von Korrosion.

Ölgegenbremsung, Öl wird in kombiniertem Pneumatik-Hydraulik-System als Reguliermedium, insbesondere zur Geschwindigkeitsregulierung, eingesetzt. Öl ist praktisch nicht kompressibel, es läßt sich deshalb wesentlich genauer als Luft regulieren (Mengenregulierung).

Ölnebel, im Öler erzeugter Ölnebel mit dem die durchströmende Druckluft angereichert wird und damit die gleitenden Teile in einer pneumatischen Steuerung schmiert.

O-Ring, besondere Art von Rundschnurring als elastisches Dichtungselement mit kreisförmigem Querschnitt.

Phon, Meßgröße zur Geräuschmessung.

PH-System, Kombinationssystem von Pneumatik und Hydraulik (Druckluft als Arbeitsmedium, Öl als Reguliermedium).

Pneumatisch-elektrische Steuerung, Steuerungskombination, welche pneumatische und elektrische Elemente enthält.

Pneumatisch-hydraulische Steuerung, Steuerungskombination, welche pneumatische und hydraulische Elemente enthält.

Pneumatisierung, Anwendung der Drucklufttechnik zur Rationalisierung und Automatisierung von Geräten, Maschinen und Anlagen.

Positiv-Steuerung, Umsteuerung eines Impulsventils durch Belüftung (Druckaufbau) der Steuerleitung.

Programmsteuerung, Steuerung, welche nach einem genau vorher festgelegten Plan abläuft (zeitabhängig). Mechanisch gesteuerte Ventile werden durch angetriebene Nockenscheiben betätigt.

psi, pounds per Square Inch, engl. Dimension für Luftdruck, 1 bar = 14,50 psi, 1 kp/cm² = 14,79 psi. 1 psi = 0,07 bar = 0,068 kp/cm².

Pufferung, im Zylinder eingebauter Endanschlag (elastisches Glied) gegen den der Kolben fährt.

Reduziernippel, Gewindestück mit verschieden großen Gewindeanschlüssen, z. B. $3/4''$ auf $1/2''$.

Reduzierventil, Druckminderventil.

Regeltechnik, die Technik der Einstellung und selbsttätigen Einhaltung von physikalisch-technischen Meßwerten.

Regulierschraube, Verstellschraube (meist mit Feingewinde) für Mengenregulierung an Drosselventilen.

Relaisventil, aus einem Speicher gespeistes Ventil, das den Druck in einer Arbeitsleitung in Abhängigkeit von einem Steuerdruck regelt.

Ringfläche, Fläche des Zylinderkolbens abzüglich der Fläche des Kolbenstangenquerschnitts (in cm²). Bei genauer Kraftberechnung von doppeltwirkenden Zylindern mit einseitiger Kolbenstange besonders zu beachten.

Ringleitung, in sich geschlossenes Druckluftnetz, verringert Druckabfall.

Rollenhebelventil, 2/2-, 3/2- und 4/2-Wegeventile mit starrer Rolle für mechanische Betätigung.

Rotierender Luftanschluß, siehe Drehverteiler.

Rückleitung, Leitung vom Verbraucher zurück zur Druck- oder Spannungsquelle. Entfällt in der Pneumatik.

Rückschlagventil, Sperrventil, das in einer Strömungsrichtung den Durchgang selbsttätig sperrt.

Ruhestellung wird die Stellung genannt, bei der die beweglichen Teile im unbetätigten Zustand, z. B. durch Feder- oder Druckkraft, eine bestimmte Lage eingenommen haben (nach DIN 24300).

Rundschalttisch, Drehtisch mit einstellbaren Gradeinteilungen, welcher pneumatisch-mechanisch gedreht und pneumatisch arretiert wird. Für Rundtakt-Zuführung.

Schalldämpfer, Gerät zur Verminderung des durch das Ausströmen von Druckluft ins Freie entstehenden Geräusches.

Schaltplan, sinnbildliche Darstellung der Anordnung und Verbindung der verschiedenen Elemente einer Pneumatik-Anlage.

Schaltstellung, definierter Stellungszustand eines Ventils oder Zylinders.

Schlagpresse, druckluftbetriebener Hammer für Schlagarbeiten; Schlagkraft ist höher als statische Kraft eines Pneumatikzylinders.

Schlauchklemme, zur luftdichten Befestigung eines Schlauches auf einer Schlauchtülle.

Schlauchkupplung, momentartig lösbares und selbsttätig schließendes Verbindungsstück, besteht aus Dose und Stecker.

Schlauchleitung, flexible Verbindung zum Fortleiten eines Stoffes, einer Energie von der Erzeugungsstelle zum Verbraucher (vom festgelegten Rohrnetz zum Verbraucher).

Schließer, Ventil ist in Ruhestellung geöffnet, bei Betätigung wird Luftdurchgang geschlossen. Gegensatz: „Öffner".

Schnellentlüftungsventil, Ventil mit Rückschlagfunktion in der Eingangsleitung, bei deren Entlüftung die Ausgangsleitung direkt ins Freie entlüftet wird, z.B. für schnelle Kolbenbewegungen.

Schwenkflansch, Befestigungsflansch für Zylinder zur schwenkbaren Aufhängung desselben.

Servo-Steuerung, Hilfssteuerung zur Verstärkung einer niederen Steuerkraft, z.B. bei vorgesteuerten Ventilen.

Sicherheitssteuerung, steuerungsmäßige Anordnung zur Verhinderung von ungewollter Betätigung oder zum Schutz gegen Überlastung.

Sicherheitsventil, Druckbegrenzungsventil.

SI-Einheiten, „Système International d'Unités" von der 11. internationalen Generalkonferenz für Maß und Gewicht 1960 festgelegte Bezeichnung für das System kohärenter Einheiten, verbindlich für die BR Deutschland durch „Gesetz über Einheiten im Meßwesen" vom 2. Juli 1970. Übergangslösungen waren bis 1974 und 1977 möglich.

Sinnbild-Symbol, graphische Zeichen zur vereinfachten Darstellung von Elementen, z.B. innerhalb eines Schaltplanes (jetzt Bildzeichen).

Spannzylinder, Druckluft-Zylinder, der als Spannelement verwendet wird.

Speicher, Behälter, in dem Druckluft bis zu einem Höchstdruck, der angegeben sein muß, gespeichert wird.

Sperrventil, Ventil das den Durchfluß vorzugsweise in einer Richtung sperrt und in der entgegengesetzten Richtung freigibt. Der Druck auf der Ablaufseite belastet das sperrende Teil und unterstützt dadurch das Schließen des Ventils.

Steuerleitung, Leitung zur Übertragung der Steuerenergie.

Steuern, einwirken auf eine Funktion oder Größe, Gegenfunktion auslösen.

Steuerschiene, mit Nocken versehene Gleitschiene zum Abnehmen von wegabhängigen Steuerungsimpulsen.

Steuerzylinder, Zylinder zur Auslösung einer Steuerfunktion, z.B. eines Endschalters.

stick-slip-Effekt, ruckartige Bewegung (Rattern): kann beim Bewegungsbeginn oder beim Einfahren in die Endstellung des Zylinders auftreten.

Strömungsgeschwindigkeit, wirtschaftliche Strömungsgeschwindigkeit von Druckluft in Leitungen etwa 10 m/sec, höhere Strömungsgeschwindigkeit ergibt zu großen Druckabfall. Wirtschaftliche Strömungsgeschwindigkeit von Öl etwa 2 m/sec.

Taktvorschubgerät, pneumatisches Zuführgerät für Blechstreifen und Bänder, eingesetzt an Pressen und anderen Maschinen für den taktweisen Vorschub.

Tandem-Zylinder, Zwillingszylinder, zwei Zylinder hintereinander angeordnet mit einer gemeinsamen Kolbenstange zur Erzielung doppelter Kraft bei gleichem Durchmesser.

Tasterventil, 2/2-, 3/2- und 4/2-Wegeventile mit manueller Betätigung durch Taster.

T-DUO-Manschette, Kolbenmanschette mit einvulkanisierter Stahlscheibe für Druckluftzylinder.

Teller-Ventil, plattenförmiger Teller dient als Dichtelement am Ventilsitz. Als 2/2-, 3/2- und 4/2-Wegeventil ausgeführt, da kurze Schaltwege und einwandfreier, wartungsfreier Dichtsitz (selbstnachstellend).

Topfmanschette, topfartige Dichtmanschette, meist für einfachwirkenden Zylinder.

Überlastungsicher, eingebaute Sicherung, daß keine Überlastung das Gerät oder die Maschine beschädigt. Druckluftelemente sind überlastungssicher, weil z.B. ein Zylinder bei Überlast stehen bleibt ohne jede Beschädigung.

Bei Ventilen: besondere konstruktive Auslegung

der mechanischen Betätigungselemente, damit bei zu starker Betätigung keine Beschädigung des Ventilsitzes eintritt.

Überschneidungsfrei, Ventil das bei Betätigung zuerst die Entlüftungsleitung schließt und dann erst den Druckluftdurchgang freigibt (keine Druckluftverluste).

Umsteuerventil, Wegeventil zur Umsteuerung von Druckluft-Zylindern oder -Motoren von vor auf zurück, Rechts-/Linkslauf und umgekehrt.

Ventil, Steuerungselement zur Beeinflussung strömender Medien, wie z. B. Gase und Flüssigkeiten.

Verdichter, Verdichter sind Arbeitsmaschinen zur Förderung bzw. Verdichtung von gasförmigen Medien (Kompressor).

Verschlußkupplung, Verbindungselement von 2 Schlauchleitungen, bei Trennung (Schlauchkupplung) dichtet die Kupplung automatisch ab.

Verstärkte Kolbenstange, bei zu erwartender höherer Knickbelastung wird die normale Kolbenstange eines Druckluftzylinders gegen eine solche mit stärkerem Durchmesser ausgetauscht. Der Deckel muß ebenfalls ausgetauscht werden.

Verzögerung, zeitliche Pauseneinstellung durch Drosselung der Durchflußmenge und damit Verlängerung der Füllzeit.

Vier-Wege-Ventil, Ventil mit vier gesteuerten Anschlüssen; Druckluft-Zuleitung, 2 Zylinderleitungen und Entlüftung.

Volumetrischer Wirkungsgrad, Quotient aus theoretischem Luftverbrauch und Betriebsverbrauch.

Vordruck, der auf einen pneumatischen Druckregler auf der Eingabeseite wirkende Luftdruck.

Vorschubeinheit, pneumatisches oder pneumatisch-hydraulisches Antriebsglied für Vorschubbewegungen (z. B. Eilgang-Arbeitsvorschub).

Vorschubgeschwindigkeit, Geschwindigkeit in m/sec oder in m/min von Zylindern.

Vorsteuerung, Steuerungsmöglichkeit von pneumatischen Ventilen; das Umsteuersignal schaltet ein Zwischenglied, welches dann die Umschaltung des Ventils bewirkt (Servosteuerung).

Vorwärmer, Gerät zum Vorwärmen der Luft.

Wärmetauscher, Gerät zum Kühlen oder zum Wärmen der Luft, um z. B. eine bestimmte Temperatur unabhängig von der Außentemperatur einzuhalten.

Wartungseinheit, kombiniertes Gerät zum Filtern, Regeln und Ölen von Druckluft.

Wasserabscheider, Gerät zum Abscheiden und Sammeln von Kondenswasser aus dem Druckluftnetz.

Wegeventile, Ventile, die vorwiegend Öffnen und Schließen sowie Änderung der Durchflußrichtung bestimmen. Der Benennung „Wegeventil" wird die Anzahl der Wege und die Anzahl der Schaltstellungen vorangestellt, z. B. Wegeventil mit 3 gesteuerten Anschlüssen und 2 Schaltstellungen: 3/2-Wegeventil.

Windkessel, Druckbehälter zur Speicherung von Druckluft (Energie).

Zeitschalter, Schaltelement mit zeitlich einstellbarer Verzögerungsschaltung.

Zuluft, Druckluft, welche dem Zylinder zur Energieumwandlung zugeführt wird.

Zuluftdrossel, Geschwindigkeitsregulierventil, das mit der Drosselstelle in die Zuluft des Zylinders eingebaut ist.

Zweihandsteuergerät, Steuergerät, das nur dann ein Ausgangssignal gibt, wenn mit beiden Händen gleichzeitig betätigt wird. Besonders für Pressensteuerungen.

Zweileitungssystem, eine Netzleitung mit ca. 1—2 bar Niederdruck zum Ausblasen usw. und eine Netzleitung mit ca. 6 bar Druck für pneumatische Arbeitsgeräte.

Zwei-Wege-Ventil, Ventil mit zwei gesteuerten Anschlüssen: Zu- und Ableitung.

Zylinder, pneumatisch, Gerät zur Umwandlung von Druckluft-Energie in Bewegungs-Energie.

Zwischenspeicher, Druckluftkessel innerhalb einer pneumatischen Anlage zum Ausgleich auftretender Luftstöße beim Entnehmen großer Luftmengen innerhalb sehr kurzer Zeiten.

9. Schrifttum

Verschiedene Aspekte und Probleme der pneumatischen Steuerungen wurden teilweise nur kurz erwähnt, zur Vertiefung der Kenntnisse werden folgende Bücher und Aufsätze genannt:

a. Drucklufterzeugung, -verteilung und -aufbereitung

1. Atlas Copco
   „Druckluft-Handbuch"
   Atlas Copco, 4300 Essen-Kupferdreh, Kupferdreher Straße 86, Ausgabe November 1965

2. FMA Pokorny
   „Taschenbuch für Druckluftbetriebe"
   Springer-Verlag, Berlin/Heidelberg/New York 1970
   9. neubearbeitete Auflage

3. Autorenkollektiv
   „Technisches Handbuch Verdichter"
   VEB-Verlag Technik, 1000 Berlin (Ost)

4. Ing. (grad) B. Zander
   „Öl, problematischer Bestandteil der Druckluft?"
   druckluft-praxis, Heft 8/1970, Seite 10/12

5. H. W. Lichtenberg
   „Ölfreie Druckluft durch Kolben- oder Schraubenkompressoren?"
   ingenieur digest, Heft 3, Juni 1973, Frankfurt

6. NN
   „Wasser in der Druckluft?"
   fluid, Heft 2/1968, München

7. NN
   „Druckluftaufbereitung — Notwendigkeit oder Modeerscheinung?"
   pneumatik digest, Heft 4, August 1974, Frankfurt

8. Prospekte, Kataloge und Datenblätter der Firmen

   Bauer-Kompressoren
   8000 München 25
   Wolfratshauser Straße 36—46

   Boge-Kompressoren
   4800 Bielefeld
   Postfach 14 20

   Droogtechniek + Luchtbehandeling B. V.

   Rotterdam 300/Holland
   Postbus 60 47

   Sabroe Kältetechnik GmbH
   2390 Flensburg
   Postfach 787

   Ultrafilter GmbH
   4000 Düsseldorf 1
   Heinrich-Heine-Allee 3

   VIA Gesellschaft für Verfahrenstechnik GmbH
   4000 Düsseldorf 1
   Postfach 93 08
   Erkrather Straße 246

b. Elemente pneumatischer Steuerungen

1. Dipl.-Ing. P. Kosel
   Schalldämpfung pneumatisch betriebener Maschinen"
   Werkstattstechnik, Heft 8/1962, Seite 407/11

2. Ing. Ernst Schlosser
   „Pneumatische Schlagzylinder-Steuerung und Anwendung"
   Sonderdruck der Fa. Martonair Druckluftsteuerungen GmbH, 4234 Alpen

3. W. Deppert
   „Baukasten für pneumatische Vorschubeinrichtungen"
   Maschine und Werkzeug, Heft 3/1963, Seite 30/34

4. Dipl.-Ing. K. Stoll
   „Programmsteuerungen für pneumatisierte Maschinen"
   o + p, Ölhydraulik und Pneumatik, Heft 7/1969

5. Dipl.-Ing. Hochmann
   Richtig auswählen und schneller programmieren
   (Programmschaltwerk mit Nockenband)
   Pneumatic-Tips Nr. 43, Beratungsdienst für die rationelle Anwendung von Druckluft, 73 Esslingen-Berkheim

6. Ing. Egon Fendl
   „Rationelles Bohren und Gewinden mit automatischen Arbeitseinheiten"
   TZ für praktische Metallbearbeitung, Heft 4/1969, Seite 159/162

7. D. Großer Druckluft-Elemente-Einkaufsführer
Betriebsausrüstung, Heft 5 und 8, 1970.

8. Prospekte, Kataloge, Datenblätter der Firmen

Deutsche Gardner Denver GmbH
7081 Westhausen
Postfach 30

FESTO-Maschinenfabrik G. Stoll
7300 Esslingen-Berkheim
Postfach 6040

Herion-Werke KG
Fabriken für Regel- und Steuertechnik
7000 Stuttgart 1
Postfach 2970

Knorr Bremse GmbH
8000 München 13
Moosacher Str. 80

Martonair Druckluftsteuerungen GmbH
4234 Alpen

Westinghouse
Bremsen- und Apparatebau GmbH
3000 Hannover
Am Lindener Hafen 21

9. Dipl.-Ing. W. Guttropf:
„Pneumatik mit Pfiff"
Krausskopf-Verlag, Mainz

c. Steuerungen und Anwendungen

Über Elemente, Steuerungen und Anwendungen der Pneumatik berichten regelmäßig folgende Zeitschriften

„fluid"
Zeitschrift für Hydraulik und Pneumatik
8910 Landsberg
Justus-von-Liebig-Straße 1

„o + p"
Ölhydraulik und Pneumatik
6500 Mainz
Postfach 2760

„hydraulics & pneumatics"
The magazin of fluid power and control systems
P.O. Box 91 368

Cleveland/Ohio
USA

Drucklufttechnik
Vereinigte Fachverlage
6500 Mainz
Postfach 2760

die maschine
Fachteil „Pneumatik und Hydraulik-Praxis"
A.G.T. Verlag
Postfach 109
7140 Ludwigsburg

„atü" Ausgabe Steuerungstechnik
Hauszeitschrift der
Westinghouse Bremsen- und Apparatebau
GmbH
3000 Hannover

„Druckluft-Technik"
Hauszeitschrift der
Ingersoll-Rand GmbH
4000 Düsseldorf

„Herion Information"
Hauszeitschrift der
Herion-Werke KG
7000 Stuttgart

„Pneumatic-tips"
Hauszeitschrift der
FESTO-KG
7300 Esslingen-Berkheim

„BAR" Zeitschrift für Automation
Hauszeitschrift der
Martonair GmbH
4234 Alpen

d. Schaltalgebra und logische Verknüpfungen

Dieter Bär
„Einführung in die Schaltalgebra"
Band 25, Reihe Automatisierungstechnik
Verlag Vieweg & Sohn, Braunschweig

Dr.-Ing. H. Wiesner
„Was heißt hier Flip-Flop?"

Pneumatic-Tips Nr. 44,
Beratungsdienst für die rationelle Anwendung von Druckluft,
7300 Esslingen-Berkheim

e. Normen, Richtlinien und Empfehlungen

1. Heinz Laass
"Gesetzliche Maßeinheiten"
Verlag Hoppenstedt & Co., Darmstadt 1971
2. Beuth-Verlag GmbH
5000 Köln
Friesenplatz 16

Gültig sind die jeweils neuesten Ausgaben

DIN-Normen

DIN ISO 1219	Ölhydraulik und Pneumatik Benennungen und Bildzeichen
DIN 24312	Ölhydraulik und Pneumatik Drücke, Begriffe, Druckstufen
DIN 1301	Einheiten Einheitennamen, Einheitenzeichen
DIN 24335	Pneumatikgeräte, Pneumatikzylinder doppeltwirkend; Anschlußmaße, Anforderungen
DIN 24341	Pneumatikventile, Wegeventile, Lochbilder, Anschlußplatten
DIN 40700	Schaltzeichen Digitale Informationsverarbeitung

VDI-Richtlinien

VDI 3226	Pneumatische Schaltungen, Schaltpläne
VDI 3229	Technische Ausführungsricht- linien für Werkzeugmaschinen und andere Fertigungsmittel P = Pneumatische Ausrüstung

Kenngrößen pneumatischer Geräte für Steuerungen

VDI 3290	Wegeventile
VDI 3291	Mengenventile (Stromventile)
VDI 3292	Druckventile
VDI 3293	Sperrventile
VDI 3294	Zylinder
VDI 3295	Druckübersetzer
VDI 3296	Druckmittelwandler

10. Stichwortverzeichnis